中等职业教育"十二五"规划教

U0587196

电工技术基本理论与技能

范 忻　程立群　主　编

易法刚　柳其春　副主编

国防工业出版社

·北京·

内 容 简 介

本书依据教育部最新颁布的中等职业技术学校电工技术基础与技能教学大纲,并参照行业的相关职业技能鉴定标准编写而成。教材的编写是以项目任务为主线、以具体工作过程为导向来实施课程教学的。

本书设有 8 个项目:安全用电的认知,电工基本工具的使用,导线的剥削、连接及绝缘的恢复,万用表的组装、调试及使用,小型变压器的制作,照明线路的安装,三相异步电动机的拆装与维修,谐振频率的测定。教材突出实用,图文并茂。

本书配合《电子技术基本理论与技能》一书使用,可作为中等职业学校电子电器应用与维修专业、电子与信息技术专业、电子技术与应用专业、电气自动化专业、机电一体化专业和计算机专业的基础理论与技能课程的教材,也可供相关专业的工程人员和技术工人参考。

图书在版编目(CIP)数据

电工技术基本理论与技能/范忻,程立群主编.—北京:
国防工业出版社,2013.10 重印(2017.4 重印)
中等职业教育"十二五"规划教材
ISBN 978-7-118-06858-0

Ⅰ.①电… Ⅱ.①范… ②程… Ⅲ.①电工技术 –
专业学校 – 教材 Ⅳ.①TM

中国版本图书馆 CIP 数据核字(2010)第 090057 号

※

国防工业出版社出版发行

(北京市海淀区紫竹院南路 23 号 邮政编码 100048)
北京京华虎彩印刷有限公司印刷
新华书店经售

*

开本 787×1092 1/16 插页 2 印张 15¾ 字数 392 千字
2017 年 4 月第 1 版第 3 次印刷 印数 6001—7000 册 定价 29.00 元

(本书如有印装错误,我社负责调换)

国防书店:(010)88540777 发行邮购:(010)88540776
发行传真:(010)88540755 发行业务:(010)88540717

前　言

　　《教育部关于进一步深化中等职业教育教学改革的若干意见》【2008】8号文中指出"要高度重视实践和实训教学环节，突出'做中学、做中教'的职业教育教学特色"，对职业教育的教学内容、教学方法的改革提出了明确的要求。本书正是以教育部最新颁布的中等职业学校电工技术基础与技能教学大纲为依据，并参照行业的相关职业技能鉴定标准编写而成的。本教材的编写，在本着让学生掌握基本知识的基础上，强化操作技能、职业素养和综合能力的培养，使学生既有看懂电路原理图的能力，又有正确选择合适的电路元器件的能力；既有安装简单电路的能力，又具有查找电路简单故障和维修的能力。在编写过程中，通过对武汉市富士康科技集团、广东步步高电子工业有限公司、美的集团武汉制冷设备有限公司等部分相关大中型企业进行调研，注重吸收电工技术领域中的新知识、新技术、新工艺、新方法。全书共计8个项目20个任务，均以电工技能为主线，以具体工作任务为驱动来展开教学。

　　本教材在内容组织、结构编排等方面都较传统教材做出了重大的改革，每个项目均由"项目情景展示"、"项目学习目标"、"工作任务"、"知识链接"和"项目学习评价小结"5个模块组成。通过指导学生完成项目任务，进而学习基本理论知识；再通过对基本理论知识的学习，反思项目工作任务中的实践操作过程，充分体现理论与实践的结合。教学方式强调"先做再学，边做边学"，变学生对理论知识的被动学习为对实用技能的主动探究，树立起主动学习的信心和兴趣。

　　在项目的选择上，充分考虑到各学校教学设备的状况，具有实验材料易得、制作容易、实用性强等特点。在实施过程中，既可以使用万能实验板制作，也可以在已有的实验板或电子电工实验台上完成。

　　本书由武汉市教育科学院职业与成人教研室范忻、武汉市电子信息职业技术学校程立群任主编，并完成全书统稿；武汉市东西湖职业技术学校易法刚、武汉市第一轻工业学校柳其春任副主编。参加编写的教师还有：武汉市第二职业教育中心肖诗海、秦红霞，武汉市第三职业教育中心王岩，广东省佛山市高级技工学校姜小华，黄陂高级职业技术学校周遽，武汉市第二轻工业学校郭海利，武汉市电子信息职业技术学校杨建，广东省佛山市广佛通电子收费营运有限公司黄先刚。参编教师分工如下：范忻编写项目一；秦红霞、程立群编写项目二；易法刚编写项目三；程立群、肖诗海、姜小华和黄先刚编写项目四；肖诗海、周遽、王岩、程立群编写项目五；易法刚编写项目六；柳其春、程立群、郭海利编写项目七；程立群、周遽、肖诗海、杨建编写项目八。武汉市工业科技学校王琳老师、武汉市第三职业教育中心陈晓萍老师、武汉市第一商业学校胡飞老师、美的集团武汉制冷设备有限公司徐鹰工程师对教材编写提出一些宝贵建议,在此深表谢意!

另附教学建议学时表如下,在实施中任课教师可根据具体情况适当调整和取舍。

学时分配参考表(建议每周 4 学时,一学年完成)

序　号	内　　容	建议学时数
项目一	安全用电的认知	4
项目二	电工基本工具的使用	10
项目三	导线的剥削、连接及绝缘的恢复	6
项目四	万用表的组装、调试及使用	28
项目五	小型变压器的制作	12
项目六	照明线路的安装	16
项目七	三相异步电动机的拆装与维修	12
项目八	谐振频率的测定	8
总学时数		96

由于编者水平有限,疏漏和不当之处,恳请读者批评指正。

编者

2010 年 4 月

目　　录

项目一　安全用电的认知

项目情景展示

电力是国民经济的重要能源,也是现代社会及居民家庭生活中不可或缺的重要能源。电虽能造福于人类,但如果不注意安全用电,不仅会造成电气设备损坏,而且可能引起火灾,甚至可能造成大面积停电及造成人身伤亡。因此,熟悉安全用电的基本常识,严格遵守操作规程,才能避免各类电气事故发生,这是非常重要的。安全用电知识主要包括触电原因及种类、现场抢救的常识、电工安全操作规程、触电预防措施和电气设备的保护措施。

项目学习目标

	学 习 目 标	学习方式	学时
技能目标	1. 掌握仿真触电的急救方法。 2. 掌握用兆欧表测绝缘电阻的方法	讲授、学生练习	2
知识目标	1. 熟悉、掌握电工安全操作规程。 2. 熟悉触电急救的常识。 3. 掌握电气火灾的预防。 4. 了解安全标志的基本常识	讲授	2

任务一　触电现场的模拟处置与抢救

图 1-1 是常见的触电现场。发现有人触电,切不可惊慌失措,必须尽快采取正确的急救办法。抢救触电的方法不正确,既危及自身,又救不了触电的人。

如果在生活中遇到此种情况,你知道如何处理吗? 下面将共同模拟完成触电现场的处置与抢救任务。

【工作过程】

在指导老师和学校校医的示范下,两位学生合作,进行以下模拟操作:

① 在模拟的低压触电现场,让一学生模拟触电的各种情况,要求两位学生用正确的绝缘工具、安全快捷的方法使触电者脱离电源。

② 利用心肺复苏模拟人(图 1-2),让学生在硬板床或地面上模拟练习胸外挤压急救手法和口对口人工呼吸法的动作以及节奏。根据打印出的训练结果检查学生急救手法的力度和节奏是否符合要求。若使用无打印输出的心肺复苏模拟人,由老师观察并计时,同时给出是否符合要求的评定。

图 1-1　常见的触电现场

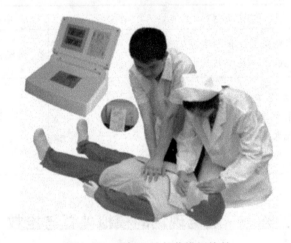

图 1-2　现场心肺复苏模拟抢救

知识链接一　安全用电的基础知识

知识点 1　触电的原因及种类

1. 触电的原因

触电事故在日常生活中时有发生,如电器开关漏电、电线年久未修、违章布线等。当人体接触到带电体(如裸导线、开关、插座的铜片等)时,便成为一个通电的导体,电流流过人体会造成伤害,这称为触电。

2. 人体触电的种类

(1) 单线触电

单线触电系指人体的一部分接触一相带电体所引起的触电。随意玩弄电源插座或导线、接触没有绝缘皮或绝缘皮损坏(如受潮、接线桩头包扎不当)的导线及与导线连通的导体、用电器金属外壳带电(俗称漏电)等是引起单线触电的原因,如图1-3所示。

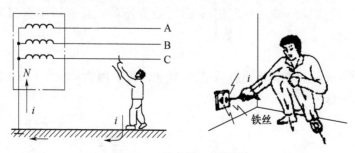

图1-3 单线触电示意图

（2）双线触电

双线触电是指人体有两处同时接触带电的任何两相电源时的触电,如图1-4所示。安装、检修电路或电气设备时没有切断电源,容易发生这类触电事故。

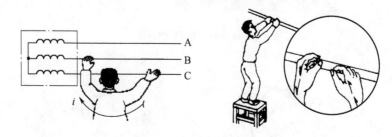

图1-4 双线触电示意图

（3）跨步电压触电

高压(6000V以上)带电体断落在地面上,在接地点的周围会存在强电场,当人走近断落高压线的着地点时,两脚之间将因承受跨步电压而触电,如图1-5所示。

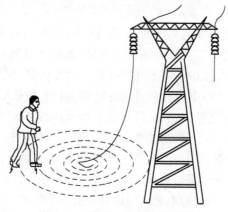

图1-5 跨步电压触电示意图

知识点2 触电现场的抢救常识

触电轻重程度不同,临床表现也不同。轻者只有局部四肢麻木或震颤,面色苍白,个别病人会发生晕厥。重者被击倒在地,意识不清、心跳加快、呼吸变慢,如不及时救护,会很快死亡。

3

触电急救必须分秒必争,立即就地迅速用心肺复苏法进行抢救,并坚持不断地进行,同时及早与医疗部门联系,争取医务人员接替救治。在医务人员未接替救治前,不应放弃现场抢救,更不能只根据没有呼吸或脉搏擅自判定伤员死亡,放弃抢救。只有医生有权做出伤员死亡的诊断。

1. 脱离电源

触电急救,首先要使触电者迅速脱离电源,越快越好。因为电流作用的时间越长,伤害越重,如图1-6(a)~(c)所示。

(a) 触电现场的断电源抢救方法之一

(b) 触电现场的断电源抢救方法之二　　(c) 触电现场的断电源抢救方法之三

图1-6　触电现场的抢救方法

① 脱离电源就是要把触电者接触的那一部分带电设备的开关、刀闸或其他断路设备断开;或设法将触电者与带电设备脱离。在脱离电源中,救护人员既要救人,也要注意保护自己。

② 触电者未脱离电源前,救护人员不准直接用手触及伤员,因为有触电的危险。

③ 如触电者处于高处,解脱电源后会自高处坠落,因此,要采取预防措施。

④ 触电者触及低压带电设备,救护人员应设法迅速切断电源,如拉开电源开关或刀闸,拔除电源插头等;或使用绝缘工具、干燥的木棒、木板、绳索等不导电的东西解脱触电者;也可抓住触电者干燥而不贴身的衣服,将其拖开,切记要避免碰到金属物体和触电者的裸露身躯;也可戴绝缘手套或将手用干燥衣物等包起绝缘后解脱触电者;救护人员也可站在绝缘垫上或干木板上,绝缘自己进行救护。为使触电者与导电体解脱,最好用一只手进行。

⑤ 如果电流通过触电者入地,并且触电者紧握电线,可设法用干木板塞到身下,与地隔离,也可用干木把斧子或有绝缘柄的钳子等将电线剪断。剪断电线要分相,一根一根地剪断,并尽可能站在绝缘物体或干木板上。

⑥ 触电者触及高压带电设备,救护人员应迅速切断电源,或用适合该电压等级的绝缘工具(戴绝缘手套、穿绝缘靴并用绝缘棒)解脱触电者。救护人员在抢救过程中应注意保持自身

4

与周围带电部分必要的安全距离。

⑦ 触电发生在架空线杆塔上时,如系低压带电线路,有可能立即切断线路电源的,应迅速切断电源,或者由救护人员迅速登杆,束好自己的安全皮带后,用带绝缘胶柄的钢丝钳、干燥的不导电物体或绝缘物体将触电者拉离电源;如系高压带电线路,又不可能迅速切断电源开关的,可采用抛挂足够截面的适当长度的金属短路线方法,使电源开关跳闸。抛挂前,将短路线一端固定在铁塔或接地引线上,另一端系重物,但抛掷短路线时,应注意防止电弧伤人或断线危及人员安全。不论是何级电压线路上触电,救护人员在使触电者脱离电源时要注意防止发生高处坠落的可能和再次触及其他有电线路的可能。

⑧ 如果触电者触及断落在地上的带电高压导线,且尚未确证线路无电,救护人员在未做好安全措施(如穿绝缘靴或临时双脚并紧跳跃地接近触电者)前,不能接近断线点至 8m～10m 范围内,防止跨步电压伤人。触电者脱离带电导线后,亦应迅速带至 8m～10m 以外后立即开始触电急救。只有在确认线路已经无电,才可在触电者离开触电导线后,立即就地进行急救。

⑨ 救护触电伤员切除电源时,有时会同时使照明失电,因此应考虑事故照明、应急灯等临时照明。新的照明要符合使用场所防火、防爆的要求,但不能因此延误切除电源和进行急救。

2. 脱离电源后的处理

(1)伤员的应急处置

触电伤员如神志清醒,应使其就地躺平,严密观察,暂时不要站立或走动。触电伤员如神志不清,应就地仰面躺平,且确保气道通畅,并用 5s 时间,呼叫伤员或轻拍其肩部,以判定伤员是否意识丧失。禁止摇动伤员头部呼叫伤员。

需要抢救的伤员,应立即就地坚持正确抢救,并设法迅速联系医疗部门接替救治。

(2)呼吸、心跳情况

触电伤员如意识丧失,应在 10s 内,用看、听、试的方法(图 1－7),判定伤员呼吸心跳情况。

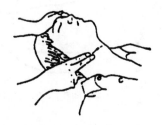

图 1－7 看、听、试的方法

看——看伤员的胸部、腹部有无起伏动作。

听——用耳贴近伤员的口鼻处,听有无呼气声音。

试——试测口鼻有无呼气的气流,再用两手指轻试一侧(左或右)喉结旁凹陷处的颈动脉有无搏动。

若看、听、试结果,既无呼吸又无颈动脉搏动,可判定呼吸心跳停止。

(3)心肺复苏

触电伤员呼吸和心跳均停止时,应立即按心肺复苏法支持生命的 3 项基本措施:通畅气道;口对口(鼻)人工呼吸;胸外按压(人工循环),正确进行就地抢救。

① 通畅气道。触电伤员呼吸停止,重要的是始终确保气道通畅。如发现伤员口内有异

物,可将其身体及头部同时侧转,迅速用一个手指或用两手指交叉从口角处插入,取出异物;操作中要注意防止将异物推到咽喉深部。

通畅气道可采用仰头抬颏法,如图1-8所示。用一只手放在触电者前额,另一只手的手指将其下颌骨向上抬起,两手协同将头部推向后仰,舌根随之抬起,气道即可通畅(判断气道是否通畅可如图1-9所示)。严禁用枕头或其他物品垫在伤员头下,头部抬高前倾,会更加重气道阻塞,且使胸外按压时流向脑部的血流减少,甚至消失。

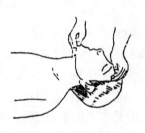

图1-8　仰头抬颏法

(a) 气道通畅　(b) 气道阻塞

图1-9　气道状况

② 口对口(鼻)人工呼吸(见图1-10)。在保持伤员气道通畅的同时,救护人员用放在伤员额上的手指捏住伤员鼻翼,救护人员深吸气后,与伤员口对口紧合,在不漏气的情况下,先连续大口吹气两次,每次1s～1.5s。如两次吹气后试测颈动脉仍无搏动,可判定心跳已经停止,要立即同时进行胸外按压。

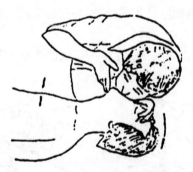

图1-10　口对口(鼻)人工呼吸

除开始时大口吹气两次外,正常口对口(鼻)呼吸的吹气量不需过大,以免引起胃膨胀。吹气和放松时要注意伤员胸部应有起伏的呼吸动作。吹气时如有较大阻力,可能是头部后仰不够,应及时纠正。

触电伤员如牙关紧闭,可口对鼻人工呼吸。口对鼻人工呼吸吹气时,要将伤员嘴唇紧闭,防止漏气。

③ 胸外按压。正确的按压位置是保证胸外按压效果的重要前提。确定正确按压位置的步骤是:

右手的食指和中指沿触电伤员的右侧肋弓下缘向上,找到肋骨和胸骨接合处的中点。

两手指并齐,中指放在切迹中点(剑突底部),食指平放在胸骨下部。

另一只手的掌根紧挨食指上缘,置于胸骨上,即为正确按压位置,如图1-11所示。

正确的按压姿势是达到胸外按压效果的基本保证。

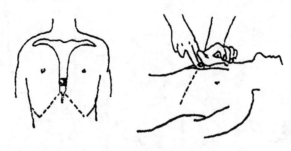

图 1-11 正确的按压位置

正确的按压姿势是:

使触电伤员仰面躺在平硬的地方,救护人员立或跪在伤员一侧肩旁,救护人员的两肩位于伤员胸骨正上方,两臂伸直,肘关节固定不屈,两手掌根相叠,手指翘起,不接触伤员胸壁。

以髋关节为支点,利用上身的重力,垂直将正常成人胸骨压陷 3cm~5cm(儿童和瘦弱者酌减)。

压至要求程度后,立即全部放松,但放松时救护人员的手掌根不得离开胸壁,如图 1-12 所示。按压必须有效,有效的标志是按压过程中可以触及颈动脉搏动。

胸外按压要以均匀速度进行,80 次/min 左右,每次按压和放松的时间相等。

胸外按压与口对口(鼻)人工呼吸同时进行,其节奏为:单人抢救时,每按压 15 次后吹气 2 次(15:2),反复进行;双人抢救时,每按压 5 次后由另一人吹气 1 次(5:1),反复进行。

图 1-12 按压姿势与用力方法

〔注意〕在现场抢救中,不能打强心针,也不能泼冷水。

3. 及时呼叫救护车或者呼救电话 120

尽快送往医院,途中应继续上述施救措施。

知识点 3 电工安全操作规程

1. 电工安全知识

① 电工必须接受安全教育;患有精神病、癫痫、心脏病及四肢功能有严重障碍者,不能参加电工操作。

② 在安装、维修电气设备和线路时,必须严格遵守各种安全操作规程和规定。

③ 如图 1-13 所示,在检修电路时为防止电路突然送电,应采取如下预防措施:

a. 穿上电工绝缘胶鞋;

b. 站在干燥的木凳或木板上;

c. 不要接触非木结构的建筑物体;

d. 不要同没有与大地隔离的人体接触。

图 1-13　电工安全预防措施

2. 停电检修的安全操作规程

① 将检修设备停电,把各方面的电源完全断开,禁止在只经断路器断开电源的设备上工作。对于多回路的线路,要注意防止其他方面突然来电,特别要注意防止低压方面的反送电。在已断开的开关处挂上"禁止合闸,有人工作"的标示牌,必要时加锁。

② 检修的设备或线路停电后,对设备先放电,消除被检修设备上残存的静电。放电需采用专用的导线,并用绝缘棒操作,人手不得与放电导体相接触,同时注意线与地之间、线与线之间均应放电。放电后用试电笔对检修的设备及线路进行验电,验明确实无电后方可着手检修。

③ 为了防止意外送电和二次系统意外的反送电,以及为了消除其他方面的感应电,在被检修部分外端装设携带型临时接地线。临时接地线的装拆顺序一定不能弄错,安装时先装接地端,拆卸时后拆接地端。

④ 检修完毕后应拆除携带型临时接地线并清理好工具及所有零角废料,待各点检修人员全部撤离后摘下警告牌,装上熔断器插盖,最后合上电源总开关恢复送电。

3. 带电检修的安全操作规程

① 带电作业的电工必须穿好工作衣,扣紧袖口,严禁穿背心、短裤进行带电工作。

② 带电操作的电工应带绝缘手套,穿绝缘鞋,使用有绝缘柄的工具,同时应由一名有带电操作实践经验的人员在周围监护。

③ 在带电的低压线路上工作时,人体不得同时触及两根线头,当触及带电体时,人体的任何部位不得同时触及其他带电体。导线未采取绝缘措施时,工作人员不得穿越导线。

④ 带电操作前应分清相线和零线。断开导线时应先断开相线,后断开零线;搭接导线时应先接零线,后接相线。

任务二　兆欧表测绝缘电阻

在用电过程中,时刻存在着安全用电的问题,如电机、电缆、家用电器等。它们能正常运行之一的条件,就是其绝缘材料的绝缘程度,即绝缘电阻的数值,是否符合标准值。当它们在受热和受潮时,绝缘材料便会老化,其绝缘电阻便降低,从而造成电气设备漏电或短路的事故发生。为了避免事故发生,就要求电工经常测量各种电气设备的绝缘电阻,判断其绝缘程度是否满足设备需要。普通电阻的测量通常有低电压下测量和高电压下测量两种方法,而绝缘电阻由于一般数值较高(一般为兆欧级),在低电压下的测量值不能反映在高电压条件下工作的真正绝缘电阻值。

1. 兆欧表的作用与结构

兆欧表又叫摇表、迈格表、高阻计或绝缘电阻测定仪等,其作用是检测电器设备、供电线路绝缘电阻的一种可携式仪表。上面标尺刻度以 MΩ 为单位,可较准确地测出绝缘电阻值。

兆欧表主要由 3 部分组成: 手摇直流发电机、磁电式流比计及接线桩(L、E、G)。其外形和结构图如图 1-14 所示。

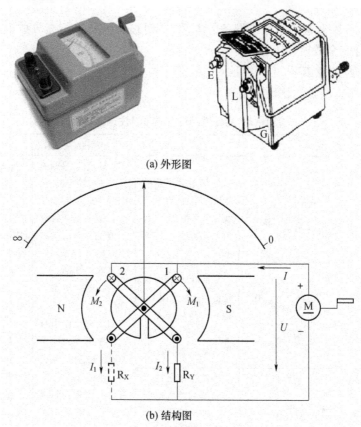

(a) 外形图

(b) 结构图

图 1-14　兆欧表的外形和结构图

2. 兆欧表的选择

选择兆欧表时,其额定电压一定要与被测电气设备或线路的工作电压相适应,测量范围也要与被测量绝缘电阻的范围相吻合。

检测任一种电气设备,应当选用其相应规格的兆欧表,因此在选兆欧表时可参见表 1-1。

表 1-1　兆欧表的额定电压和量程选择

被 测 对 象	设备的额定电压/V	兆欧表的额定电压/V	兆欧表的量程/MΩ
普通线圈的绝缘电阻	500 以下	500	0 ~ 200
变压器和电动机线圈绕组的绝缘电阻	500 以上	1000 ~ 2500	0 ~ 200
电动机线圈的绝缘电阻	500 以下	1000	0 ~ 200
低压电气设备的绝缘电阻	500 以下	500 ~ 1000	0 ~ 200
高压电气设备的绝缘电阻	500 以上	2500	0 ~ 2000
瓷瓶、高压电缆、刀闸	—	2500 ~ 5000	0 ~ 2000

3. 使用前的准备

① 测量前须先校表,将兆欧表平稳放置,先使 L、E 两端开路,摇动手柄使发电机达到额定转速,这时表头指针在"∞"刻度处。然后将 L、E 两端短路,缓慢摇动手柄,指针应指在"0"刻度上。若指示不对,说明该兆欧表不能使用,应进行检修。

② 用兆欧表测量线路或设备的绝缘电阻,必须在不带电的情况下进行,决不允许带电测量。

③ 测量前应先断开被测线路或设备的电源,并对被测设备进行充分放电,清除残存静电荷,以免危及人身安全或损坏仪表。

4. 使用方法及注意事项

兆欧表的使用方法及注意事项见表 1－2。

表 1－2 兆欧表的使用方法及注意事项

项目	接线图	接线方法	使用方法	注意事项
测线路绝缘电阻		测量电力线路的绝缘电阻时,将 E 接线柱可靠接地,L 接被测量线路	接好线后,接顺时针方向摇动手柄,速度由慢到快,并稳定在 120r/min,允许有 ±20% 的变化,最多不应超过 25%。通常要摇动 1min 后,待指针稳定下来再读数。	兆欧表测量用的接线要选用绝缘良好的单股导线,测量时两条线不能绞在一起,以免导线间的绝缘电阻影响测量结果。
测电动机绕组的绝缘电阻		测量电动机、电气设备的绝缘电阻时,将 E 接线柱接设备外壳,L 接电动机绕组或设备内部电路	如被测电路中有电容时,先持续摇动一段时间,让兆欧表对电容充电,指针稳定后再读数。测定后先拆去接线,再停止摇动。若测量中发现指针指零,应立即停止摇动手柄	测量完毕后,在兆欧表没有停止转动或被测设备没有放电之前,不可用手触及被测部位,也不可去拆除连接导线,以免引起触电
测电缆绝缘电阻		测量电缆芯线与外壳间的绝缘电阻时,将 E 接线柱接电缆外壳,L 接被测芯线,G 接电缆壳与芯之间的绝缘层上		

【工作过程】(建议 4 位学生合作进行)

① 测量线路对地的绝缘电阻。E 极接地线,L 极接被测的线路,接线的方法如图 1－15 所示,将兆欧表上的读数填入表 1－3 中。

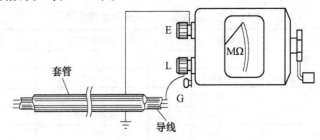

图 1－15 摇表测线路绝缘

② 测量电动机或电气设备外壳的绝缘电阻。E 极接被测设备的外壳,L 极接被测导线或绕组一端,接线方法如图 1-16 所示,将兆欧表上的读数填入表 1-3 中。

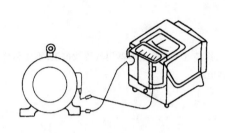

图 1-16 摇表测电动机绝缘

图 1-17 摇表测电缆绝缘

③ 测量电缆芯线的绝缘电阻。E 极接电缆的外表皮(铅套)上,L 极接芯线,G 极接在最外层的绝缘包扎层上,接线的方法如图 1-17 所示,将兆欧表上的读数填入表 1-3 中。

表 1-3 兆欧表测量绝缘电阻的数据

绝缘电阻的类型	实 验 数 据
测量线路对地的绝缘电阻	
测量电动机或电气设备外壳的绝缘电阻	
测量电缆芯线的绝缘电阻	

知识链接二　安全用电的措施

知识点 1　安全用电

水、火无情,电更无情,安全用电非常重要,不安全用电非常危险。因此,重视安全用电的预防措施是用好电的前提,懂得、掌握好安全用电的预防措施是安全用电的保证。

保证安全用电,必须有安全用电的防范措施,那么怎样才能做到安全用电呢? 参见表 1-4。

表 1-4 安全用电的措施

图　　示	说　　明
	不要超负荷用电,超过限定容量必须到供电部门办理增容申请手续

图　示	说　明
	安装、修理电气线路或电器用具要找电工，不要私自乱拉、乱接电线
	①每户宜装设触电保安器。 ② 选用与电气设备相匹配的熔丝(俗称保险丝)，不准用铜丝代替熔丝。 ③ 家庭配电线路宜有良好的与相线截面相同的保护接地线。 ④ 照明灯具、开关、插头插座、接线盒以及有关电器附件等必须完整无损
	不要随意将三眼插头改成两眼插头，切不可将三眼插头的相线(俗称火线)与接地线接错。 　　不用湿手摸、湿布擦灯具、开关等电气用具
	晒衣铁架要与电力线保持安全距离，不要将晒衣竿搁在电线上
	严禁私设电网捕鱼、防盗、狩猎、捕鼠等

知识点 2 电气设备的保护措施

在使用电气设备时,电气设备的额定电压必须要与供电电压相配。如果供电电压过高,容易烧毁电气设备;如果供电电压过低,电气设备也不能正常工作。所以电气设备在安全运行之前,一定要采取安全保护措施。

1. 电气设备的基本安全要求

① 对于出现故障的电气设备必须及时进行检修,以保证人身和电气设备的安全。

② 所有电气设备要有保护性接地,低压电网要装设保护性中性线(接零)。

③ 电气设备一般不能受潮,要有防止雨、雪、水侵袭的措施;运行时要有良好的通风散热条件;接电源线端要有漏电保护装置。

④ 设备的带电部分与地和其他带电部分相互间必须保持一定的距离。

⑤ 根据某些电气设备的特性和要求采取特殊的安全要求。

⑥ 在电气设备的安装地点应设安全标志。

2. 保护性接地和接零

(1) 保护性接地

保护性接地主要是保护人身的安全,也就是将正常运行的电气设备不带电的金属部分和大地紧密连接起来,如图 1 – 18 所示(接地电阻应小于 4Ω)。其原理是通过接地把漏电设备的对地电压限制在安全范围内,防止触电事故。保护性接地适用于中性点不接地的电网中,电压高于 1kV 的高压电网中的电气装置外壳,也应采取保护性接地。

(2) 保护性接零

保护性接零是在 220/380V 三相四线制供电系统中,把用电设备在正常情况下不带电的金属外壳与电网中的零线牢固连接起来,如图 1 – 19 所示。其原理是在设备漏电时,电流经过设备的外壳和零线形成单相短路,短路电流烧断熔丝或使自动开关跳闸,从而切断电源,消除触电危险。它适用于电网中性点接地的低压系统中,为此"三相四线制"也将逐步改为"三相五线制"。

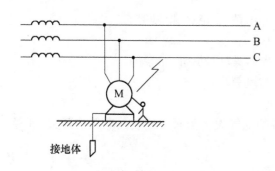

图 1 – 18 保护性接地示意图

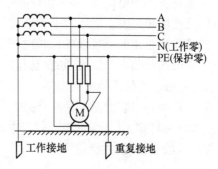

图 1 – 19 保护性接零示意图

必须指出,在同一电网中不允许一部分电气设备接地,而另一部分电气设备接零,以免接地设备一相碰壳短路时,可能由于接地电阻较大而使空气开关中过流脱扣装置不动作,使所有接地的设备外壳都带电,反而增加了触电的危险性。

3. 漏电保护器

漏电保护器又称漏电开关,用来防止电气设备和线路等漏电引起的人身触电事故,它能够在设备漏电、外壳呈现危险的对地电压时自动切断电源,如图 1 – 20 所示。在 1kV 以下的低压电网中,凡有可能触及带电部分或在潮湿场所有电气设备的情况下,都应装设漏电保护装置。漏电保护器的安装使用如图 1 – 21 所示。

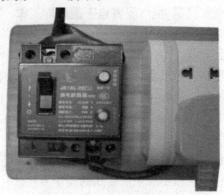

图 1 – 20　常用的漏电保护器

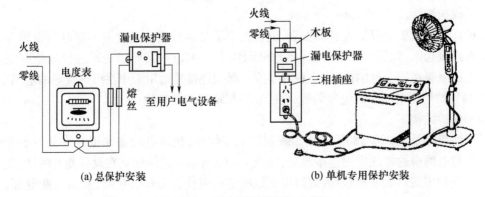

(a) 总保护安装　　　　　　　　　(b) 单机专用保护安装

图 1 – 21　漏电保护器安装示意图

　　下列场所的用电设备,必须装设漏电保护开关。

① 凡使用超过安全电压的手持电动工具,如冲击钻、手电钻、电刨等。

② 基建施工用的电气设备,如打桩机、搅拌机等。

③ 潮湿场所的电气用具,如食堂和浴室的用电器具、电动排灌水泵等。

④ 移动式、携带式的电气用具,如吸尘器、电吹风等。

⑤ 总开关处未装设漏电保护开关的三相插座。

　　技术规程规定:凡新装或增容的用电户,新装的电气设备都必须安装漏电保护开关,并经安全部门验收合格后,才能使用。

知识点 3　安全标志

1. 安全色

　　安全色是表达安全信息含义的颜色,表示禁止、警告、指令、提示等。国家规定的安全色有红、蓝、黄、绿四种颜色。红色表示禁止、停止;蓝色表示指令,必须遵守的规定;黄色表示警告、注意;绿色表示安全状态。

　　为使安全色更加醒目的反衬叫对比色,国家规定的对比色是黑白两种颜色。

安全色与其对应的对比色是:红—白、黄—黑、蓝—白、绿—白。

黑色用于安全标志的文字、图形符号和警告标志的几何图形。白色作为安全标志红、蓝、绿色的背景色,也可用于安全标志的文字和图形符号。

2. 安全标志

安全标志是指在有触电危险的场所或容易产生误判断、误操作的地方,以及存在不安全因素的现场设置的文字或图形标志,其作用是提醒人员注意或按标志上注明的要求去执行,保障人身和设施安全的重要措施。

安全标志一般设置在光线充足、醒目、稍高于视线的地方。对于隐藏工程(如埋地电缆)在地面上要有标志桩或依靠永久性建筑物固挂标志牌,注意工程位置。

在电气工作中常用标志牌,以提醒工作人员不得靠近带电部分,不得随意改变刀闸的位置等。对于容易被人忽视的电气部位,如封闭的架线槽、设备上的电气盒,要用红漆画上电气箭头。

移动使用的标志牌要用硬质绝缘材料制成,并有明显标志,均应按规定使用。图 1-22 是国家制定的安全警告标示。

图 1-22　国家安全警告标示

项目学习评价小结

1. 学生自我评价

（1）填空题

① 常见的触电情况分为_____、_____和_____。

② 我们国家规定安全电压为_____ V。

③ 触电现场的抢救方法有_____和_____。

（2）判断题

① 人体对连续通过的 100mA 的电流没有感觉。

② 使用电气设备时,首先要使电气设备的额定电压必须与供电电压相配。

③ 熔丝烧断了可以用铜丝代替。

（3）简答题

简述安全用电的措施有哪些? 检查一下你的周围有没有安全用电措施隐患的情况。

2. 项目评价报告表

项目完成时间:		年 月 日— 年 月 日				
评价项目		评分依据	优秀 (10~8)	良好 (7~5)	合格 (4~2)	继续努力 (<2)
自我评价 (30)	学习态度 (10)	1.所有项目都出全勤,没有迟到早退现象。 2.认真完成各项任务,积极参与活动与讨论。 3.尊重其他组员和教师,能够很好地交流合作				
	团队角色 (10)	1.具有较强的团队精神、合作意识。 2.积极参与各项活动、小组讨论、制作等过程。 3.组织、协调能力强,主动性强,表现突出				
	作业情况 (10)	认真完成项目任务: ①掌握仿真触电的急救方法; ②掌握用兆欧表测绝缘电阻的方法				
自我评价总分			合计:			
小组内互评 (20)	其他 组员	评分依据	优秀 (20~18)	良好 (17~15)	合格 (14~12)	继续努力 (<12)
		1.所有项目都出勤,没有迟到早退现象。 2.具有较强的团队精神、合作意识。 3.积极参与各项活动、小组讨论、成果制作等过程。 4.组织、协调能力强,主动性强,表现突出。 5.能客观有效地评价同伴的学习。 6.能认真完成项目任务: ①掌握仿真触电的急救方法; ②掌握用兆欧表测绝缘电阻的方法				
小组内互评平均分			合计:			
评价项目		评分依据	优秀 (50~48)	良好 (47~45)	合格 (44~42)	继续努力 (<42)
教师评价 (50)		1.所有项目都出勤,没有迟到早退现象。 2.完成项目期间认真完成任务,积极参与活动与讨论。 3.团结、尊重其他组员和教师,能够很好地交流合作。 4.具有较强的团队精神、合作意识,积极参与团队活动。 5.主动思考、发言,对团队贡献大。 6.完成学习任务,各项作品齐全完整,并按要求命名和存放。 7.项目完成期间有创新、改进学习的方法。 8.能客观有效地评价同伴的学习,通过学习有所收获				
教师评价总分			合计:			
总 分						

项目二　电工基本工具的使用

项目情景展示

    工作人员在对电气设备、电子线路进行安装、维修时，需要正确地选择和使用电工工具，以提高工作效率和工作质量，保证操作安全，延长工具的使用寿命。通过本项目的学习，将对常用电工工具有比较全面的认识，并通过训练，能比较熟练地操作和使用。

项目学习目标

	学习目标	学习方式	学时
技能目标	1. 掌握常用的电工工具、电动工具及电烙铁的使用方法。 2. 掌握印制电路板的焊接装配技术	讲授、学生练习	4
知识目标	1. 熟悉常用、专用的电工工具的名称及作用。 2. 了解印制电路板的整形工艺要求	讲授	6

任务一　学会使用常用的电工工具

    电工工具是电气操作和电子操作的常用工具。其使用不当或质量不好，都会影响施工质量，降低工作效率，甚至造成事故，因此相关操作人员必须了解常用电工工具的结构、性能及正确的使用方法。

1. 螺丝刀

    螺丝刀又称"起子"、螺钉旋具，是用来拆卸或紧固螺钉的工具。螺丝刀可分为一字形、十字形，其外形如图 2-1 所示。

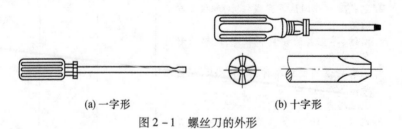

(a) 一字形 　　　　　　　　　　(b) 十字形

图 2-1　螺丝刀的外形

2. 钳子

    钳子根据用途可分为钢丝钳、尖嘴钳、斜口钳、卡线钳、剥线钳、网线压线钳等。

    （1）钢丝钳

    钢丝钳又叫平口钳、老虎钳，主要用于夹持或折断金属薄板、切断金属丝等。电工所用的钢丝钳钳柄上必须套有耐压 500V 以上的绝缘管。钢丝钳的外形结构及其握法如图 2 - 2 所示。

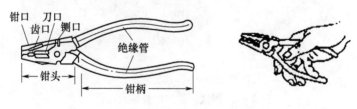

图 2 - 2　钢丝钳的外形及握法

（2）尖嘴钳

尖嘴钳的外形及握法如图 2 - 3 所示。

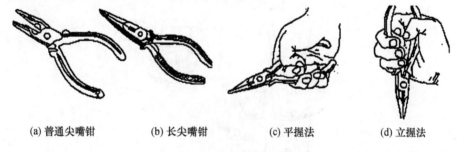

(a) 普通尖嘴钳　　　　(b) 长尖嘴钳　　　　(c) 平握法　　　　(d) 立握法

图 2 - 3　尖嘴钳的外形及握法

（3）斜口钳

斜口钳又称偏口钳和断线钳,常用于剪切多余的线头或代替剪刀剪切尼龙套管、尼龙线卡等,其外形如图 2 - 4 所示。

（4）剥线钳

剥线钳是一种用于剥除小直径导线绝缘层的专用工具。其外形及用法如图 2 - 5 所示。

图 2 - 4　斜口钳的外形　　　　图 2 - 5　剥线钳的外形及用法

（5）网线压线钳

网线压线钳用来完成双绞网线的制作,具有剪线、剥线和压线三种用途。其外形及用法如图 2 - 6 所示。

3. 电工刀

电工刀是一种削线工具,其外形如图 2 - 7 所示。

4. 电工包和电工工具套

电工包和电工工具套用来放置电工随身携带的常用工具或零星电工器材。其外形及携带方法如图 2 - 8 所示。

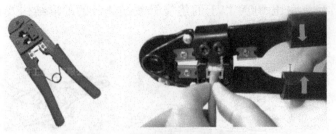

图2-6 网线压线钳的外形及用法

图2-7 电工刀的外形

图2-8 电工包和电工工具套的外形及携带方法

5. 扳手

常用的扳手有固定扳手、套筒扳手、活动扳手三类。其外形如图2-9所示。

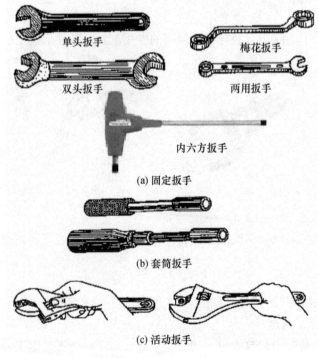

单头扳手

梅花扳手

双头扳手

两用扳手

内六方扳手

(a) 固定扳手

(b) 套筒扳手

(c) 活动扳手

图2-9 各种扳手的外形

6. 钢锯

钢锯常用于锯割各种金属板和电路板、槽板等。其使用方法如图 2-10 所示。

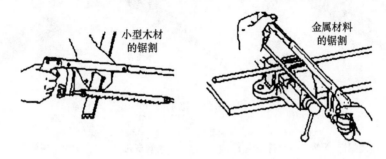

图 2-10　钢锯的使用方法

7. 榔头和电工用凿

榔头又叫手锤，是电工在拆装电气设备时常用的工具；电工用凿主要用来在建筑物上打孔，以便下输线管或安装架线木桩，常用的电工用凿有麻线凿、小扁凿等。

榔头、麻线凿和小钢凿的外形如图 2-11 所示。

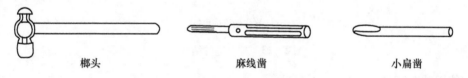

图 2-11　榔头、麻线凿和小扁凿的外形

【工作过程】(建议每一位学生配备齐全一套常用的电工工具，并且经常在家练习和使用，从而能熟练地操作电工工具)

① 选取各种规格的电线线头若干，练习使用剥线钳剥线和电工刀削线。

② 练习钻塑料孔；锯一段木槽板、铝合金板和细钢管(注意人身安全)。

③ 练习使用手电钻、冲击钻和电锤进行钻孔(注意人身安全)。

知识链接　电工的基本操作

知识点 1　试电笔

试电笔简称电笔，是用来检查测量低压导体和电气设备外壳是否带电的一种常用工具(图 2-12)。试电笔常做成钢笔式结构或螺旋式结构。它的前端是金属探头，后部塑料外壳，壳内装有氖泡、安全电阻和弹簧，笔尾端有金属端盖或钢笔型金属挂鼻，作为使用时手必须触及的金属部分，如图 2-13(a)、(b) 所示。普通试电笔测量电压的范围为 60V~500V，低于 60V 时试电笔的氖泡可能不会发光，高于 500V 不能用普通试电笔来测量，否则容易造成人身触电。当试电笔的笔尖触及带电体时，带电体上的电压经试电笔的笔尖(金属体)、氖泡、安全电阻、弹簧及笔尾端的金属体，再经过人体接入大地形成回路。若带电体与大地之间的电压超过 60V，试电笔中的氖泡便会发光，指示被测带电体有电。

图 2 - 12 常见试电笔的外形图

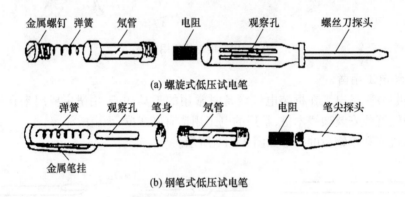

金属螺钉 弹簧 氖管 电阻 观察孔 螺丝刀探头

(a) 螺旋式低压试电笔

弹簧 观察孔 笔身 氖管 电阻 笔尖探头

金属笔挂

(b) 钢笔式低压试电笔

图 2 - 13 试电笔的结构图

在使用试电笔时,应注意以下事项:

① 使用试电笔之前,首先要检查试电笔里有无安全电阻,再直观检查试电笔是否有损坏,有无受潮或进水,检查合格后才能使用。

② 使用试电笔时,不能用手触及试电笔前端的金属探头,这样做会造成人身触电事故。

③ 使用试电笔时,一定要用手触及试电笔尾端的金属部分(图 2 - 14),否则,因带电体、试电笔、人体与大地没有形成回路,试电笔中的氖泡不会发光,造成误判,认为带电体不带电,这是十分危险的。

④ 在测量电气设备是否带电之前,先要找一个已知电源测一测试电笔的氖泡能否正常发光,能正常发光,才能使用。

⑤ 在明亮的光线下测试带电体时,应特别注意氖泡是否真的发光(或不发光),必要时可用另一只手遮挡光线仔细判别。千万不要造成误判,将氖泡发光判断为不发光,而将有电判断为无电。

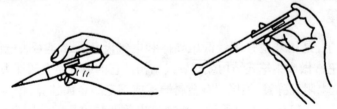

图 2 - 14 试电笔的正确握法

知识点 2 常用电动工具

1. 手电钻

手电钻是利用钻头加工小孔的常用电动工具,分手枪式和手提式两种,外形如图 2 - 15 所示。一般手枪式电钻加工孔径为 0.3mm ~ 6.3mm；手提式电钻加工范围较大，加工孔径为 6mm ~ 13mm。手电钻在使用中应注意以下几点。

① 使用前首先要检查电线绝缘是否良好，如果电线有破损，可用绝缘胶布包好。

② 手电钻接入电源后，要用电笔测试外壳是否带电，不带电才能使用。操作中需接触手电钻的金属外壳时，应佩戴绝缘手套、穿电工绝缘鞋并站在绝缘板上。

③ 在使用手电钻过程中，钻头应垂直于被钻物体，用力要均匀，当钻头卡在被钻物体上时，应停止钻孔，检查钻头是否卡得过松，重新紧固钻头后再使用。

④ 钻头在钻金属孔过程中，若温度过高，很可能引起钻头退火，因此钻孔要适量加些润滑油。

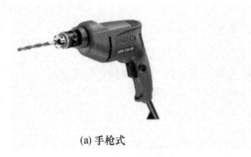

(a) 手枪式   (b) 手提式

图 2 – 15　手电钻

2. 冲击钻

冲击钻常用于建筑物上打孔，把调节开关置于"钻"的位置，可作为普通电钻使用；置于"锤"的位置，钻头边旋转，边前后冲击，便于在混凝土或砖结构建筑物上钻孔，通常可冲打 6mm ~ 16mm 的圆孔。冲击钻的外形如图 2 – 16 所示。冲击钻在使用中应注意以下几点。

① 长期搁置不用的冲击钻，使用前必须用 500V 兆欧表测定其相对绝缘电阻，其值应不小于 0.5。

② 在使用金属外壳冲击钻时，必须佩戴绝缘手套、穿绝缘鞋并站在绝缘板上，以确保操作人员的人身安全。

③ 在调速或调挡时，应停转后再进行，避免打坏内部齿轮。

④ 在钢筋建筑物上冲孔时，遇到硬物不应施加过大的压力，以免钻头退火或冲击钻因过载而损坏。冲击钻因故突然停转时应立即切断电源。

⑤ 在钻孔时应经常把钻头从钻孔中拔出以便排除钻屑。

图 2 – 16　冲击钻

图 2 – 17　电锤

3. 电锤

电锤是装修工程常使用的一种工具，使用于混凝土、砖石等硬质建筑材料的钻孔，可替代手工进行凿孔操作,其外形如图2-17所示。电锤在使用中应注意以下几点。

① 使用前先检查电源线有无损伤,用500V兆欧表对电锤电源线进行检测,电锤相对绝缘电阻应不小于0.5方能通电运转。

② 电锤使用前应先通电空转一下,检查转动部分是否灵活,待检查电锤无故障后方能使用。

③ 工作时先将钻头顶在工作面上,然后再启动开关,尽可能避免空打孔。在钻孔中若发现电锤不转应立即松开电源开关,检查出原因方能再次启动。

④ 电锤在使用中,若发现声音异常,要立即停止钻孔。如果因连续工作时间过长,电锤发烫,也要让电锤停止工作,使其自然冷却,切勿用水淋浇。

4. 电动螺丝刀

在现代生产中,多采用电动螺丝刀。它主要利用电力作为动力,使用时只要按动开关螺丝刀即可按预先选定的顺时针或逆时针方向旋动,完成旋紧或松脱螺钉的工作。其外形如图2-18所示。

图2-18　电动螺丝刀

知识点3　电烙铁

1. 电烙铁的种类

电烙铁是进行手工焊接最常见的工具,它是根据电流通过加热器件时产生热量的原理而构成的。电烙铁的功率越高,其内阻值越小($P = U^2/R$)。一般来说,电烙铁的功率越大,热量越大,烙铁头的温度越高。焊接集成电路、印制线路板、CMOS电路一般选用20W内热式电烙铁。使用的烙铁功率过大,容易烫坏元器件(一般二、三极管结点温度超过200℃时就会烧坏)和使印制导线从基板上脱落;使用的烙铁功率太小,焊锡不能充分熔化,焊剂不能挥发出来,焊点不光滑、不牢固,易产生虚焊。焊接时间过长,也会烧坏器件,一般每个焊点在1.5s ~ 4s内完成。

（1）外热式电烙铁

一般由烙铁头、烙铁芯、传热筒、手柄、插头等部分所组成,如图2-19所示。烙铁头安装在烙铁芯内,用热传导性好的铜为基体的铜合金材料制成。烙铁头的长短可以调整(烙铁头越短,烙铁头的温度就越高),且有凿式、尖锥形、圆面形、圆、尖锥形和半圆沟形等不同的形状,以适应不同焊接面的需要。

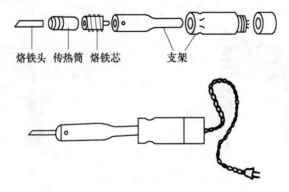

烙铁头　传热筒　烙铁芯　　　　支架

图2-19　外热式电烙铁内部结构及外形图

（2）内热式电烙铁

由连接杆、手柄、烙铁芯（发热元件）、烙铁头几个部分组成,如图2-20所示。烙铁芯安装在烙铁头的里面（发热快,热效率高达85%~90%）,烙铁芯采用镍铬电阻丝绕在瓷管上制成。常用的规格有20W、35W和50W等。

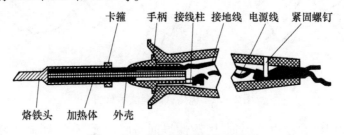

图2-20　内热式电烙铁的结构图

（3）恒温电烙铁

恒温电烙铁的烙铁头内,装有磁铁式的温度控制器,来控制通电时间,实现恒温的目的。在焊接温度不宜过高、焊接时间不宜过长的元器件时,应选用恒温电烙铁,但它价格较高。其外形如图2-21所示。

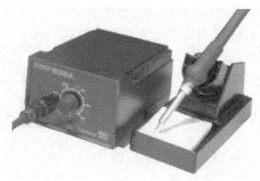

图2-21　无铅恒温烙铁与内热式电烙铁

2. 电烙铁的握法

① 反握法是用五指把电烙铁的柄握在掌内。此法适用于大功率电烙铁,焊接散热量大的被焊件,如图2-22（a）所示。

② 正握法是适用于较大的电烙铁,弯形烙铁头的使用一般也用此法,如图2-22（b）所示。

③ 握笔法是用握笔的方法手握电烙铁,此法适用于小功率电烙铁,焊接散热量小的被焊件,如焊接收音机、电视机的印制电路板及其维修等,如图2-22（c）所示。

3. 使用电烙铁的注意事项

① 使用前必须检查两股电源线和保护接地线的接头是否正确,否则会导致元器件损伤,严重时还会引起操作人员触电。

② 新电烙铁初次使用,应先对烙铁头搪锡。将烙铁头加热到适当温度后,用砂布（纸）擦去或用锉刀锉去氧化层,蘸上松香,然后浸在焊锡中来回摩擦,称为搪锡。电烙铁使用一段时间后,应取下烙铁头,去掉烙铁头与传热筒接触部分的氧化层,再装回,避免以后取不下烙铁头。电烙铁发热器电阻丝由于多次发热,易碎易断,应轻拿轻放,不可敲击。

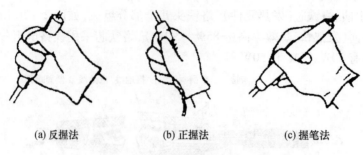

| (a) 反握法 | (b) 正握法 | (c) 握笔法 |

图 2 – 22　电烙铁的握法示意图

③ 焊接时,宜用松香或中性焊剂,因酸性焊剂易腐蚀元器件、印制线路板、烙铁头及发热器。

④ 烙铁头应经常保持清洁。使用中若发现烙铁头工作表面有氧化层或污物,应在石棉毡等织物上擦去,否则影响焊接质量。烙铁头工作一段时间后,还会出现因氧化不能上锡的现象,应用锉刀或刮刀去掉烙铁头工作面黑灰色的氧化层,重新搪锡。烙铁头使用过久,还会出现腐蚀凹坑,影响正常焊接,应用榔头、锉刀对其整形,再重新搪锡。

⑤ 电烙铁工作时要放在特制的烙铁架上,烙铁架一般应置于工作台右上方,烙铁头部不能超出工作台,以免烫伤工作人员或其他物品。烙铁架(图 2 – 23)的底板由木板制成,烙铁架由铁丝弯制,松香、焊锡槽内盛松香和焊锡,槽的斜面可用来摩擦烙铁头,去除氧化层,以便对烙铁头上锡。这种烙铁架材料易得,制作简便,可以自制。

图 2 – 23　烙铁架

⑥ 电烙铁的拆装与故障处理:以 20W 内热式电烙铁为例来说明它的拆装步骤。

拆卸时,首先拧松手柄上顶紧导线的螺钉,旋下手柄,然后从接线桩上取下电源线和电烙铁芯引线,取出烙铁芯,最后拔下烙铁头。安装顺序与拆卸刚好相反,只是在旋紧手柄时,勿使电源线随手柄扭动,以免将电源接头部位绞坏,造成短路。

电烙铁的电路故障一般有短路和开路两种。如果是短路,一接通电源就会熔断熔体。短路点通常在手柄内的接头处和插头中的接线处,这时如果用万用表检查电源插头两插脚之间的电阻,阻值将趋于零。如果接上电源几分钟后,电烙铁还不发热,一定是电路不通。如电源供电正常,通常是电烙铁的发热器、电源线及有关接头部位有开路现象。这时旋开手柄,用万用表 R ×100Ω 挡测烙铁芯两接线桩间的电阻值,如果在 2kΩ 左右,一定是电源线断或接头脱焊,应更换电源线或重新连接;如果两接线桩间电阻无穷大,当烙铁芯引线与接线桩接触良好时,一定是烙铁芯电阻丝断路,应更换烙铁芯。

知识点4　吸锡器

吸锡器是一种修理电器的专用工具,在维修拆卸零件时需要使用吸锡器,尤其是大规模集成电路需要更换时,更为难拆,如果拆不好容易破坏印制电路板,造成不必要的损失。常用的吸锡器有如下两种。

1. 手动吸锡器

简单的吸锡器是手动式的,且大部分是塑料制品。它与电烙铁配合使用,以吸取印制电路板焊盘的焊锡。它的头部由于常常接触高温,因此通常都采用耐热塑料制成,如图 2 – 24 所示。

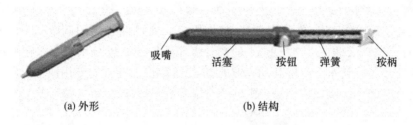

(a) 外形   (b) 结构

图 2 – 24　手动吸锡器的外形及结构

手动吸锡器的正确使用方法:

胶柄手动吸锡器的里面有一个弹簧,使用时,先把吸锡器末端的滑杆压入,直至听到"咔"声,则表明吸锡器已被固定。再用烙铁对接点加热,使接点上的焊锡熔化,同时将吸锡器靠近接点,按下吸锡器上面的按钮即可将焊锡吸上。若一次未吸干净,可重复上述步骤。

2. 吸锡电烙铁

具有焊接和吸锡的双重功能,在使用时,只要把烙铁头靠近焊点,待焊点融化后按下按钮,即可把融化后的液态焊锡吸入储锡盒内。其外形和结构如图 2 – 25 所示。它与普通电烙铁不同的是其烙铁头是空心的,并且多一个吸锡装置。

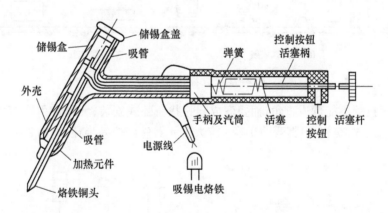

图 2 – 25　吸锡电烙铁的外形和结构

吸锡电烙铁的使用技巧:

① 要确保吸锡器活塞密封良好。通电前,用手指堵住吸锡器头的小孔,按下按钮,如活塞不易弹出到位,说明密封是好的。

② 吸锡器头的孔径有不同尺寸,要选择合适的规格使用。

③ 吸锡器头用旧后,要适时更换新的。

④ 接触焊点以前,每次都蘸一点松香,改善焊锡的流动性。

⑤ 头部接触焊点的时间稍长些,当焊锡融化后,以焊点针脚为中心,手向外按顺时针方向画一个圆圈之后,再按动吸锡器按钮。

任务二　印制电路板的元器件整形及焊接工艺

1. 元器件的整形和插件方法

（1）元器件的整形

对于电路元器件的安装,在焊接之前,首先要将元器件插装到印制电路板(PCB 板)上。为了把元器件合适地安插在电路板上,一般都要将元器件引脚进行预成形。在自动化程度高的工厂,成形工序是在流水上线上自动完成的,加工效率高。在没有专用成形工具或加工少量元器件时,通常是使用尖嘴钳或镊子(图 2 – 26)等一般工具,进行手工整形的。

图 2 – 26　常用的镊子

元器件整形的基本要求有:

① 为了防止引脚在整形时从元器件根部折断或把元器件引脚从其内拉出,要求从元器件弯折处到元器件引脚连接根部的距离应大于 1.5mm,如图 2 – 27 所示。

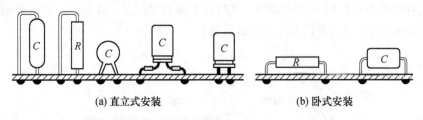

(a) 直立式安装　　　　　　　　　　　(b) 卧式安装

图 2 – 27　元器件引脚整形

② 引脚弯折处不能弯成直角,而要弯成圆弧状。卧式安装,元器件引脚弯曲半径 r 应大于引脚直径。直立式安装,引脚弯曲半径 r 应大于元器件体的外半径,如图 2 – 28 所示。

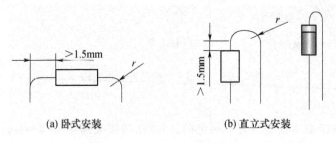

(a) 卧式安装　　　　　　　　(b) 直立式安装

图 2 – 28　元器件引脚弯曲

③ 对于卧式安装元器件,元器件两端引脚弯折要对称,两引脚要平行,引脚间的距离要与印制电路板上两焊盘孔之间的距离相等,以便于元器件的安装。

④ 对于电路板上两焊盘孔太近或对于一些怕在焊接时温度过高而受到损坏的元器件,可以将元器件的引脚弯成一个圆弧形,这样可以增加引脚长度,也可减小焊接时温度对元器件的影响。

⑤ 弯折元器件引脚成形后,应保证元器件的标志符号、元器件上的标称数值处在便于以后查看的方位上。

（2）元器件插件的方式

① 直立式插件法 。将元器件垂直于印制基板进行安装,也有贴板直立式装法和悬空直立式装法之分。直立式安装适合于内部结构小,有一定高度的场合,要求根部距印制板有 3mm ~ 5mm 的距离 。它具有占用面积小、易于拆卸等优点,电容器、三极管常采用这种装法。

② 卧式插件法。将元器件水平紧贴印制基板上安装,装插间隙要小于 1mm,所以又叫贴板卧式安装法。卧式安装适合于内部结构宽裕、装配高度受到限制的场合。这种插装方式稳定性好,适用于防震要求高的产品。对于发热元器件的安装,元器件离印制基板要有一定的距离,一般为 3mm ~ 8mm,这样有利于元器件的散热。

（3）元器件插件的原则

① 元器件的插件次序没有固定模式,以前一道工序不影响后一道工序为基本原则,一般为先小后大、先低后高、先轻后重、先易后难、先一般元器件后特殊元器件。如先插装卧式电阻、二极管,其次插装立式电阻、电容和三极管,再插装体积大的电容器、变压器,最后安装集成电路。

② 元器件插件后,注意将元器件的标志朝向便于看见的方向,以便检查和维修。

③ 有极性元器件的安装,其极性应严格按照图纸的要求进行插件,绝对不能错装。

④ 元器件的安装高度应符合规定要求,同一规格的元器件应尽量安装在同一高度上。电容器、三极管等立式装插元器件应保留适当长的引脚。引脚太短,焊接时可能造成过热损坏;太长稳定性又不好,也容易造成短路。

⑤ 元器件引脚穿过焊盘时应保留 2mm ~ 3mm 的长度,以利焊脚的打弯固定和焊接。

⑥ 元器件在印制板上的插装应分布均匀,排列整齐美观,不允许斜排、立体交叉和重叠排列。元器件外壳和引线不得相碰,要保证 1mm 左右的安全间隙。

（4）插孔元器件焊接的基本知识

① 焊接的姿势。挺胸端坐,切勿弯腰,鼻尖与烙铁头至少应保持 20cm 以上的距离,通常以 40cm 为宜(距烙铁头 20cm ~ 30cm 处时的有害化学气体、烟尘的浓度是卫生标准所允许的)。

② 焊锡丝的拿法。用左手的拇指、食指和小指夹住焊锡丝,如图 2 - 29(a)所示。在另外两个手指的配合下把焊锡丝连续向前送出,所以适用于连续焊接。

焊锡丝通过左手的虎口,如图 2 - 29(b)所示。用大拇指和食指夹住,由于这种方法不能连续向前送出焊锡丝,所以适用于断续焊接。

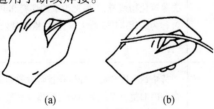

(a)   (b)

图 2 - 29 焊锡丝的拿法

③ 焊接前的准备。通常把手工焊接的过程归纳成八个字"一刮、二镀、三测、四焊",而"刮"、"镀"、"测"属于正式焊接前的准备过程。

"刮":就是处理焊接元器件的表面。元器件的引脚一般都镀有一层薄薄的锡料,但时间一长,引脚表面会产生一层氧化膜而影响焊接质量,所以焊接前首先要用刮刀将氧化膜去掉。

〔注意〕

清洁焊接元器件引脚的工具,可用废锯条做成的刮刀,如图2-30(a)所示。焊接前,应先刮去引线上的油污、氧化层和绝缘漆,直到露出紫铜表面没有其他脏物为止。也可采用细砂纸打磨,如图2-30(b)所示。元器件引脚根部留出一小段不刮,以免引线根部被刮断。

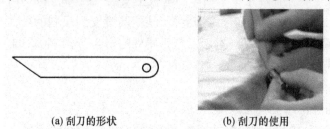

(a) 刮刀的形状　　　　　　　　(b) 刮刀的使用

图2-30　刮刀的形状及使用

"镀":指对被焊部位镀锡。将刮好的元器件引脚放在松香上,用带锡的电烙铁头轻压引脚,往复摩擦并连续转动引脚,使引脚均匀镀上一层薄薄的锡。

〔注意〕

引脚作清洁处理后,应尽快镀锡,以免表面重新氧化。

"测":指对镀过锡的元器件进行检测。检查经电烙铁高温加热镀锡后元器件是否被损坏。

以上3个字的操作过程,称为元器件的预制。

"焊":指对预制好的元器件进行焊接。在焊接时,要掌握好烙铁的温度与焊接的时间,并选择好恰当的烙铁头和焊点的接触位置,才有可能得到良好的焊点。正确的手工电烙铁焊接方法可以分成以下5个步骤(简称五步操作法)或者3个步骤(简称三步操作法),见表2-1和表2-2。

表2-1　手工焊接的五步焊接法步骤

步骤	图　示	说　明
准备施焊	焊锡丝　电烙铁　焊盘　印制板　元器件引脚	将被焊件、电烙铁、焊锡丝、烙铁架等准备好,并放置于便于操作的地方。焊接前要先将加热到能熔锡的烙铁头放在松香或蘸水海绵上轻轻擦拭,以去除氧化物残渣;然后把少量的焊料和助焊剂加到清洁的烙铁头上,也就是常称为的让烙铁头吃上锡,使烙铁随时处于可焊接状态
加热焊件		待烙铁温度合适后轻压在被焊元器件及焊盘处,使被焊元器件端子及焊盘在内的整个焊件全部均匀受热。一般让烙铁头部分(较大部分)接触热容量较大的焊件,烙铁头侧面或边缘部分接触热容量较小的焊件,以保持焊件均匀受热。注意不要随意拖动烙铁

步骤	图 示	说 明
送入焊丝		将焊接点加热到一定温度后，用焊锡丝触到焊接件处，熔化适量的焊料。注意焊锡丝应从烙铁头的对称侧加入到被加热的焊接点处，而不是直接将焊锡加在烙铁头上
移开锡丝		当焊锡丝适量熔化后，迅速移开焊锡丝。焊锡量的多、少控制，是非常重要的，在熔化焊料时应注意观察和控制
移开烙铁		当焊接点上的焊料流散接近饱满，助焊剂尚未完全挥发，也就是焊接点上的温度适当、焊锡最光亮、流动性最强的时刻，迅速拿开烙铁头。移开烙铁头的时机、方向和速度，决定着焊接点的焊接质量。正确的方法是先慢后快，烙铁头沿45°角方向移动，并在将要离开焊接点时快速往回一带，然后迅速离开焊接点

表2-2 手工焊接的三步焊接法步骤

步骤	图 示	说 明
准备		右手持电烙铁，左手拿焊锡丝并与焊件靠近，处于随时可以焊接的状态
加热与加焊料		待电烙铁温度合适时，在被焊件的两侧，同时放上电烙铁和焊锡丝
移开焊锡丝和烙铁		当焊料的扩散达到要求后，迅速拿开焊锡丝和电烙铁（注意焊锡要先离开而电烙铁随后离开）

在手工焊接的过程中，完成以上焊接的各个步骤，一般需在3s～5s内完成，对于小元件和集成电路引脚的焊接时间甚至更短，否则加热时间过长会使被焊元件损坏、印制电路板变形、敷铜皮脱落、塑料材料损坏等。这就需要在装配实践中熟练掌握和细心体会其操作要领。对于初学者，要特别指出的是，锡接是用电烙铁加热被焊元件和焊锡丝，使得焊锡丝熔化在被焊元件及相应的焊点上。而不是用烙铁将熔化的焊锡像泥工抹水泥一样将元件粘在电路板上。

④ 焊点质量。对焊点最关键的要求就是避免假焊、虚焊和连焊（短路）。假焊会使电路完全不通；虚焊会使焊点成为有接触电阻的连接状态，从而使电路的工作状态时好时坏；连焊会造成短路。此外，还有部分虚焊点，在电路刚开始工作的一段时间内，能保持焊点的接触尚好，使电路工作正常，但经过较长工作时间后，接触表面逐步被氧化，接触电阻慢慢变大，最后导致电路不能正常工作。所以焊接完成后，首先应对焊接质量进行外观检验。

图2-31是质量不同焊点的图片，请同学们自己分析哪一个是合格的，哪些是不合格的。

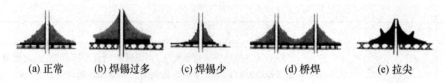

(a) 正常 　　(b) 焊锡过多 　　(c) 焊锡少 　　(d) 桥焊 　　(e) 拉尖

图 2-31　焊点外观正常与缺陷

【工作过程】(建议两位学生一组,互相评定)

　　每位学生一块印制线路板,并且在指导老师处领取若干电子元器件,分别完成对元器件的卧式、立式和倒立式安装的焊接安装工艺,如图 2-32 所示。

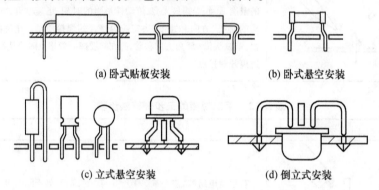

(a) 卧式贴板安装 　　　　　　(b) 卧式悬空安装

(c) 立式悬空安装 　　　　　　(d) 倒立式安装

图 2-32　元器件的卧式、立式和倒立式安装的焊接

[知识拓展] 波峰焊

　　在电子产品的生产过程中,焊接的应用非常广泛。一部无线电整机产品,焊接点的数量远远超过器件的数量,焊接的工作量是相当大的。每个焊接点的质量,都会影响整个电子产品的稳定性、使用的可靠性等。大量的生产经验告诉我们,无线电产品整机产生故障的原因,除了与元器件早期质量不良和元器件正常损耗有关外,大部分还与焊接质量低劣有关。

　　目前,焊接点的质量好坏,还只能从外观上判断。要想从众多的焊点中百分之百地查出有质量问题的焊点,可以说是不可能的。例如,由于焊接工艺掌握不当,被焊金属面未完全形成合金层的虚焊就很难发现。虚焊的焊点在短时内可能也会可靠地通过额定电流,用仪器测量也可能发现不出问题,但时间一长,未形成合金的表面被氧化,就会出现通过的电流变小或时断时续地通过电流的现象,甚至于出现不能通过电流而造成断路的现象。此时,焊点表面未发生变化,用眼睛仍然不容易检查出来,即使使用仪器检查,也不容易准确判断。

　　所以,为了减少由于手工焊接造成的人为故障,减小焊接故障率,焊接中不采用手工焊接,而是将元件插接好后,一次性地采用浸焊或波峰焊。图 2-33 是工厂中常见的波峰焊机。

　　波峰焊是将熔融的液态焊料,借助泵的作用,在焊料槽液面形成特定形状的焊料波。插装了元器件的 PCB 板置于传送链上,经过某一特定的角度以及一定的浸入深度穿过焊料波峰而实现焊点的焊接过程。

　　波峰面的表面均被一层氧化皮覆盖,它在沿焊料波的整个长度方向上几乎都保持静态,在波峰焊接过程中,PCB 板接触到锡波的前沿表面,氧化皮破裂,PCB 板前面的锡波无皱褶地被推向前进,这说明整个氧化皮与 PCB 板以同样的速度移动。当 PCB 板进入波峰面前端时,基板与引脚被加热，并在未离开波峰面之前，整个 PCB 板浸在焊料中，即被焊料所桥联，但在离开波峰尾端的瞬间，少量的焊料由于润湿力的作用，黏附在焊盘上，并由于表面张力的原因，会出现以引线为中心收缩至最小状态，此时焊料与焊盘之间的润湿力大于两焊盘之间焊料的内聚力，因此会形成饱满、圆滑的焊点，离开波峰尾部的多余焊料，由于重力的原因，回落到锡锅中。

图 2 – 33　波峰焊机

1. 使用波峰焊机注意事项

① 使用可焊性好的元器件/PCB 板；

② 提高助焊剂的活性；

③ 提高 PCB 板的预热温度,增加焊盘的湿润性能；

④ 提高焊料的温度；

⑤ 去除有害杂质,减低焊料的内聚力,以利于两焊点之间的焊料分开。

2. 波峰焊机中常见的预热方法

① 空气对流加热；

② 红外加热器加热；

③ 热空气和辐射相结合的方法加热。

项目学习评价小结

1. 学生自我评价

（1）填空题

① 在焊接时,一般电烙铁采用_____、_____和_____3 种握法,而小功率电烙铁宜采用_____握法。

② 五步焊接法的操作步骤是_____、_____、_____、_____、_____。

③ 常见的元器件在印制电路板上的插装方法有_____和_____。

（2）思考题

① 如图 2 – 34 所示,试电笔的握法正确吗,为什么？

② 在电工操作中,手电钻、冲击钻和电锤分别适用于哪些场合？

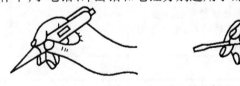

图 2 – 34　试电笔的握法

2. 项目评价报告表

项目完成时间：		年　月　日—　年　月　日				
评价项目		评分依据	优秀 (10~8)	良好 (7~5)	合格 (4~2)	继续努力 (<2)
自我评价 (30)	学习态度 (10)	1.所有项目都出全勤,没有迟到早退现象。 2.认真完成各项任务,积极参与活动与讨论。 3.尊重其他组员和教师,能够很好地交流合作				
	团队角色 (10)	1.具有较强的团队精神、合作意识。 2.积极参与各项活动、小组讨论、制作等过程。 3.组织、协调能力强,主动性强,表现突出				
	作业情况 (10)	认真完成项目任务: ①常用电工工具的使用; ②熟练掌握印制电路板的元件整形及焊接 　工艺的方法				
自我评价总分			合计:			
小组内互评 (20)	其他 组员	评分依据	优秀 (20~18)	良好 (17~15)	合格 (14~12)	继续努力 (<12)
		1.所有项目都出勤,没有迟到早现象。 2.具有较强的团队精神、合作意识。 3.积极参与各项活动、小组讨论、成果制作 　等过程。 4.组织、协调能力强,主动性强,表现突出。 5.能客观有效地评价同伴的学习。 6.能认真完成项目任务: ①常用电工工具的使用; ②熟练掌握印制电路板的元件整形及焊接 　工艺的方法				
小组内互评平均分			合计:			
评价项目		评分依据	优秀 (50~48)	良好 (47~45)	合格 (44~42)	继续努力 (<42)
教师评价 (50)		1.所有项目都出勤,没有迟到早退现象。 2.完成项目期间认真完成任务,积极参与活 　动与讨论。 3.团结、尊重其他组员和教师,能够很好地 　交流合作。 4.具有较强的团队精神、合作意识,积极参 　与团队活动。 5.主动思考、发言,对团队贡献大。 6.完成学习任务,各项作品齐全完整,并按 　要求命名和存放。 7.项目完成期间有创新、改进学习的方法。 8.能客观有效地评价同伴的学习,通过学习 　有所收获				
教师评价总分			合计:			
总　　分						

项目三 导线的剥削、连接及绝缘的恢复

项目情景展示

在日常生活中,我们经常为给家用电器供电时电源线不够长而烦恼。除了选择更长的电源线外,唯一的办法就是通过自己动手来对导线进行连接,以增加电源线的长度。因此,导线作为电路的重要组成部分,在与导线连接时,操作者应加强对导线操作的工艺要求。许多电气事故往往是由于导线连接质量不高引起的。对导线连接的基本要求是接触紧密,接触电阻小,接头处的机械强度不低于原导线机械强度的80%,接头处的绝缘强度要与原导线一样。

项目学习目标

	学 习 目 标	学习方式	学时
技能目标	1. 掌握各种电工工具的使用技巧。 2. 掌握、熟练各种电磁线和电力线的剥削。 3. 掌握、熟练各种电磁线和电力线的连接。 4. 掌握、熟练各种电磁线和电力线的绝缘层恢复	讲授、学生练习	4
知识目标	1. 了解常用导线材料的分类。 2. 了解常用绝缘材料的分类	讲授、自学、查资料	2

任务一 导线的剥削

导线,即为连接电路中各器件的重要组成部件。在连接导线前,都要对导线进行预处理,这种处理过程称为对导线的剥削。导线的剥削分为电磁线绝缘层的剖削和电力线绝缘层的剥削。

1. 电磁线绝缘层的剥削

(1)漆包线绝缘层的剥削

漆包线外围包裹的绝缘漆的剥削方法见表3-1。

表3-1 漆包线绝缘层的剥削

剥削条件	剥削工具	剥削方法	剥削注意事项
直径在0.1mm以下	细砂纸	用细砂纸轻轻擦去漆层	用细砂纸打磨时要细心,不可打磨过头,伤及线芯
直径为0.1mm以上	细砂纸或电工刀	用细砂纸擦去漆层	用细砂纸打磨或用电工刀轻刮时要细心,不可打磨或刮削过头,伤及线芯
直径在0.6mm以上	电工刀	用电工刀刮削漆层	用电工刀轻刮时要细心,不可刮削过头,伤及线芯

（2）丝包线绝缘层的剥削

丝包线外围包裹的绝缘丝的剥削方法见表3－2。

表3－2　丝包线绝缘层的剥削

剥削条件	剥削工具	剥　削　方　法	剥削注意事项
线径较小时	细砂纸	将包裹线芯的丝包层向后推，等露出线芯后，再用细砂纸擦去线芯表面的氧化层	用细砂纸打磨时要细心，不可打磨过头
线径较大时	电工刀	将线芯表面的丝包线松散，再将松散的丝包线向后推，使之露出线芯，然后用电工刀轻轻地刮去线芯表面的氧化层	用电工刀刮时要细心，不可刮削过头

（3）纸包线绝缘层的剥削

纸包线外围包裹的纸包层的剥削方法见表3－3。

表3－3　纸包线绝缘层的剥削

剥削条件	剥削工具	剥　削　方　法	剥削注意事项
各种纸包线	细砂纸	按照需要剥除一定纸包层长度，将纸包线外围包裹的纸包层剥除。 用手捏紧线芯上的纸包层后，再用绝缘清漆或虫胶酒精液将纸层粘牢。 用细砂纸去除线芯表面的氧化层	对缠绕在线芯上的纸包层一定要用手捏紧、固定。 用细砂纸打磨时要细心，不可打磨过头

2. 电力线绝缘层的剥削

（1）塑料硬线绝缘层的剥削

① 塑料硬线线头绝缘层的剥削。

a. 塑料硬线线芯面积在 $4mm^2$ 以下时，通常采用的剥削工具是剥线钳、尖嘴钳或钢丝钳。不管采用哪一种工具，其剥削方法是一样的，见表3－4。

b. 塑料硬线线芯面积在 $4mm^2$ 以上时，通常采用的剥削工具是电工刀。其剥削方法见表3－5。

表3－4　$4mm^2$ 以下塑料硬线线头绝缘层的剥削

剥削步骤	剥削工具	剥削例图	剥削方法	剥削注意事项
1	剥线钳或尖嘴钳或钢丝钳	略	用左手捏住导线，在预留导线长度后，对需剥削线头处，用对应工具刀口压紧导线，轻轻切破绝缘层	一是注意力要集中，掌握好用力分寸，不要切伤线芯；二是预留长度不易过长
2			用左手拉紧导线，右手握、压工具头部与导线的结合处，用力向外勒去塑料层	一是双手在拉的过程中，尽量成一条直线，以防线芯受伤；二是在勒去塑料层时，右手不可向工具的刀口加力；三是剥削完成后，线芯应完整无损

表 3-5　4mm² 及以上塑料硬线线头绝缘层的剥削

剥削步骤	剥削工具	剥削例图	剥削方法	剥削注意事项
1	电工刀		用左手捏住导线,右手紧握电工刀。在预留导线长度后,用电工刀中间刀口对准需剥削线头处,沿45°切入塑料绝缘层	注意力要集中,掌握好右手用力分寸,不要切伤线芯
2			回转电工刀刀柄,使电工刀刀面与导线夹角成15°左右。左手握紧导线,右手用力推动刀柄向线端推削,只削去线芯上塑料绝缘层	在推削过程中,尽量注意保持导线和刀口之间的角度,均匀地推削绝缘层。切不可伤及线芯
3			右手将导线线头余下的绝缘层向后翻;左手将导线和后翻的绝缘层握紧,将电工刀插入其间,靠近切开,刀口向外,用力使需要剥削的绝缘层与导线剥离	注意电工刀的刀法和剥削工艺

② 塑料硬线中间线绝缘层的剥削(见表 3-6)。

表 3-6　塑料硬线中间线绝缘层的剥削

剥削步骤	剥削工具	剥削例图	剥削方法	剥削注意事项
1			左手紧握导线,将需要剥削导线中间线部分水平或垂直放置于某物体表面上。右手紧握电工刀刀柄	导线中间线部分一定要平而直,被剥削部分要暴露在可视位置
2			用电工刀中间刀口对准需削线头处,沿45°切入塑料绝缘层	注意力要集中,掌握好右手用力分寸,不要切伤线芯
3	电工刀		回转电工刀刀柄,使电工刀刀面与导线夹角成15°左右。左手握压导线,右手用力推动刀柄向外推削到需要处	在推削过程中,尽量注意保持导线和刀口之间的角度,均匀地推削绝缘层。切不可伤及线芯
4			右手将被推削的绝缘层后翻;左手将导线和后翻的绝缘层握紧,将电工刀插入其间,靠近切开,刀口向外,用力使需要剥削的绝缘层与导线剥离	注意电工刀的刀法和剥削工艺

（2）塑料软线绝缘层的剥削

塑料软线绝缘层的剥削采用工具为剥线钳或钢丝钳。不可用电工刀剥削，因为塑料软线通常由多股铜丝组成，用电工刀剥削容易损伤线芯。

采用剥线钳或钢丝钳剥削塑料软线线头的方法见表3-7。

表3-7　塑料软线绝缘层的剥削

剥削步骤	剥削工具	剥削例图	剥削方法	剥削注意事项
1	剥线钳	略	在预留导线长度后，用左手拇指、食指捏住导线一端，右手持剥削工具，对需剥削线头处，用工具刀口轻轻压紧导线绝缘层，切破绝缘层	注意力要集中，掌握好用力分寸，不要切伤线芯
2			用左手拉紧导线，右手握、压工具头部与导线的结合部处，用力向外勒去塑料层	一是双手在拉的过程中，尽量成一条直线，以防线芯受伤；二是在勒去塑料层时，右手不可向工具的刀口加力；三是剥削完成后，线芯应完整无损；四是注意左、右手用力的程度和方向

（3）塑料护套线绝缘层的剥削

塑料护套线有两层绝缘层，一层是包裹每一根线芯的绝缘层，另一层为包裹两根导线的绝缘层。其绝缘层的剥削分两步，具体见表3-8。

表3-8　塑料护套线绝缘层的剥削

剥削步骤	剥削工具	剥削例图	剥削方法	剥削注意事项
1	电工刀		在离导线线头剥削端处，用电工刀刀尖对准护套线中间线芯缝隙处划开护套线	电工刀不能偏离线芯缝隙处，否则可能会划伤线芯
2			拨开护套线绝缘层，然后向后扳翻，用电工刀把它齐根切去	注意电工刀切断的手法
3		45°	在距离护套层5mm～10mm处，用电工刀以45°倾斜切入绝缘层	注意力要集中，掌握好右手用力分寸，不要切伤线芯
4		15°	回转电工刀刀柄，使电工刀刀面与导线夹角成15°左右。左手握紧导线，右手用力推动刀柄向线端推削，只削去线芯上塑料绝缘层	在推削过程中，尽量注意保持导线和刀口之间的角度，均匀地推削绝缘层，切不可伤及线芯
5			右手将导线线头余下的绝缘层向后翻；左手将导线和后翻的绝缘层握紧，将电工刀插入其间，靠近切开，刀口向外，用力使需要剥削的绝缘层与导线剥离	注意电工刀的刀法和剥削工艺

（4）橡胶软电缆线绝缘层的剥削

橡胶软电缆线主要应用在动力线中,对绝缘要求比较严格,因此其绝缘层有两层,分为最外层的像皮绝缘层和内层的编制保护层。其剥削方法见表3-9。

表3-9　橡胶软电缆线绝缘层的剥削

剥削步骤	剥削工具	剥削例图	剥削方法	剥削注意事项
1	电工刀		在预留导线长度后,用左手拇指、食指捏住导线一端,右手持剥削工具,对需剥削线头处,用电工刀中间刀口对准需剥削线头处,沿45°切入橡皮绝缘层	注意力要集中,掌握好用力分寸,不要切伤线芯
2		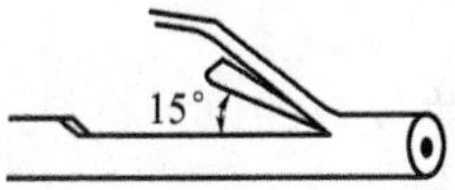	回转电工刀刀柄,使电工刀刀面与导线夹角成15°左右。左手握压导线,右手用力推动刀柄向外推削至需要处	在推削过程中,尽量注意保持导线和刀口之间的角度,均匀地推削橡皮绝缘层。切不可伤及线芯
3		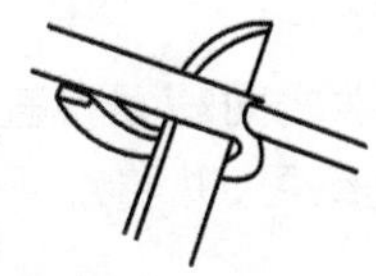	右手将被推削的绝缘层后翻;左手将导线和后翻的橡皮绝缘层握紧,将电工刀插入其间,靠近切开,刀口向外,用力使需要剥削的橡皮绝缘层与导线剥离	注意电工刀的刀法和剥削工艺
4		略	把内层的橡皮线纤维编织保护层用电工刀尖端划开,将其后翻,齐根切去	剥削方法与剥削护套线的保护层方法类同
5		略	松散棉纱层到根部,用电工刀切去	注意电工刀的刀法和剥削工艺

（5）花线绝缘层的剥削

花线是一种软导线,在日常生活中应用比较普遍。它有两层绝缘层:一层是最外层的面纱层,一层是内层的软绝缘层。具体剥削方法见表3-10。

表3-10　花线绝缘层的剥削

剥削步骤	剥削工具	剥削例图	剥削方法	剥削注意事项
1	电工刀	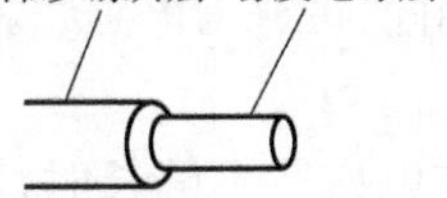 棉纱编织层　橡皮绝缘层	用电工刀在离线头一定距离处,将棉纱层四周割切一圈,而后将其拉去	注意电工刀切削刀法

剥削步骤	剥削工具	剥削例图	剥削方法	剥削注意事项
2	剥线钳或钢丝钳		在距离线头10 mm处,用钢丝钳等工具的刀口轻轻压紧导线绝缘层,切破绝缘层	注意力要集中,掌握好用力分寸,不要切伤线芯
3			用右手握、压工具头部与导线的结合部处,用力向外勒去塑料绝缘层	一是双手在拉的过程中,尽量成一条直线,以防线芯受伤;二是在勒去塑料层时,右手不可向工具的刀口加力;三是剥削完成后,线芯应完整无损;四是注意左、右手用力的程度和方向

【工作过程】（建议每位学生自己做,每两人为一组）

在剥削工具准备到位的条件下,根据教师给每位学生发放的以下材料进行导线剥削练习:

① 直径在0.1mm以上、长度为200mm的漆包线1根;

② 横截面积为1.5mm²、长度为500mm的单股铜芯线1根;

③ 横截面积为1.5mm²、长度为500mm的护套线1根;

④ 横截面积为1.5mm²、长度为500mm花线1根。

要求每次剥削长度为50mm。每剥削完一次,小组同学之间相互检查,给予评定;然后用斜口钳将剥削部分齐根部剪断,再进行下一次剥削,反复练习,并将练习的结果填入表3-11中。

表3-11 导线剥削练习

	漆包线	单股铜芯线	护套线	花线
练习次数				
切伤线芯次数				
互评				

任务二 导线的连接

导线剥削完成后,将对导线进行连接。连接的对象主要是导线的金属部分。根据连接的对象不同、需求不同,导线金属之间的连接方式也不尽相同,可分为电磁线和电力线两种。

1. 电磁线的连接

电磁线一般用于缠绕电机和变压器的绕组使用。在电磁线不够长时,需要对电磁线进行连接。其连接方法见表3-12。

表 3 – 12　电磁线的连接

连接步骤	连接材料	电磁线连接例图	连 接 方 法	连接注意事项
直径小于等于2mm	两个导线金属部分		首先将剥削好的电磁线理直。 其次将它们均匀地紧紧相互绞接,其互缠圈数至少达10圈,去掉两端毛刺。 第三是用电烙铁进行焊接,即进行钎焊	电磁线要紧紧绞接,以防接头面积过大。 进行钎焊时应保证焊锡均匀渗入到绞接内部
直径大于2mm			首先,将剥削好的电磁线理直。 其次,选择合适的铜套管。 第三,将电磁线被剥削部分插入铜套管中,两两对接在套管中间位置。 第四,将钎焊均匀地熔入铜套管内部,充满中间缝隙和套管两端与导线连接处,从而把线头和套管铸成整体	铜套管选用镀过锡的薄铜皮卷成

2. 电力线的连接

（1）铜导线的金属连接

① 单股铜芯导线的直线连接,见表 3 – 13。

表 3 – 13　单股铜芯导线的直连方法

连接步骤	连接材料	单股铜芯线连接例图	连 接 方 法	连接注意事项
1	两个导线金属部分		去除已经剥削好的两根导线的金属表面绝缘层及氧化层后,再将它们的金属部分交叉成 X 形,互相缠绕 2 圈 ~ 3 圈	剥削长度要适当,交叉部分要估计足量,缠绕要紧
2			拉直两端的线头	
3			将每根线头在另一芯线上紧贴并顺序缠绕 6 圈。对多余的金属线头用钢丝钳剪去,并用钢丝钳的平口将被剪断的线头末端去除毛刺并压平	缠绕要紧,线头要紧压

② 单股铜芯线的 T 形连接,见 3 – 14。

表 3 – 14　单股铜芯线的 T 形连接

连接步骤	连接材料	单股铜芯线连接例图	连 接 方 法	连接注意事项
1	两个导线金属部分		去除已经剥削好的两根导线的金属表面绝缘层及氧化层后,再将它们的金属部分十字相交	一是竖直的导线金属部分绝缘层端比较近;二是竖直的导线金属部分在交叉点处与另一根导线金属根部下方应预留出 3mm ~ 5mm 金属裸线

连接步骤	连接材料	单股铜芯线连接例图	连 接 方 法	连接注意事项
2	两个导线金属部分	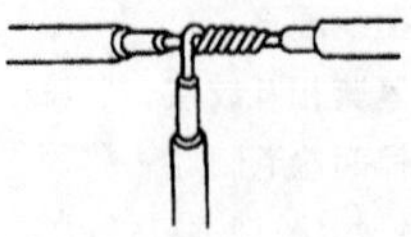	将竖直的导线金属线芯按顺时针方向紧贴另一根金属芯线紧密缠绕6圈~8圈，再用钢丝钳剪去多余部分，并用钢丝钳的平口将被剪断的线头末端去除毛刺并压平	缠绕要紧，线头要紧压

③ 7股铜芯导线的直线连接，见表3－15。

表3－15　7股铜芯导线的直线连接

连接步骤	连接材料	单股铜芯线连接例图	连 接 方 法	连接注意事项
1	多股导线金属部分	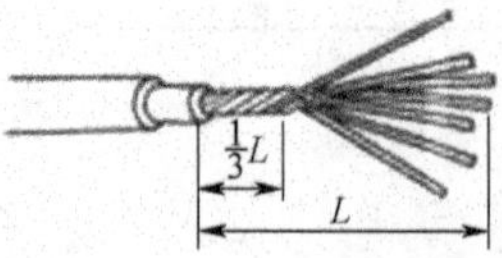	去除两根7股铜芯线最外层的绝缘层。对两根裸露线头的金属氧化层进行处理。将它们分别散开、拉直，在靠近绝缘层的1/3线芯处将该段线芯交叉、绞紧，把余下的2/3线头分散成伞状	一定要去除氧化层
2		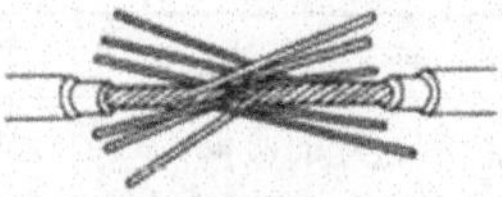	把两个分散成伞状的线头隔根对叉	
3			然后放平两端对叉的线头	注意要压紧
4		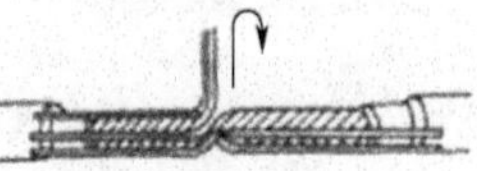	把其中一根7股铜芯线按2、2、3的形式分成三组，把第一组的2股线芯扳起，垂直于线头	注意分组
5			然后按顺时针方向缠绕2圈，将多余的部分水平按压在线芯上	
6		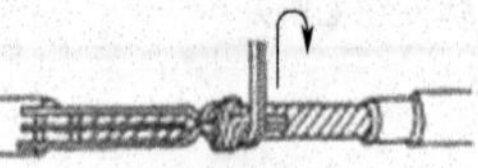	将第二组2股线芯扳成与线芯垂直方向，然后按顺时针方向紧压在线芯上并缠绕2圈；将多余的部分水平按压在线芯上	注意与上一组缠绕方向一致
7			将第三组的3股线芯扳于线头垂直方向，然后按顺时针方向缠绕3圈	注意与上一组缠绕方向一致
8			将每组多余的线芯切除，钳平线头端口	
9		略	用同样方法再缠绕另一边线芯	

④ 7 股铜芯线的 T 形连接,见表 3－16。

表 3－16　7 股铜芯线的 T 形连接

连接步骤	连接材料	单股铜芯线连接例图	连接方法	连接注意事项
1	多股导线金属部分	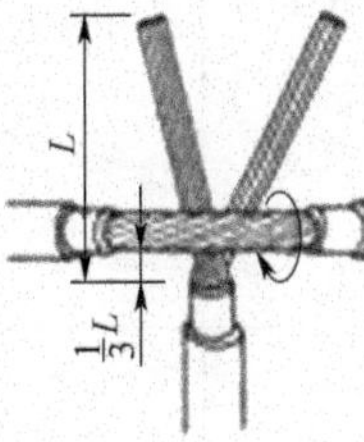	剥削两根 7 股铜芯线最外层的绝缘层,并将其氧化层去除掉。 将需要连接的第一根导线线芯分成两组,第一组 4 股,第二组 3 股,并每组绞齐、分开,余留 1/8 长度。 用螺丝刀把第二根的线芯按4:3分开,把第一根第一组线芯插入分开的第二根线芯中间,把第一根第二组线芯放在第二根线芯的前面,夹紧两根导线	第一要去除氧化层;第二在分开第二根导线线芯时,应尽可能在第二根线芯的中间位置
2		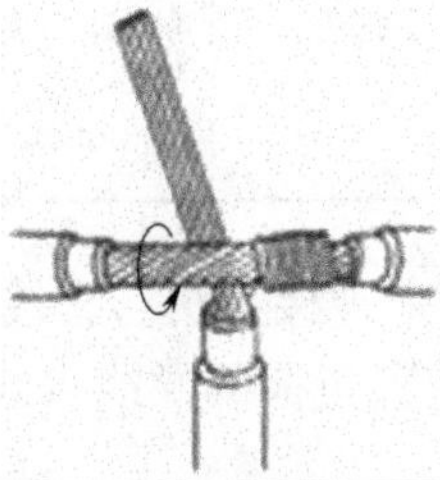	把第一根第二组线芯按顺时针方向紧紧缠绕 3 圈～4 圈在第二根线芯上,剪去多余线头,钳平线头	在缠绕时应注意要压紧线芯
3			把第一根第一组线芯按逆时针方向往第二根线芯的另一边缠绕 4 圈～5 圈,剪去多余线头,钳平线头	在缠绕时应注意要压紧线芯

（2）铝导线的金属连接

铝导线在日常生活中使用得比较少,主要是因为金属铝表面氧化快。氧化后的铝导线具有比较高的电阻率,其表面与其他接触物易产生接触不良。所以在铝导线连接时,除了采用铜导线的连接方法外,通常还采用其他的方法来实现导线的连接。

① 螺丝紧固法。螺丝紧固法主要适用于单股铝芯线的连接。其连接方法见表 3－17。

表 3－17　单股铝芯线的连接

连接步骤	连接材料	单股铝导线连接例图	连接方法	连接注意事项
1	铝导线		将铝导线按照要求进行剥削。用钢丝刷对铝导线线芯进行表面处理,去除表面氧化层	铝导线氧化层必须除掉
2		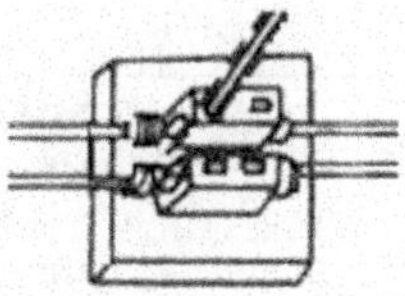	方法1:线头较粗时,将线头直接插入瓷接头或熔断器、插座、开关等接线桩上,紧固螺丝	紧固螺丝在用起子紧固时,注意不可用力过大,应恰到好处

连接步骤	连接材料	单股铝导线连接例图	连 接 方 法	连接注意事项
2	铝导线	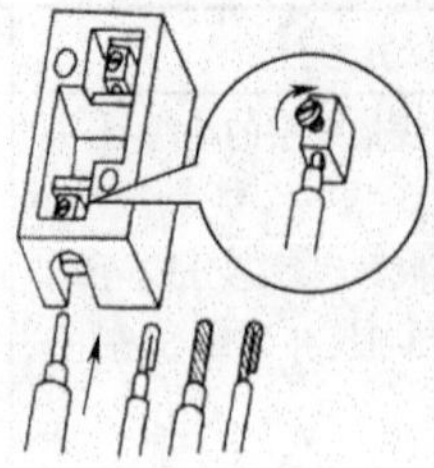	方法2：线头较细时，将线头回折、压紧，再插入瓷接头或熔断器、插座、开关等接线桩上，紧固螺丝	注意不要伤及线芯
		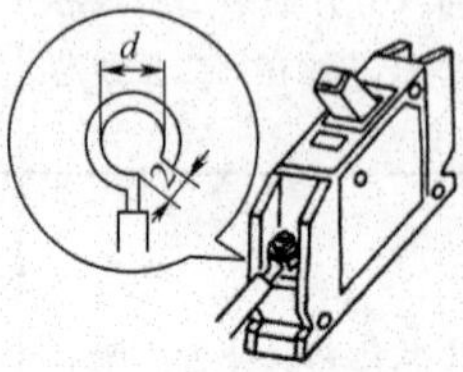	方法3：将线头弯成圆环，使得圆环的圆心在导线中心线的延长线上。再将圆环套在螺杆上，放上垫片，拧紧螺丝	注意圆环的方向应与拧紧螺丝的方向一致

铝导线通过瓷接头或熔断器、插座、开关等进行的 T 形连接方法与直线连接方法相同。

② 压接管连接法。压接管连接法主要适用于连接较大负荷的导线直线连接，需要用压线钳和压接管，见表 3-18。

表 3-18　较大负荷的导线直线连接

连接步骤	连接材料	单股铝导线连接例图	连 接 方 法	连接注意事项
1			根据铝芯线规格选择合适的压接管或线鼻子	
2		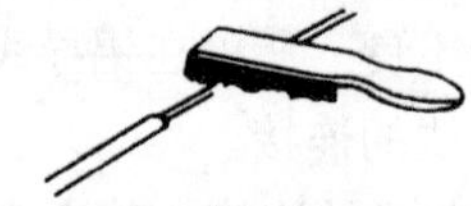	剥削需连接的两根铝芯导线的绝缘层，用钢丝刷清除铝芯线头和压接管内壁的铝氧化层	注意要清除氧化层
3	铝导线		根据压接管的大小，选择合适的压线钳	
4		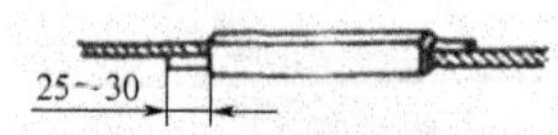	将两根铝芯线头从不同的方向穿入压接管，并使线端穿出压接管 25mm ~ 30 mm	线头一定要穿过压接管
5		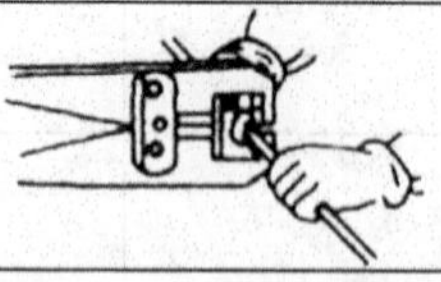	然后利用压线钳对压接管进行压接	注意选择好压线钳压接的钳口
6			压接时，第一道压坑应在铝芯线头一侧。要求在不同的位置进行多次压接	在同一个位置不能重复压接

【工作过程】（建议每位学生自己做,每两人为一组）

在剥削、连接工具准备到位的条件下,根据教师给每位学生发放以下材料进行导线剥削与连接练习:

① 直径在 2mm 以下、长度为 200mm 的漆包线 2 根;
② 横截面积为 1.5mm² 、长度为 500mm 的单股铜芯线 2 根;
③ 横截面积为 1.5mm² 、长度为 500mm 的护套线 2 根;
④ 横截面积为 1.5mm² 、长度为 500mm 花线 2 根。

要求每根导线剥削长度均为 50mm。每 2 根导线剥削完成后,按表 3 – 19 所列要求进行导线连接。每连接完成一次,小组之间相互检查,给予评定;然后用斜口钳将剥削部分齐根部剪断,再进行下一次剥削与连接,反复练习,并将练习的结果填入表 3 – 19 中。

表 3 – 19　导线剥削、连接要求与练习

	漆包线	单股铜芯线	护套线	花线
剥削要求	剥削 2 根导线端头	剥削 2 根导线端头	剥削 1 根导线的端头;剥削另 1 根导线中间段的某一部分	剥削 2 根导线端头
连接要求	直线连接	直线连接	T 形连接	直线连接
练习次数				
互评				

任务三　导线的绝缘层恢复

导线绝缘层破损或导线连接后以防漏电,都要对导线进行恢复绝缘。导线绝缘层的恢复方法一般采用衬垫法和包缠法。常采用的绝缘材料有电容纸、青壳纸、玻璃纤维黄蜡带、涤纶薄膜、塑料带和黑胶带等。

1. 电磁线绝缘层恢复

（1）电磁线连接端处绝缘层的恢复（见表 3 – 20）

表 3 – 20　电磁线连接端处绝缘层的恢复

包缠绝缘材料	连接材料	电磁线绝缘层恢复例图	绝缘层恢复方法——包缠法	绝缘层恢复注意事项
黄蜡带 涤纶薄膜带 玻璃纤维带	电磁线	约两根宽带	第一步,从完整绝缘层上开始包缠,包缠两根带宽后方可进入连接处的线芯部分	以 45° 切入,进行包缠
		1/2 ~45°	第二步,包缠时,绝缘带与导线应保持约 45° 的倾斜角,后一圈包缠时应压住前一圈的 1/2	每次缠绕应压住先前缠绕的 1/2

（续）

包缠绝缘材料	连接材料	电磁线绝缘层恢复例图	绝缘层恢复方法——包缠法	绝缘层恢复注意事项
黄蜡带 涤纶薄膜带 玻璃纤维带	电磁线		第三步，再反方向按照相同方法包缠一次	必要时再用纱布带封一层。绝缘带与绝缘带的衔接，应采取续接的方法
			第四步，绝缘带包缠完毕后的末端，应用纱线绑扎牢固，或用绝缘带自身套结扎紧	包缠材料本身没有粘连性

（2）电磁线为线圈时，其内部导线绝缘层的恢复

线圈内部导线绝缘层有破损，或经过再连接后，有必要进行重新绝缘层恢复。常用的绝缘材料有电容纸、黄蜡绸、黄蜡布、青壳纸和涤纶薄膜等。其中，电容纸和青壳纸的耐热性能最好，电容纸和涤纶薄膜最薄。电压较低的小型线圈，选用电容纸，电压较高的选用涤纶薄膜；较大型的线圈，则选用黄蜡带或青壳纸。

恢复方法：一般采用衬垫法，即在导线绝缘层破损处（或接头处）上下衬垫一层或两层绝缘材料，左右两侧借助于邻匝导线将其压住。衬垫时，绝缘垫层前后两端都要留出一倍于破损长度的余量。

2. 电力线绝缘层恢复

电力线绝缘层恢复，一般选用黑胶带、黄蜡带、塑料绝缘带和涤纶薄膜带等绝缘材料，其绝缘强度按顺序依次递增。采取的绝缘层恢复方法一般为包缠法。

[注意]

在包缠380V的电力线时，应在缠绕黑胶布带之前，先包缠一两层黄蜡带为宜，以防造成不必要的人身事故。

【工作过程】（建议每位学生独立完成，每两人为一组）

在剥削、连接工具和黑胶带准备到位的条件下，根据教师给每位学生发放的以下材料：进行导线剥削、连接与绝缘层的恢复练习。

① 横截面积为 1.5mm²、长度为 500mm 的单股铜芯线 2 根；

② 横截面积为 1.5mm²、长度为 500mm 的护套线 2 根；

③ 横截面积为 1.5mm²、长度为 500mm 花线 2 根。

要求每根导线剥削长度均为 50mm。按表 3-21 所列要求进行导线连接和绝缘层的恢复。每绝缘层恢复完成一次，小组之间相互检查，给予评定；然后用斜口钳将包扎部分齐根部剪断，再

46

进行下一次剥削、连接和绝缘层恢复工作,反复练习,并将练习的结果填入表 3 – 21 中。

表 3 – 21　导线剥削、连接、绝缘层恢复要求与练习

	单股铜芯线	护套线	花线
剥削要求	剥削 2 根导线端头	剥削一根导线的端头; 剥削另一根导线中间段的某一部分	剥削两根导线端头
连接要求	直线连接	T 型连接	直线连接
绝缘层恢复练习次数			
互评			

知识链接　电工材料

知识点 1　常用导线

1. 常用导线材料

常用的导线主要有 3 种:裸线、电磁线和电线电缆。它们的分类和应用见表 3 – 22。

表 3 – 22　常用导线分类及用途

类 别	分 类	用 途
裸线	裸绞线	裸绞线按照线芯分有 7 股、19 股、37 股、61 股等。常用的有 TT 型铝绞线、LGJ 型钢芯铝绞线和 HLJ 型铝合金绞线。它们具有结构简单、制造方便、容易架设、便于维修、传输容量大、利于跨越江河山谷等特殊地形等优点,主要用于电力线路中。 其中,软裸绞线又称为软绞线,是用铜线编制而成的,主要在柔软连接的场合使用
	硬母线	硬母线用铜或铝材料加工做成,截面形状有矩形、管形、槽形,其中 10kV 以下多采用矩形。在三相四线制中,硬母线分别被涂以黄、绿、红三色,表示 U、V、W 三相导线,而黑色硬母线表示零线。在新国标中,三相硬母线均涂以黑色,只是在线端处分别粘上黄、绿、红色点,以区别 U、V、W 三相母线。硬母线多用于工厂高低压配电装置中,而与之对应的软母线用于 35kV 及以上的高压配电装置中
电磁线	漆包线	漆包线的漆膜均匀,光滑柔软,主要用于线圈的绕制,广泛应用于中小型、微型电子、电工类产品中
	纱包线	纱包线是指采用天然丝、玻璃丝、绝缘纸或合成薄膜绝缘材料,紧密绕包在导电线芯上,从而形成的电磁线。一般应用于大中型电工类产品中
	无机绝缘 电磁线	绝缘层采用无机材料陶瓷氧化铝膜等,并经有机绝缘漆浸渍后烘干而成。无机绝缘电磁线具有耐高温、耐辐射性能
	特种电磁线	具有特殊的绝缘结构和性能。如耐水的多层绝缘结构,适用于潜水电机绕组线
电线电缆		由导电线芯、绝缘层、屏蔽层、护层组成。按产品的使用特性可分为通用电线电缆、电机电器用电线电缆、仪器仪表用电线电缆、信号控制电缆、交通运输用电线电缆、地质勘探用电线电缆、直流高压软电缆等数种,电工中用的主要是前两种

在日常生活中,与我们打交道最多的是使用在电气装备上的电线电缆,下面对它的型号以及常用类型进行介绍。

（1）电线电缆型号表示法

电气装备用电线电缆的型号由7部分组成,其各部分含义如图3-1所示。

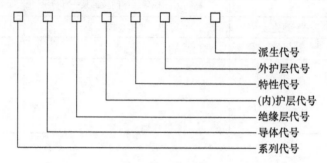

派生代号
外护层代号
特性代号
(内)护层代号
绝缘层代号
导体代号
系列代号

图3-1 电线电缆的型号组成含义

根据用电设备对导电环境的要求不同,可以选择不同类型的电线电缆,具体见表3-23。

表3-23 电线电缆的类型和用途

类型及用途	导体	绝缘层	护层	特征	铠装层	外护层
A—安装线	G—钢	B—棉纱编织涂蜡	BL—玻璃丝编织涂蜡	B—扁、平型	2—双钢层	1—纤维层
B—固定敷设用线	L—铝	E—乙丙橡皮	B—编织加强	B—编织加强	3—单层细钢丝	2—PVC套
BC—补偿导线	Z—阻尼导电线	F—聚氯乙烯丁聚氯乙烯丁聚氯乙烯复合物	F—丁聚复合物	C—重型	4—双层细钢丝	3—PE套
C—船用电缆	T—铜	G—硅橡胶	F—氯丁橡胶	C—彩色	8—铜丝编织	
D—带状电缆		F46—聚全氟乙丙烯	E—乙丙橡胶	C—滤尘器用	9—钢丝编织	
DC—机车车辆电缆		H—氯磺化聚乙烯	H—氯化聚乙烯橡胶	C—高压		
DJ—计算机用电缆		V—聚氯乙烯	HS—防水橡套	H—电焊机用		
G—高压电缆		X—天然丁苯橡胶	J—交联聚乙烯	J—监视		
J—电机引接线		Y—聚乙烯	M—氯醚橡胶	L—电炉用		
K—控制电缆		YJ—交联聚乙烯	N—尼龙	P—钢丝编织		
N—农用电缆		YE—聚酯亚胺、四氟乙烯、六氟丙烯共聚物、复合薄膜/乙丙橡皮组合绝缘	Q—铅（铅合金）	P₁—钢丝缠绕屏蔽		
P—信号电缆			N—丁腈橡胶	P₂—铜带屏蔽		
Q—以汽车为代表的公路车辆			S—硅橡胶	P₃—铝塑复合膜屏蔽		
R—软线			T—Cu	Q—轻型		
SB—无线电装置用			L—Al	Q—电子枪用		
SY—闪光灯用		YF—F46复合薄膜/可熔性聚四氟乙烯组合绝缘	V—聚氯乙烯	R—柔软		
U—矿用			Y—聚乙烯	R—绕包加强		
UC—采掘机用				S—双绞型		
UM—矿工帽灯线				T—耐热		
UZ—电钻电缆		Z—聚酯薄膜（纤维）		PT—金属屏蔽		
W—地球物理工作用				Z—中型		
WB—油泵用				Z—直流		
WC—海上探测用						
WE—野外探测用						
WQ—潜油泵引线电缆						
WT—轻便探测电缆						
Y—移动电缆						

例如,铜芯软线型号为 BVR-105,每个代码含义如下:

B——固定敷设用电线;

V——聚氯乙烯绝缘层;

R——软结构;

105——耐温为 105℃。

在上述电线电缆型号表示法中,某些代码已经被省去了,导致准确认识电线电缆有一定的难度。

因此,有必要对日常使用的一些电线电缆进行了解。

(2) 常用电线电缆材料

① B 系列橡皮塑料电线。B 系列橡皮塑料电线结构简单,重量轻,价格较低,电气机械性能较好,被广泛应用于各种动力配件和照明线路中。它还可以作为大中型电气装备的安装线使用。通常采用的电线电缆材料见表 3-24。

表 3-24　常用 B 系列橡皮塑料绝缘电线

产品名称	型　号		长期最高工作温度℃	用　途
	铜芯线	铝芯线		
橡皮绝缘电线	BX①	BLX	65	固定敷设于室内(明敷、暗敷或穿管),可用于室外,也可作为设备内部安装用线
氯丁橡皮绝缘电线	BXF②	BLXF	65	同 BX 型。耐气候性好,适用于室外
橡皮绝缘软电线	BXR	—	65	同 BX 型。仅用于安装时要求柔软的场合
橡皮绝缘和护套电线	BXHF③	BLXHF	65	同 BX 型。适用于较潮湿的场合和作为室外进户线,可代替老式铅包线
聚氯乙烯绝缘电线	BV④	BLV	65	同 BX 型。但耐湿性和耐气候性较好
聚氯乙烯绝缘软电线	BVR	——	65	同 BV 型。仅用于安装时要求柔软的场合
聚氯乙烯绝缘和护套电线	BVV⑤	BLVV	65	同 BV 型。用于潮湿和机械防护要求较高的场合,可直接埋于土壤中
耐热聚氯乙烯绝缘电线	BV-105⑥	BLV-105	105	同 BV 型
耐热聚氯乙烯绝缘软电线	BVR-105	—	105	同 BVR 型。用于 45° 及以上的高温环境中
备　注	① X 表示橡皮绝缘;② XF 表示氯丁橡皮绝缘;③ HF 表示非燃性橡皮;④ V 表示聚氯乙烯绝缘;⑤ VV 表示聚氯乙烯绝缘和护套;⑥ 105 表示耐温为 105℃			

② R 系列橡皮塑料软线。R 系列橡皮塑料软线的线芯是多根细铜线,除具备 B 系列特点外,较柔软,大量用于日用电器、仪器、仪表中,一般用作电源线。在小型电气设备和仪器仪表内部作安装线使用,如照明用灯头线。常用品种见表 3-25。

表 3 -25　常用 R 系列橡皮塑料绝缘软线

产品名称	型号	工作电压/V	长期最高工作温度/℃	用途
聚氯乙烯绝缘软线	RV RVB① RVS②	交流 250 直流 500	65	供各种移动电器、仪表、电信设备、自动化装置接线用,也可作为内部安装线。安装时,环境温度不低于 -15℃
耐热聚氯乙烯绝缘软线	RV105	交流 250 直流 500	105	同 RV 型。用于 45℃ 及以上的高温环境中
聚氯乙烯绝缘和护套软线	RVV	交流 250 直流 1000	65	同 RV 型。用于潮湿和机械防护要求较高的、经常移动、弯曲的场合
丁腈聚氯乙烯复合物绝缘软线	RFB③ RFS	交流 250 直流 500	70	同 RVB、RVS 型。但低温柔软性较好
棉纱编织橡皮绝缘双绞软线 棉纱总编织橡皮绝缘软线	RXS RX	交流 250 直流 500	65	室内日用电器、照明用电源线
棉纱编织橡皮绝缘平型软线	RXB	交流 250 直流 500	65	室内日用电器、照明用电源线
备注	①B 表示两芯平型;②S 表示两芯绞型;③F 表示复合物绝缘			

③ Y 系列通用橡胶电缆线。Y 系列通用橡胶电缆线适用于一般场合下,作各种电气设备、电动工具、仪器和日用电器的移动式电源线,称为移动电缆。按照承受机械外力不同分为轻、中、重型 3 种形式,长期工作温度为 65℃,品种见表 3 -26。

表 3 -26　常用 Y 系列通用橡胶电缆

产品名称	型号	交流工作电压/V	特点
轻型橡套电缆	YQ①	250	轻型移动电气设备和日用电器的电源线
	YQW②		轻型移动电气设备和日用电器的电源线。具有耐气候和一定的耐油性能
中型橡套电缆	YZ③	500	各种移动电气设备和农用机械的电源线
	YZW		各种移动电气设备和农用机械的电源线。具有耐气候和一定的耐油性能
重型橡套电缆	YC④	500	各种移动电气设备和农用机械的电源线。能承受较大的机械外力作用
	YCW		各种移动电气设备和农用机械的电源线。具有耐气候和一定的耐油性能
备注	产品均为铜线。 ① Q 表示轻型;② W 表示户外型;③ Z 表示中型;④ C 表示重型		

④ YH 系列电焊机用电缆线。该系列电缆线供一般环境中使用的电焊机二次侧接线及连线电焊钳用。有 YH 型铜芯电缆和 YHL 铝芯电缆两种,工作电压为 2000V,长期工作温度为 65℃。由于工作环境复杂,要求这种电缆耐热性能良好,有足够的机械强度,绝缘层要耐湿、耐油、耐腐蚀。

2. 常用导线的规格

在购买导线时,通常要考虑到所用导线的截面积。导线截面积不同,价格也就有区别。常用铜、铝导线的规格见表 3 - 27。

表 3 - 27 常用铜芯线、铝芯线的规格

种类	导线截/mm²	线芯结构			导线截/mm²	线芯结构		
		股数	单芯直径/mm	成品外径/mm		股数	单芯直径/mm	成品外径/mm
铜芯	1.0	1	1.13	4.4	35	19	1.51	11.8
	1.5	1	1.37	4.6	50	19	1.81	13.8
	2.5	1	1.76	5.0	70	49	1.33	17.3
	4.0	1	2.24	5.5	95	84	1.20	20.8
	6.0	1	2.73	6.2	120	133	1.08	21.7
	10	7	1.33	7.8	150	37	2.24	22.0
	16	7	1.68	8.8	185	37	2.49	24.2
	25	19	1.28	10.6	240	61	2.21	27.2
铝芯	2.5	1	1.76	5.0	35	7	2.49	11.8
	4	1	2.24	5.5	50	19	1.81	13.8
	6	1	2.73	6.2	70	19	2.14	16.0
	10	7	1.33	7.8	95	19	2.49	18.3
	16	7	1.68	8.8	120	37	2.01	20.0
	25	7	2.11	10.6	150	37	2.24	22.0
备注	环境温度为 +30℃,导线线芯最高允许工作温度为 +65℃							

3. 导线的选用

（1）低压架空配电线路导线截面积的载流量

低压架空配电线路导线截面积的确定一般是按发热条件选择导线,导线中通过的正常最大负荷电流不超过导线的允许载流量,通过绝缘导线与载流量的关系,可以估算出铝绝缘导线的选择范围。估算方式见表 3 - 28。

表 3 - 28 导线截面积与载流量估算关系

类 别	载流量的估算方式/A	备 注
1mm² ~ 10mm² 铝绝缘导线	载流量 I = 截面积 ×5	
16mm² ~ 25mm² 铝绝缘导线	载流量 I = 截面积 ×4	
35mm² ~ 50mm² 铝绝缘导线	载流量 I = 截面积 ×3	当穿管时乘以 80%。
70mm² ~ 95mm² 铝绝缘导线	载流量 I = 截面积 ×2.5	当环境温度高于 25°C 时,乘以 90%
100mm² 铝绝缘导线	载流量 I = 截面积 ×2	

例如:16mm² 铝绝缘导线,穿管敷设,环境温度超过25℃时,其载流量为
$$I = 16 \times 4 \times 0.8 \times 0.9 = 43.92(\text{A})$$

铜绝缘导线载流量与大一级铝绝缘导线的载流量相同。如对2.5mm²的铜绝缘导线而言,查表3-27可知,铝芯线也有2.5mm²截面积的导线,比它大一级的铝绝缘导线截面积为4mm²,所以,2.5mm²的铜绝缘导线载流量应该与截面积为4mm²相同铝绝缘导线相同。查表3-28可知,承载的载流量(电流)为$4 \times 5 = 20(\text{A})$。

(2)按允许的电压损失进行校验

在通过正常最大负荷电流时产生的电压损耗,不应该超过正常运行时允许的电压损耗。

(3)满足机械强度要求

为了满足机械强度的要求,导线的截面积不应小于其最小允许截面。

知识点2 常用电工绝缘材料

绝缘材料又称电介质,它与导电材料相反,在恒定电压作用下,除有极微小的泄露电流通过外,实际上是不导电的。其主要作用是将带电体封闭起来或是将带不同电位的导体隔开,保证电气线路、设备正常工作,并防止人身触电事故等。电阻系数高的材料在电工技术上称为绝缘材料,绝缘材料应具有良好的介电性能,即具有较高的绝缘电阻和耐压强度,并能避免发生漏电、爬电或击穿事故,其次耐热性能要好,其中不因长期受热作用(热老化)而产生性能变化最为重要。此外还应有良好的导热性、耐潮和有较高的机械强度以及工艺加工方便等特点。

绝缘材料大部分是有机材料,其耐热性、机械强度和寿命比金属材料低得多,因此绝缘材料是电工产品最薄弱的环节,应根据它们的不同特性,合理地选用。

1. 电工绝缘材料分类

电工绝缘材料按其化学性质不同,可分为无机绝缘材料、有机绝缘材料和混合绝缘材料。常用的无机绝缘材料有云母、石棉、大理石、瓷器、玻璃、硫黄等,主要用作电机、电器的绕组绝缘、开关的底板和绝缘子等。有机绝缘材料有虫胶、树脂、橡胶、棉纱、纸、麻、人造丝等,大多用以制造绝缘漆,绕组导线的被覆绝缘物等。混合绝缘材料为由以上两种材料经过加工制成的各种成型绝缘材料,用作电器的底座、外壳等。

2. 电工绝缘材料主要性能指标

电工绝缘材料的性能指标见表3-29。

表3-29 常用绝缘材料的性能指标

性能指标	意　义
绝缘耐压强度	绝缘物质在电场中,当电场强度增大到某一极限值时,就会击穿。这个绝缘击穿的电场强度称为绝缘耐压强度(又称介电强度或绝缘强度),通常以1mm厚的绝缘材料所能承受的电压千伏值来表示
抗张强度	绝缘材料每单位截面积能承受的拉力
密度	绝缘材料每立方厘米体积的质量
膨胀系数	绝缘体受热以后体积增大的程度
耐热等级	电工绝缘材料按其正常运行条件下允许的最高工作温度分级。国际电工委员会(IEC)把绝缘材料分为Y、A、E、B、F、H、C七个耐热等级。其允许工作温度分别为90℃、105℃、120℃、130℃、155℃、180℃和180℃以上

3. 常用电工绝缘材料

下面介绍几种常用的绝缘材料,见表3-30。

表 3 -30   常用绝缘材料

类别		具体分类及用途
塑料	模压塑料	4013 酚醛木粉塑料 4330 酚醛玻璃纤维塑料:它们具有良好的电气性能和防潮防霉性能,尺寸稳定,机械强度高,适宜做电机电器的绝缘零件
	热塑性塑料	ABS塑料:象牙色不透明体,有良好的综合性能,表面硬度较高,易于加工成形,并可在表面镀金属,但耐热性、耐寒性较差,适宜做各种结构零件,如电动工具和台式电扇外壳以及出线板,支架 聚酰胺(尼龙)1010:白色半透明体,常温时,具有较高的机械强度,耐油、耐磨,电气性能较好,吸水性小,尺寸稳定,适宜做绝缘套、插座、线圈骨架、接线板等绝缘材料,也可制作齿轮等机械传动零件
橡胶橡皮	天然橡胶	易燃,不耐油,容易老化,不能用于户外,但它柔软,富有弹性,主要用作电线电缆的绝缘层和护套
	合成橡胶	使用普遍的有氯丁橡胶和丁腈橡胶,它们具有良好的耐油性和耐溶剂性,但电气性能不高,用做电机电器中绝缘结构材料和保护材料,如引出线套管、绝缘衬垫等
木料		主要有木槽板、圆木、连二木等。用于干燥的场合安装灯座、开关
绝缘包扎带	布绝缘胶带	又称黑胶带。适用于交流电压380V以下电线电缆包扎绝缘,在 -10℃ ~40℃ 温度范围内使用,有一定的黏着性
	塑料绝缘胶带	又称聚氯乙烯或聚乙烯胶带。适用于交流 500V ~6000V(多层绕包)电线、电缆接头等处作包扎绝缘用,一般可在 -10℃ ~60℃ 范围内使用,其绝缘性能、耐潮性、耐腐蚀性好,其中电缆用的特种聚氯乙烯带是专门用来包扎电缆接头的,有黄、绿、红、黑四种,称为相色带
	涤纶绝缘胶带	酯胶黏带。适用范围与塑料绝缘胶带相同,但耐压强度高,防水性能更好、耐化学稳定性好,还能用于半导体元件的密封
陶瓷制品		瓷土烧制后涂以瓷釉的陶瓷制品,是不易燃烧不吸潮的绝缘体,可制成绝缘子,支持固定导线。常用的有低压绝缘子、高压绝缘子等
云母制品		主要有云母带、云母板、云母箔,均由云母或粉云母、胶黏剂和补强材料组成。云母带主要由于高压电机主绝缘或相间绝缘等。云母板主要用于电机槽绝缘和端部层间绝缘等。云母箔主要用于电机、电器卷烘绝缘

4. 带电作业用绝缘材料

在我国,带电作业用绝缘材料大致有下列几种。

① 绝缘板材。包括硬板和软板,其种类有层压制品(如3240环氧酚醛玻璃布板)和工程塑料的聚氯乙烯板、聚乙烯板等。

② 绝缘管材。包括硬管和软管。种类有层压制品,如3640环氧酚醛玻璃布管;带或丝的卷制品,如超长环氧酚醛玻璃布管、椭圆管等。

③ 薄膜。如聚丙烯、聚乙烯、聚氯乙烯、聚酯等塑料薄膜。

④ 绝缘绳索。如尼龙绳、锦纶绳和蚕丝绳(分生蚕丝绳和熟蚕丝绳两种),其中包括绞制、

编织圆形绳及带状编织绳。

⑤ 其他绝缘油、绝缘漆、绝缘胶粘剂等。

项目学习评价小结

1. 学生自我评价

（1）想一想

① 日常用导线可以分为_____、_____、_____。

② 对漆包线的剥削应注意的是_____。

③ 在进行导线连接时,缠绕的导线与被缠绕的导线之间的关系是_____。

④ 在包缠连接的导线时,应注意一般要包缠____遍,其包缠夹角为_____（度）。

（2）做一做

① 准备一把电工刀、压接钳和导线若干(适用于用压接钳压接的),练习压接钳的使用。

② 到市场上了解不同铜导线的规格,填表 3 - 31。

表 3 - 31　各种不同铜导线的规格

序号	截面积	规格与型号	载流量	绝缘层材料	工作环境	应　用
1						
2						
3						
4						
5						
6						
7						
8						
9						

2. 项目评价报告表

项目完成时间： 　 年 　 月 　 日— 　 年 　 月 　 日

评价项目		评分依据	优秀 (10~8)	良好 (7~5)	合格 (4~2)	继续努力 (<2)
自我评价(30)	学习态度 (10)	1. 所有项目都出全勤,没有迟到早退现象。 2. 认真完成各项任务,积极参与活动与讨论。 3. 尊重其他组员和教师,能够很好地交流合作				
	团队角色 (10)	1. 具有较强的团队精神、合作意识。 2. 积极参与各项活动、小组讨论、制作等过程。 3. 组织、协调能力强,主动性强,表现突出				
	作业情况 (10)	认真完成项目任务: ①熟练掌握各种工具的使用方法; ②掌握导线的剥削、连接和绝缘层恢复的方法				
自我评价总分			合计:			

小组内互评(20)	其他组员	评分依据	优秀 (20~18)	良好 (17~15)	合格 (14~12)	继续努力 (<12)
		1. 所有项目都出勤,没有迟到早退现象。 2. 具有较强的团队精神、合作意识。 3. 积极参与各项活动、小组讨论、成果制作 　 等过程。 4. 组织、协调能力强,主动性强,表现突出。 5. 能客观有效地评价同伴的学习。 6. 能认真完成项目任务: ①熟练掌握各种工具的使用方法; ②掌握导线的剥削、连接和绝缘层恢复的方法				
小组内互评平均分			合计:			

评价项目		评分依据	优秀 (50~48)	良好 (47~45)	合格 (44~42)	继续努力 (<42)
教师评价(50)		1. 所有项目都出勤,没有迟到早退现象。 2. 完成项目期间认真完成任务,积极参与活 　 动与讨论。 3. 团结、尊重其他组员和教师,能够很好地 　 交流合作。 4. 具有较强的团队精神、合作意识,积极参 　 与团队活动。 5. 主动思考、发言,对团队贡献大。 6. 完成学习任务,各项作品齐全完整,并按 　 要求命名和存放。 7. 项目完成期间有创新、改进学习的方法。 8. 能客观有效地评价同伴的学习,通过学习 　 有所收获				
教师评价总分			合计:			
总　分						

项目四　万用表的组装、调试及使用

项目情景展示

电路在日常生活中无处不在,如:供电电路与电动机构成电力电路,与照明电器构成照明电路;在家用电器的彩电、DVD、手机等内部都有十分复杂的电路。电路的存在十分普遍,它是由实际元器件按一定方式连接起来的电流通路。就其功能大致可分为强电电路(供电电路)和弱电电路。

项目学习目标

	学习目标	学习方式	学时
技能目标	1. 识别电阻和电容元件,并会用万用表检测。 2. 组装 MF47 型模拟式万用表。 3. 用 MF47 万用表测量直流电压和直流电流	讲授、学生练习	14
知识目标	1. 熟练用指针式万用表检测常用电子元件。 2. 了解指针式万用表的基本工作原理。 3. 了解电路及电路图的组成和工作状态。 4. 运用直流电路的三个基本定律,求解电路的基本物理量。 5. 分析简单的串联、并联和混联连接电路。 6. 了解电容器串联或并联的电路结构。 7. 了解两种电源模型——电压源和电流源的转换。 8. 运用基尔霍夫电流定律和电压定律解题。 9. 了解叠加定理和戴维南定理的运用	讲授	14

任务一　万用表检测常用电子元件

1. 电阻器的识别

金属导体中的电流是自由电子定向移动形成的。自由电子在运动中要跟金属正离子频繁碰撞,每秒的碰撞次数高达 10^{15} 左右。这种碰撞阻碍了自由电子的定向移动,表示这种阻碍作用的物理量叫做电阻,用 R 表示,单位为 Ω。电阻的单位还有兆欧($M\Omega$)、千欧($k\Omega$),它们之间的换算关系是:$1\ M\Omega = 10^{3}\ k\Omega = 10^{6}\ \Omega$。

(1)常用电阻器的种类

① 碳膜电阻。气态碳氢化合物在高温和真空中分解,碳沉积在瓷棒瓷管上,形成一层结晶碳膜,其实物图及符号见表 4 - 1。当改变碳膜的厚度和改变碳膜的长度时,都将得到不同的阻值。它的成本较低,性能一般。

② 金属膜电阻。在真空中加热合金,合金蒸发,使瓷棒表面形成一层导电金属膜。刻槽或改变金属膜厚度,可以控制阻值,其实物图如图4-1所示。这种电阻和碳膜电阻相比,体积小、噪声低、稳定性好,但成本较高。

③ 碳质电阻。碳质电阻把炭黑、树脂、黏土等混合物压制后经过热处理制成的,其实物图如图4-2所示。在电阻上用色环表示它的阻值。这种电阻成本低、阻值范围宽,但性能差,很少采用。

图4-1　金属膜电阻的实物图　　　　　图4-2　碳质电阻的实物图

④ 线绕电阻。用康铜或者镍铬合金电阻丝在陶瓷骨架上绕制而成,其实物图如图4-3(a)、(b)所示。这种电阻分固定和可变两种。它的特点是:工作稳定;耐热性能好;误差范围小;适用于大功率的场合,额定功率一般在1W以上。

(a)　　　　　　　　　　　　　　(b)

图4-3　常用的线绕电阻

⑤ 电位器。电位器分为碳膜电位器和绕线电位器。它是一种可以连续调节阻值的电子元件,通过调节可以得到不同的阻值或按一定规律变化的输出电压。其实物图及符号如图4-4所示。

图4-4　常用电位器的实物图及符号

⑥ 热敏电阻。热敏电阻由半导体陶瓷材料组成,利用的原理是温度引起电阻的阻值变化,其实物图及符号如图4-5所示 。热敏电阻的主要特点是:灵敏度较高;工作温度范围宽;体积小;使用方便;易加工成复杂的形状,可大批量生产;稳定性好和过载能力强。

热敏电阻

图4-5 常见热敏电阻的实物图及符号

（2）电阻器的主要参数

电阻的主要参数有标称阻值、阻值误差、额定功率、最高工作电压、最高工作温度、静噪声电动势、温度特性、高频特性等。

（3）标称电阻值的识读

① 直标法。电阻标称阻值直标法见表4-1。

表4-1　电阻标称阻值直标法

	图 例	说 明	固定电阻符号
直标法	5.6k	在电阻的表面直接用数字和单位符号标出产品的标称阻值,其允许误差直接用百分数表示	⊏▭⊐

② 色标法。就是用各种颜色表示电阻的阻值,见表4-2。

表4-2　电阻标称阻值色标法

	图 例	说 明	固定电阻符号
色标法		见表4-3色环电阻颜色标记说明	⊏▭⊐

先找标志误差的色环,从而排定色环顺序。最常用的表示电阻误差的颜色是金、银、棕,尤其是金环和银环,一般绝少用做电阻色环的第一环,所以在电阻上只要有金环和银环,就可以基本认定这是色环电阻的最末一环。或者这样排定色环,最靠近电阻引线端的是第一环,其余顺次是二、三、四色环(表4-2),第一道色环表示阻值的第一位有效数字,第二道色环表示第二位有效数字,第三道色环表示阻值末应有几个零。第四道色环表示阻值的误差。色环颜色标记见表4-3。

表 4-3　色环电阻颜色标记说明

颜色	第一位数字	第二位数字	第三位数字(5环电阻)	乘数	误差
黑	0	0	0	$10^0 = 1$	
棕	1	1	1	$10^1 = 10$	±1%
红	2	2	2	$10^2 = 100$	±2%
橙	3	3	3	$10^3 = 1000$	
黄	4	4	4	$10^4 = 10000$	
绿	5	5	5	$10^5 = 100000$	±0.5%
蓝	6	6	6		±0.25%
紫	7	7	7		±0.1%
灰	8	8	8		
白	9	9	9		
金				$10^{-1} = 0.1$	±5%
银				$10^{-2} = 0.01$	±10%
备注	第三位数字只五色环电阻才有				

　　色环电阻常有:四环电阻和五环电阻。其中四环电阻的读法:前两位数字是有效数字,第三位是倍率,第四位是误差等级。例如:色环顺序为棕、红、黑、金,电阻为 $12 \times 1 = 12\Omega$,误差电阻为 5% 。五环电阻的读法:前三位数字是有效数字,第四位是倍率,第五位是误差等级。例如:色球顺序为棕、红、黑、橙、棕,电阻为 $120 \times 1000 = 120k\Omega$,误差 ±1% 。

　　(4) 电阻额定功率

　　电阻接入电路后,通过电流时便会发热,当温度过高将会烧毁电阻。所以不但要选择合适的电阻值,还要正确选择电阻的额定功率。

　　在电路图中,通常不加功率标注的电阻均为 $\frac{1}{8}$W 的,MF47 型万用表的电阻多为 $\frac{1}{4}$W。如果电路对电阻的功率值有特殊要求,就按图 4-6 所示的符号标注,或用文字说明。实际应用中不同功率的电阻体积是不同的,一般情况功率越大电阻的体积就越大,如图 4-7 所示。

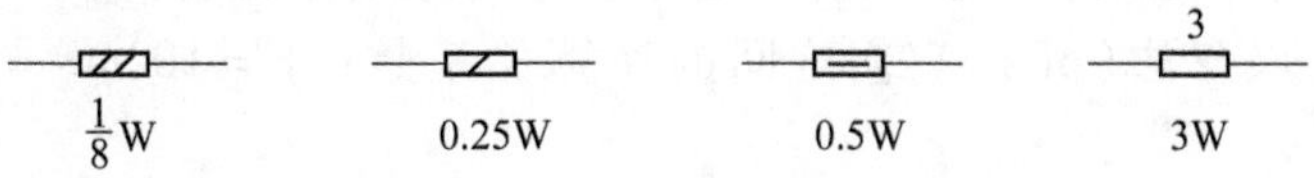

| $\frac{1}{8}$W | 0.25W | 0.5W | 3W |

图 4-6　电阻功率标注

　　(5) 电阻器的质量检测

　　① 测量前的准备工作。将挡位旋钮依次置于电阻挡 R×1Ω 挡和 R×10k 挡,然后将红、黑测试笔短接。旋转调零电位器,观察指针是否指回零。

| $\frac{1}{4}$W | $\frac{1}{2}$W | 1W | 2W |

图4-7 不同功率的电阻体积实物对比

如 R×1Ω 挡,指针不能回零,则更换万用表的 1.5V 电池;如 R×10k 挡,指针不能回零,则 U201 型万用表更换 22.5V 电池,MF47 型万用表更换 9V 电池。

② 选择适当倍率挡。当测量某一电阻器的阻值时,要根据电阻器的阻值正确选择倍率挡,按万用表使用方法规定,万用表指针应在刻度的中心部分读数才较准确。测量时,电阻器的阻值是万用表上刻度的数值与倍率的乘积。如测量一支电阻器,所选倍率为 R×1,刻度数值为 9.4,该电阻器电阻值应为 R = 9.4×1 = 9.4(Ω)。

③ 电阻挡调零。在每测量一只电阻之前,都必须进行调零操作,即先将红、黑表笔搭在一起短路,使指针向右偏转,随即调整 Ω 调零旋钮,使指针恰好指到 0。每更换一次倍率挡后,都要重新调零。

④ 测量电阻。当测量电阻器时,要注意不能用手分别同时捏着红黑表笔以及电阻器两引出端,以免人体电阻影响其测量的准确性,如图4-8(a)、(b)所示。

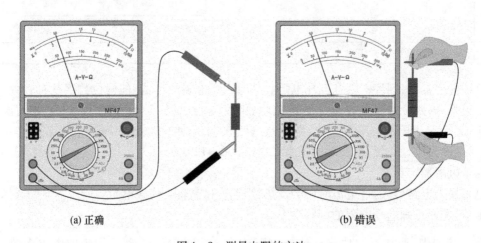

(a) 正确   (b) 错误

图4-8 测量电阻的方法

2. 电容器的识别

电容器是一种"容器",简称电容,用 C 表示。它用以储存电能(电荷),同样电压下储存电荷越多,电容量越大;反之,电容量越小。电容量的单位有法拉(F)、毫法(mF)、微法(μF)、纳法(nF)、皮法(pF),它们之间的换算关系是:$1F = 10^3 mF = 10^6 \mu F = 10^9 nF = 10^{12} pF$。

在电路中电容器主要用于耦合、滤波、旁路、能量转换或与电感元件组成振荡电路等。

(1)电容器的种类

电容器的种类繁多,通常按绝缘介质材料分类,有时也从结构上按容量是否可调分类。表4-4是常见电容器的分类、符号、性能及应用范围。

60

表 4-4 常见电容器的分类、符号、性能及应用范围

按 结 构 分 类	
名 称	实 物 图 及 符 号
固定电容器	无极性电容器 有极性电容器
可变电容器	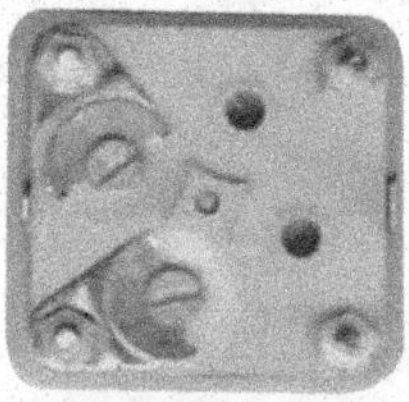 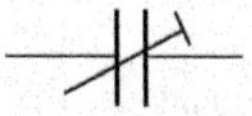 双联可变电容器
微调电容器 (半可变电容器)	  半可变电容器

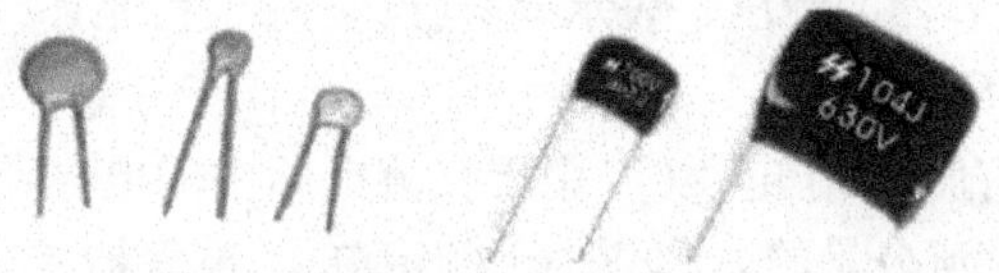

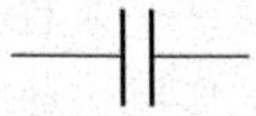

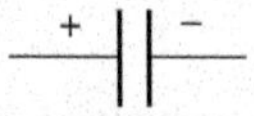

按介质不同分类(常见固定电容器)

名 称	介质材料	性 能	应用范围
有机介质 电容器	涤纶(CL)	耐热耐湿,体积小,容量大,稳定性差	用于一般低频电路
	聚苯乙烯(CB)	损耗小,容量精度高,稳定性高,体积较大	用于稳定性和损耗较高的电路,如谐振、滤波、耦合回路等
	聚丙烯(CBB)	与聚丙烯性能相似,但稳定性略差,体积小	用于要求较高的电路,可替代大部分聚苯乙烯或云母电容
无机介质 电容器	云母(CY)	稳定性、可靠性高,高频特性好,相对体积较大	用于无线电设备中高频振荡、脉冲等要求较高的电路
	高频陶瓷(CC)	高频损耗小,稳定性好	主要用于高频电路
	低频陶瓷(CT)	损耗大,稳定性差,体积小,价廉	一般用于低频电路
	玻璃釉(CI)	损耗小,耐高温,稳定性较好,电气性能略次于云母、瓷介电容器	用于脉冲、旁路、耦合电路
电解质 电容器	铝电解(CD)	体积小,容量大,损耗及漏电大,工作温度范围窄	大量应用于电子装置中及频率特性要求不高场合
	钽电解(CA)	体积小,温度范围宽,频率特性好,损耗小,价格较高	应用于要求高的电路中

（2）电容器主要性能指标

① 标称容量与允许误差。电容器上所标明的电容值称为标称容量。实际容量与标称容量在实际中存在差额,该差额值与标称值的百分比即为误差(率)。

② 额定工作电压。电容器的耐压是表示电容接入电路后,能连续可靠地工作并不被击穿时所能承受的最大直流电压。

额定工作电压通常指直流工作电压(专用于交流电路中的电容器有交流电压),若电容器工作在脉动电压下,则交直流分量的总和须小于额定电压,电容器才能安全工作。

③ 绝缘电阻与漏电电流。电容器极板间介质不可能是绝对理想的,因此任何电容器工作时都有微弱电流流过介质,这个电流称为电容器的漏电电流,介质的电阻称为电容器绝缘电阻。

④ 温度系数。与电阻器一样,温度变化也会引起电容器电容量的微小变化。电容器容量随温度变化的程度,用温度系数 α_C 表示,即

$$\alpha_C = \Delta C / (C\Delta t) \times 10^{-6}$$

式中:C 为室温下电容量;$\Delta C/\Delta t$ 为电容量随温度变化率,$\Delta C = (C_2 - C_1)/C_1$,$C_1$ 为室温电容量,C_2 为即时电容量。α_C 越小,电容器工作就越稳定。

（3）电容器的命名方法与选用

① 电容器命名方法。国产固定电容器型号命名一般由四部分组成,各部分含义如图 4-9 所示。

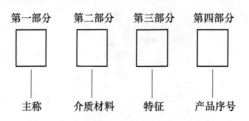

图 4-9 固定电容器型号的四部分

例如:

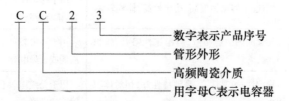

电容器的命名要记住第二、第三部分的含义,见表 4-5 和表 4-6。

表 4-5 电容器命名的第二部分含义

字母	含义	字母	含义
A	钽电解	E	其他材料电解
B	聚苯乙烯等非极性薄膜	G	合金电解
C	高频陶瓷	H	纸膜电解
D	铝电解(普通电解)	I	玻璃釉

字母	含　义	字母	含　义
J	金属化纸介	S T	低频陶瓷
L	聚酯等极性有机薄膜	V X	云母纸
N	铌电解	Y	云母
O	玻璃膜	Z	纸介质
Q	漆膜		

表4-6　电容器命名的第三部分含义

字母 （数字）	含　义			
	瓷介电容	云母电容	有机电容	电解电容
1	圆形	非密封	非密封	箔式
2	管形	非密封	非密封	箔式
3	叠片	密封	密封	烧结粉,非固体
4	独石	密封	密封	烧结粉,固体
5	穿心		穿心	
6	支柱形等			
7				无极性
8	高压	高压	高压	
9			特殊	特殊
G	高功率			
T	叠片式			
W	微调电容			

②　电容器表示法。电容器的容量标注方法,见表4-7。

表4-7　电容容量标注方法

标注方法	说　　明	举　　例
直接标注法	在电容表面直接标注容量值。电解电容由于体积较大,通常采用直接标注法。将其容量、耐压直接表示出来。而对于其他材料、体积较小的电容,通常将容量的整数部分写在容量单位的前面,容量的小数部分写在容量单位的后面	p33 表示 0.33pF $3\mu3$ 表示 3.3μF
数码表示法	一般用三位数表示电容容量大小。前面两位数字为容量有效值,第三位表示有效数字后面零的个数,单位是 pF 　在这种表示方法中有一个特殊情况,就是当第三位数字用"9"表示时,表示有效值乘上 10^{-1}	331 表示 330pF 223 表示 22000pF 229 表示 $22×10^{-1}=2.2$pF
色标法	和电阻的表示方法相同,单位一般为 pF	

③ 电容器的选用。电容器应用极为广泛,在同一电路的不同位置由于应用要求不同,对电容器的性能要求也是不一样的。但选用电容器的原则基本还是相同的,即容量和耐压值满足实际要求,性能稳定,尽可能采用漏电流小、损耗小、价格低和体积小的电容器。

表4-8是部分电路中常采用的选用电容器类型的方法。

表4-8 电容器的选用

电 路	选用电容器类型
一般低频和直流电路	纸介或金属化纸介电容器,低频磁介(CT)电容器
要求较高的高频和音频电路	塑料薄膜(CB、CL)电容器
高频电路	高频磁介(CC)、云母或穿心磁介电容器
电源滤波、退耦、旁路等电路	需要大电容的,通常采用铝电解电容
定时、延时电路	钽(铌)电解电容
交流电路	专用型交流电容

(4)电解电容器极性的判断

注意观察在电解电容侧面有"-"的一侧管脚是负极;如果电解电容上没有标明正负极,也可以根据它引脚的长短来判断,即长脚为正极、短脚为负极(图4-10)。如果已经把引脚剪短,并且电容上没有标明正负极,那么还可以用万用表来判断,具体方法是:正接时漏电流小(阻值大),反接时漏电流大。

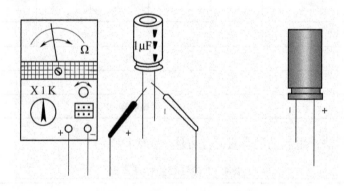

图4-10 电解电容的极性判别

(5)电容器的质量检测

电容器的质量好坏主要体现在电容量误差和漏电电阻,它们都可用专用测量仪器进行检测。电容器常见故障主要是开路失效、短路击穿、漏电或容量变化,在没有特殊仪器的条件下,一般可用万用表电阻挡观察其充电过程进行简单测试。

① 固定电容器的检测。对容量不同的电容器进行检测时,万用表欧姆挡打在适当量程上以提高测量精度。

a. 1μF 以下,用 R×10k 挡。定性检测电容器是否漏电、内部是否短路或击穿。

b. 1μF～100μF,用 R×1k 挡。观察指针摆幅,检测电容器充电现象。

c. 大于100μF,用 R×100 挡。观察充电现象,确定电容器质量优劣。

电容器的测量方法如图4-11所示。

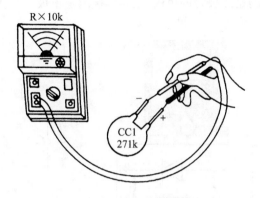

图4-11 电容的测量方法

〔**注意**〕每次进行测量时,都要采用适当方式让电容器放电。

② 电解电容器检测。电解电容器两电极有正、负极之分,在实际使用中极性不能接反,否则其容量下降、电流增大、介质迅速升温,易发生爆炸或击穿氧化膜。

电解电容器的容量一般较大、范围较宽,测量时对于 $1\mu F \sim 47\mu F$ 容量的电容器,选用 R×1k 挡进行测量,大于 $47\mu F$ 容量的选用 R×100 挡测量。

实践表明,电解电容器的漏电阻一般在几百千欧以上。

由于利用万用表观测电容器充电过程时间较长,有时需数分钟,为了缩短检测时间,尽快测出漏电电阻值,可采用如下快捷方法:

首先将量程拨至 R×1k 挡进行测量,当表头指针偏转最大时迅速将量程拨到 R×10 挡,表头指针很快复原到 $R = \infty$ 处,然后将量程拨回 R×1k 挡,指针会顺时针方向偏转,最后稳定的数值即为漏电电阻值。

③ 可变电容器的检测。可变电容器一般主要检测其机械旋转部分是否平滑、有无松脱现象,动片与定片之间是否存在短路点等。

3. 二极管极性的简易判别方法

半导体二极管又称晶体二极管,简称二极管。几乎在所有的电子电路中,都要用到半导体二极管,它在许多的电路中起着重要的作用,是诞生最早的半导体器件之一,其应用也非常广泛。常用的二极管如图4-12所示。

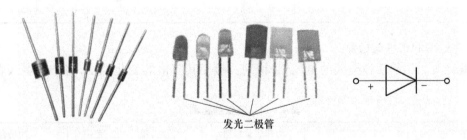

发光二极管

图4-12 常用的二极管实物图及符号

判断二极管极性时,万用表调到欧姆挡,进行调零后,将二极管接到万用表的两个表笔之间,若表盘指针指示的电阻值很小,说明二极管两端加的是正向电压,即黑表笔接的是二极管的正极,红表笔接的是二极管的负极;反之,若表盘指针指示的电阻值很大,说明二极管两端加的是反向电压,黑表笔接的是二极管的负极,红表笔接的是正极。二极管的判别方法如图 4 - 13(a)、(b)所示。

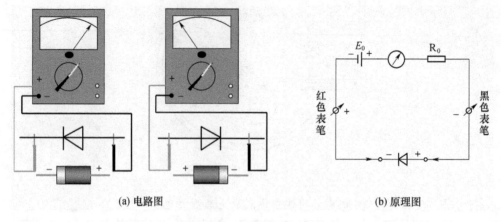

(a) 电路图   (b) 原理图

图 4 - 13 二极管的判别方法

二极管的其他知识,将在后续的课程中详细地学习。

【工作过程】(建议两位学生合作共同完成)

1. 固定电阻的识别与检测

根据老师给出的 10 支电阻,识别及检测其电阻值,将结果填入表 4 - 9 中。

表 4 - 9 电阻识别及检测值

固定电阻	万用表量程挡	阻值	误差	色环电阻	万用表量程挡	阻值	误差

2. 电位器的识别与检测

根据老师给出的几种类型的电位器,识别及检测其阻值的变化范围,将结果填入表 4 - 10 中。

表 4 - 10 电位器检测值

电路中表示的符号	电位器的类型	万用表量程挡	阻值随转轴变化的范围	应用场合

3. 热敏电阻的识别与检测

根据老师给出的几支热敏电阻,识别及检测其阻值的变化,将结果填入表4－11中。

表4－11　热敏电阻检测值

符号表示	型号	型号的意义	欧姆挡量程	室温下的阻值	手握20s后的阻值	物理方法加热后的阻值	是否合格

4. 电容器的识别与检测

根据老师给出的6支电容器,识别及检测其电容,将结果填入表4－12中。

表4－12　电容器检测值

电容器的类型	电路中表示的符号	万用表测量的挡位	漏电阻的值	测量中遇到的问题	是否合格
陶瓷电容器 0.1μF					
低介电容器 1μF					
电解电容器 100μF/47V					
电解电容器 1000μF/100V					
瓷介微调电容器					
空气双联电容器				转轴旋转180°范围内,动静片是否擦片?	

5. 半导体二极管的正负极识别

根据老师给出的几支半导体二极管,两位同学各自判断二极管的正、负极性,并且互相指正。

知识链接一　常用贴片元器件的认知

知识点1　表面安装元器件的基础知识

近年来,表面安装技术(SMT)得到了迅速的发展,它是将表面安装形式的元器件、片状材料,用专用的胶黏剂或者焊料膏固定在预先制作好的印制线路板上,再采用焊接工艺实现的安装技术。表面安装元器件也称为贴片元器件,它是电子设备微型化、高集成化的产物。目前,片状元器件已在计算机、移动通信设备、医疗电子产品等高科技产品和摄录一体机、彩电高频头、VCD机、DVD机等电气设备中得到了广泛的应用。

片状元器件按其形状可分为矩形、圆柱形和异形;按功能又可分为片状无源元件、片状有源元器件等。各类片状元器件的外形及其特点见表4-13、表4-14和表4-15。

表4-13 片状无源元器件的外形及特点

元件名称	形 状	特点及说明
片状电阻	 100表示$10 \times 10^0 \Omega = 10\Omega$	厚膜电阻器、薄膜电阻器、热敏电阻器; 阻值一般直接标注在电阻的其中一面,黑底白字; 焊接温度一般为235℃±5℃,焊接时间为3s±1s
片状电容		铝、钽电解电容器;多层陶瓷、云母、有机薄膜、陶瓷微调电容器等; 片状矩形电容都没有印刷标注,贴装时无朝向性; 电解电容标注打在元件上,有横标端为正极
片状电位器(矩形)		电位器、微调电位器; 高频特性好,使用频率可超过100MHz,最大电流100mA
片状电感(矩形)		线绕电感器、叠层电感器、可变电感器; 电感内部采用薄片型印刷式导线,呈螺旋状
片状复合元件(滤波器)		电阻网络、多层陶瓷网络滤波器、谐振器

表4-14 片状有源元器件的外形及特点

元件名称	形 状	特点及说明
片状二极管		模型稳压、模型整流、模型开关、模型齐纳、模型变容二极管; 根据管内所含二极管的数量及连接方式,有单管、对管之分;对管又分共阳、共阴和串接等方式
片状三极管		模塑型NPN、PNP晶体管,模塑型场效管,模塑无极晶体管; 有普通管、超高频管及达林顿管多种类型
片状集成电路		有双列扁平封装、方形扁平封装、塑封有引线芯片载体和针栅与焊球阵列封装,注意利用标注来确认管脚的排列方法

表 4 −15　片状机电元器件的外形及特点

元件名称	形　状	特 点 及 说 明
继电器		线圈电压 DC 4.5V ~ 4.8V 额定功率 200μW 触点电压 AC125V,2A
开关(旋转式)		开关电压 15V 电流 30mA
连接器(芯片插座)		引线数 68 ~ 132

知识点 2　贴片式固定电阻器的识别与检测

贴片式固定电阻器是从 Chip Fixed Resistor 直接翻译过来的,俗称贴片电阻(SMD Resistor),是由 ROHM 公司发明并最早推出市场的。其特点是耐潮湿、耐高温、可靠度高、外观尺寸均匀、精确且温度系数小等。按生产工艺它可分为薄膜型和厚膜型两种,其中应用较多的为厚膜型,它是采用丝网印刷将电阻性材料淀积在绝缘体(例如玻璃或氧化铝陶瓷上),然后烧结形成的,具有体积小、重量轻、可靠性高、适应波峰焊的特点。

它可分为薄膜型和厚膜型两种,其中应用较多的为厚膜型。片状电阻器的外形结构如图 4 −14 所示。

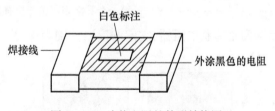

图 4 −14　片状电阻的外形结构图

1. 三位数字标注法(单位为 Ω)

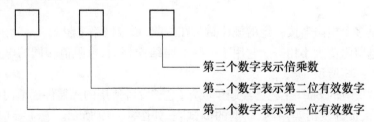

第三个数字表示倍乘数
第二个数字表示第二位有效数字
第一个数字表示第一位有效数字

例如:图 4 −15 所示为两个片状电阻器,它们的读数分别为:标注 100 表示电阻值 10×10^0

$=10\Omega$，标注 913 表示电阻值 $91 \times 10^3 = 91\text{k}\Omega$。

图 4 – 15　片状电阻的标注

2. 二位数字后加 R 标注法(单位为 Ω)

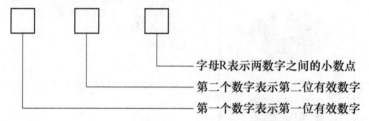

字母R表示两数字之间的小数点
第二个数字表示第二位有效数字
第一个数字表示第一位有效数字

例如:图 4 – 16 所示为两个片状电阻器,它们的读数分别为: 标注 10R 表示电阻值 1.0Ω,标注 51R 表示电阻值 5.1Ω。

图 4 – 16　片状电阻标注

3. 二位数字中间加 R 表示(单位为 Ω)

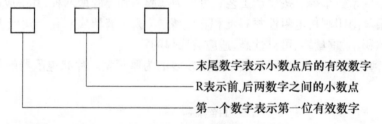

末尾数字表示小数点后的有效数字
R表示前、后两数字之间的小数点
第一个数字表示第一位有效数字

例如:图 4 – 17 所示为两个片状电阻器,它们的读数分别为:标注 9R1 表示电阻值 9.1Ω,标注 1R2 表示电阻值 1.2Ω。

图 4 – 17　片状电阻标注

4. 片状排阻

片状排阻是多个电阻器按一定的规律封装在一起,形成网络电阻。

排阻内各电阻阻值大小相等。它用于一些电路结构相同、电阻值相同的电路中。片状排阻的外形如图 4 – 18 所示。

现代电子制造业的 SMD 工艺已经趋于成熟,电子设备使用的元器件逐渐向贴片及小型化发展,因此科研人员开发出实用的、新型的测试表,如图 4 – 19 所示。它主要应用于 SMD 电阻、电容、二极管(RCD)参数的测量,可以轻易地良好接触到元件的焊接端,且可单手灵活操

图4-18 片状排阻   图4-19 贴片元件测试表

作,并准确地读出元件的电性能参数。该测试表是电子工厂和电子维修者的好帮手。

知识点3　贴片式固定电容器的识别

贴片式电容器又称为 LL 电容,它是一种小型无引线电容器。其电容介质、加工工艺等均很精密。贴片式电容的种类有贴片式陶瓷电容、贴片式钽电容和贴片式铝电解电容,如图4-20 所示。其耐压值一般不大于 63V。由于体积小,允许误差与耐压值不作标注。

图4-20　各种贴片式电容器的外形

常用贴片式电容器的标注方法与识别有以下 3 种方法。

1. 数码表示法

数码法的标注与片状电阻器相同,默认单位为 pF,常用于矩形有机薄膜电容器和陶瓷电容器。

例如:221 表示容量为 220pF;104 表示容量为 100000pF = 0.1μF;333 表示电容量为 33000pF = 0.033μF。

2. 本体颜色加一个字母表示法

在 LL 电容体表面涂红、黑、蓝、白、绿、黄等颜色,再在某一种颜色上,标注一个字母,则 LL 体表面颜色表示电容器的数量级,字母表示电容量的容量值。从表4-16 中可查出对应的电容量。

表4-16　颜色和字母表示的电容量

字母	红色/pF	黑色/pF	蓝色/pF	白色/pF	绿色/pF	黄色/pF
A	1	10	100	0.001	0.01	0.1
C	2	12	120			

71

字母	红色/pF	黑色/pF	蓝色/pF	白色/pF	绿色/pF	黄色/pF
E	3	15	150	0.0015	0.015	
G	4	18	180			
J	5	22	220	0.0022	0.022	
L	6	27	270			
N	7	33	330	0.0033	0.033	
Q	8	39	390			
S	9	47	470	0.0047	0.047	
U		56	560	0.0056	0.056	
W		68	680	0.0068	0.068	
Y		82	820		0.082	

例如,如图 4 – 21 所示,查表 4 – 16 可知:黑 L 表示电容量 27pF;绿 E 表示电容量 0.015 pF。

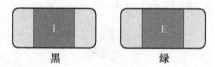

黑　　　　　绿

图 4 – 21　片状电容器识别

3. 一个字母加一个数字表示法

在 LL 电容体表面标注一个字母,再在字母后标注一个数字,即可表示一个电容器的容量标称值。这种标注方法常用于云母电容器、陶瓷电容器的标注,见表 4 – 17。

表 4 – 17　字母加数字表示的电容量

字母+数字	电容标称值/pF	字母+数字	电容标称值/pF	字母+数字	电容标称值/pF	字母+数字	电容标称值/pF
A0	1	N1	33	Q2	390	X3	9100
H0	2	Q1	39	S2	470	A4	0.01
M0	3	S1	47	U2	560	E4	0.015
D0	4	U1	56	W2	680	J4	0.022
F0	5	W1	68	Y2	820	N4	0.033
M0	6	Y1	82	X2	910	S4	0.047
N0	7	X1	91	A3	1000	U4	0.056
T0	8	A2	100	E3	6500	W4	0.068
Y0	9	C2	120	J3	2200	Y4	0.082
A1	10	E2	150	N3	3300	X4	0.091
C1	12	G2	180	S3	4700	A5	0.1
E1	15	J2	220	U3	5600		
J1	22	L2	270	W3	6800		
L1	27	N2	330	Y3	8200		

例如,如图 4 - 22 所示,查表 4 - 17 可知:标注码 J3,表示电容量 $2.2 \times 10^3 = 2200$pF;标注码 S3,表示电容量 $4.7 \times 10^3 = 4700$pF。

图 4 - 22 片状电容器的识别

任务二 MF 47 型万用表的组装

"万用表"是万用电表的简称,是一种多功能、多量程的测量仪表。它是电工必备的仪表之一,每个电气工作者都应该熟练掌握其工作原理及使用方法。

万用表能测量电流、电压、电阻,档次稍高的还可测量交流电流、电容量、电感量及晶体管共发射极直流电流放大系数 $h_{FE}(\beta)$。万用表有很多种,形式上有指针式和数字式两大类,如图 4 - 23 所示。

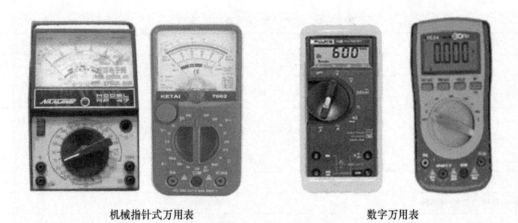

机械指针式万用表　　　　　　　　　　数字万用表

图 4 - 23 常用万用表的图片

MF47 型万用表体积小巧、重量轻、便于携带,设计制造精密,测量准确度高,价格偏低且使用寿命长,所以受到使用者的普遍欢迎。

MF47 型万用表面板结构如图 4 - 24 所示。面板上部是表头指针、表盘。表盘下方正中是机械调零旋钮。表盘上有六条刻度标尺。表盘下方是转换开关、零欧姆调整旋钮和各种功能的插孔。转换开关大旋钮位于面板下部正中,周围标有该万用表测量功能及其量程。转换开关左上角是测 PNP 和 NPN 型三极管插孔;左下角标有" + "和" - "者分别为红、黑表笔插孔。大旋钮右上角为零欧姆调整旋钮。它的右下角从上到下分别是 2500V 交、直流电压和 5A 直流测量专用红表笔插孔。

MF47 型万用表转换开关可拨动 24 个挡位。其测量项目、量程及精度表示方法见表 4 - 18 所列。

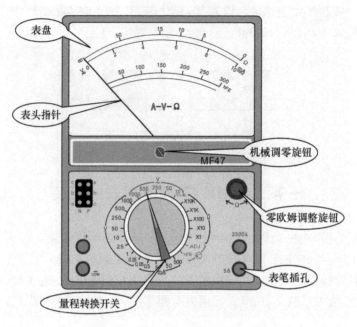

图 4 - 24　MF47 型万用表面板结构图

表 4 - 18　MF47 型万用表技术规范

测量项目	量　程	精度
直流电流	$0 \sim 0.05mA \sim 0.5mA \sim 5mA \sim 50mA \sim 500mA \sim 5A$	2.5
直流电压	$0 \sim 0.25V \sim 1V \sim 2.5V \sim 10V \sim 50V \sim 250V \sim 500V \sim 1000V \sim 2500V$	2.5 5
直交流电压	$0V \sim 10V \sim 50V \sim 250V$ $(45Hz \sim 60Hz \sim 5000Hz) \sim 500V \sim 1000V \sim 2500V(45Hz \sim 65Hz)$	5
直流电阻	$R \times 1$、$R \times 10$、$R \times 100$、$R \times 1k$、$R \times 10k$	2.5 10
音频电压	$-10dB \sim +2dB$	
晶体管直流电流放大系数	$0 \sim 300h_{FE}$	
电感	$20H \sim 1000H$	
电容	$0.001\mu F \sim 0.3\mu F$	

1. 表头与表盘

表头是一只高灵敏度的磁电式直流电流表,有万用表"心脏"之称,万用表的主要性能指标取决于表头性能。

表盘除了有与各种测量项目相对应的六条标度尺外,还有各种符号。正确识读刻度标尺和理解表盘符号、字母、数字的含义,是使用万用表的基础。

MF47 型万用表表盘有六条标度尺:最上面的是电阻刻度标尺,用"Ω"表示;从上到下依次是直流电压、交流电压及直流电流共用刻度标尺,用"$\underline{V}$"和"<u>mA</u>"表示。第三条是测晶体管共发射极直流电流放大系数刻度标尺,用"h_{FE}"表示;第四条是测电容容量刻度标尺,用"C(μF)50Hz"表示;第五条是测电感量刻度标尺,用"L(H)50Hz"表示;最后一条是测音频电平刻度标尺,用"dB"表示。刻度标尺上装有反光镜,以利于消除视觉误差。其形状如图 4 - 25 所示。

MF47 型万用表表盘符号、字母和数字的含义见表 4 - 19。

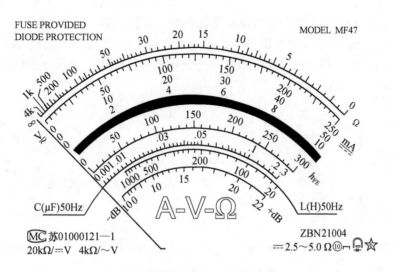

图 4 - 25　MF47 型万用表的表盘图

表 4 - 19　MF47 型万用表表盘符号、字母和数字的含义

符号、字母、数字	意　　义
MF47	M—仪表,F—多用式,47—型号
⚌ 2.5 ~ 5.0	测量直流电压、直流电流时精确度是标尺满刻度偏转的 2.5% 测量交流电压时精确度是标尺满刻度偏转的 5%
⊏⊐	水平放置
⌓▷	磁电系整流式仪表
☆6	绝缘强度试压 6kV
苏 01000121 - 1	江苏省仪表生产批准文号
20kΩ/ - V	测量直流电压时输入电阻为每伏 20kΩ,相应灵敏度为 1V/20kΩ = 50μA
4kΩ/ ~ V	测量交流电压时输入电阻为每伏 4kΩ,相应灵敏度为 1V/4kΩ = 250μA

2. 万用表的基本原理

利用一只灵敏的磁电式直流电流表(微安表)做表头。当微小电流通过表头,就会有电流指示。但表头不能通过大电流,所以,必须在表头上并联与串联一些电阻进行分流或降压,从而测出电路中的电流、电压和电阻。

① 测直流电流的原理。在表头上并联一个适当的电阻(叫分流电阻)进行分流,就可以扩展电流量程。改变分流电阻的阻值,就能改变电流测量范围,如图 4 - 26(a)所示。

② 测直流电压的原理。在表头上串联一个适当的电阻(叫倍增电阻)进行降压,就可以扩展电压量程。改变倍增电阻的阻值,就能改变电压的测量范围,如图 4 - 26(b)所示。

③ 测交流电压原理。因为表头是直流表,所以测量交流时,需加装一个并、串式半波整流电路,将交流进行整流变成直流后再通过表头,这样就可以根据直流电的大小来测量交流电

压。扩展交流电压量程的方法与直流电压量程相似,如图4-26(c)所示。

④ 测电阻原理。在表头上并联和串联适当的电阻,同时串接一节电池,使电流通过被测电阻,根据电流的大小,就可测量出电阻值。改变分流电阻的阻值,就能改变电阻的量程,如图4-26(d)所示。

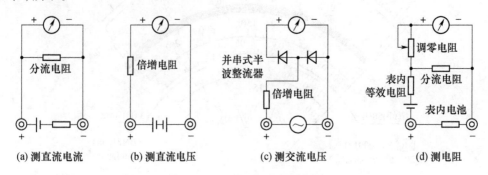

图4-26 万用表的基本原理图

3. 指针式万用表的使用方法

① 把1.5V二号电池、9V叠层电池各一节装入电池夹内。

② 把万用表水平放置好,看表针是否指在电压刻度零点,如不指零,则应旋动机械调零螺丝,把两支表笔(测试棒)分别插到插座上,红表笔插在"+"插座内,黑表笔插在"*"插座(公用插座)内,用螺丝刀轻轻地旋转,使得指针准确指在零点刻度上。

③ 测量电阻:电阻若在线测量,应切断被测电路的电源和迂回支路,将转换开关旋到电阻挡"Ω"位置校零,再选择适当的电阻倍率,将表笔分别接到被测电阻两端,指针指示在接近标盘的1/2左右。读数为

$$电阻值 = 指针读数 \times 倍率$$

④ 测直流电压:将旋转开关掷到直流电压挡上,并选择适当的电压量程,将万用表并联在被测电路中,正负极必须正确,即红表笔应接被测电路的高电位端,黑表笔接低位端,指针指示在接近标盘的1/2~2/3的地方。读数为

$$直流电压值 = V(mv)/每格 \times 格数$$

⑤ 测直流电流:将旋转开关掷到直流电流挡上,并选择适当的电流量程,将万用表串联在被测电路中,正负极必须正确,即接电流从正到负的方向,红表笔接流入端,黑表笔接流出端,指针指示在接近表盘的1/2~2/3上的地方。读数为

$$直流电流值 = mA/每格 \times 格数$$

⑥ 测交流电压:旋转开关置到"V"的位置,选择量程从大到小,要求与直流电压测试相同,将两表笔分别接到被测电路的两端(注:红黑表笔不分正、负)。读数为

$$交流电压值 = V/每格 \times 格数$$

4. 万用表的使用注意事项

① 测量电流与电压不能旋错挡位。如果误将电阻挡或电流挡去测电压,就极易烧坏电表。万用表不用时,最好将挡位旋至交流电压最高挡,避免因使用不当而损坏。

② 测量直流电压和直流电流时,注意"+"、"-"极性,不要接错。如发现指针开始反转,应立即调换表笔,以免损坏指针及表头。

③ 如果不知道被测电压或电流的大小,应先用最高挡,而后再选用合适的挡位来测试,以

免表针偏转过度而损坏表头。所选用的挡位越靠近被测值,测量的数值就越准确。

④ 万用表不用时,不要旋在电阻挡,因为内有电池,如不小心易使两根表笔相碰短路,不仅耗费电池,严重时甚至会损坏表头。

⑤ 在使用万用表过程中,不能用手去接触表笔的金属部分,这样一方面可以保证测量的准确,另一方面也可以保证人身安全。

⑥ 万用表使用完毕,应将转换开关置于交流电压的最大挡。如果长期不使用,还应将万用表内部的电池取出来,以免电池腐蚀表内其他元器件。

⑦ 万用表应放置在干燥、无振动、无灰尘、无磁场、环境温度适宜的地方。

【工作过程】(建议 4 位学生合作,每位学生组装一块 MF47 型万用表)

(1)清点材料

① 参考材料配套清单,并注意:按材料清单一一对应,记清每个元件的名称与外形。

② 打开时小心,不要将塑料袋撕破,以免材料丢失。

③ 清点材料时将表箱后盖当容器,将所有的东西都放在里面。

④ 清点完后将材料放回塑料袋备用。

⑤ 暂时不用的放在塑料袋里。

⑥ 弹簧和钢珠一定不要丢失。

MF47 型万用表材料的清单见表 4 – 20。

表 4 – 20   MF47 型万用表材料清单

元器件的件位目录				结构件的清单					
位号	名称规格	位号	名称规格	位号	名称规格	数量	位号	名称规格	数量
R1	0.52	R21	55.4k	1	保险丝	2	19	螺钉 M3×8	2
R2	5.4	R22	1.78k	2	保险丝(0.5A~1A)	1	20	钢纸板垫圈	2
R3	54.6	R23	165	3	镀锡丝	1	21	铭牌	1
R4	605	R24	15.7k	4	连接线 15cm 1 根		22	标志	1
R5	1k	R25	17.3k		8cm 1 根		23	电刷(已铆合)	1
R6	13.7k	R2e	176		10cm 2 根		24	晶体管插片	6
R7	6.5k	R27	15k	5	面板	1	25	表头	1
R8	6.8k(调零点位)	R28	1.25k	6	面板挡位开关旋钮	1	26	高压电阻	1
R9	6.8k(5k~10k)	R29	31.5k	7	后盖	1	27	输入插管	4
R10	680(500k~1k)	R30	141k	8	电池盖板	1	28	表棒	1
R11	30k	R31	0.053	9	提把	1			
R12	150k	R32	46k	10	提把螺钉	2			
R13	800k	R33	56	11	电位器旋钮	1			
R14	2.6k	R34	32k	12	晶体管插座	1			
R15	3M	R35	6M(高电阻)	13	提把螺母	2			
R16	1M	D1	二极管 4AP9	14	螺母 M5	1			
R17	5M	D2	二极管 4007	15	螺钉 M3×6	4			
R18	1M	D3	二极管 4148	16	弹簧	2			
R19	800M	D4	二极管 4148V	17	钢珠 4	2			
R20	160k	C1	10μF/16V	18	卡圈 4				

（2）熟悉 MF47 型指针万用表原理图和印制电路板图

MF47 型指针万用表原理图和印制电路板图，如图 4-27 和图 4-28 所示。

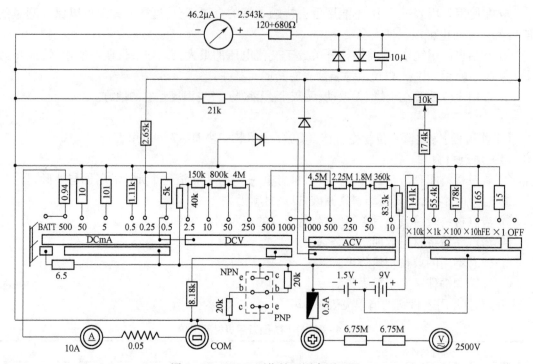

图 4-27　MF47 型指针万用表原理图

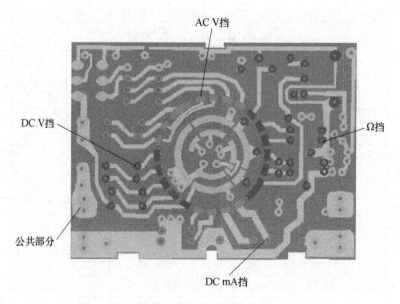

图 4-28　MF47 型指针万用表的印制电路板图

（3）焊接前的准备工作

① 清除元器件表面的氧化层，操作方法如图 4-29 所示。注意用力不能过猛，以免使元

器件引脚受伤或折断。

② 元器件引脚的弯制成形,操作方法如图 4 – 30、图 4 – 31 所示。MF47 型指针万用表所有弯制成形后的元器件形状如图 4 – 32 所示。

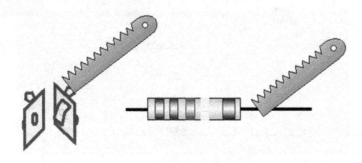

图 4 – 29 清除元器件表面的氧化层图

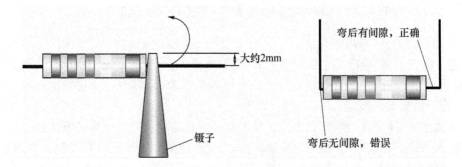

图 4 – 30 用镊子辅助弯制成形图

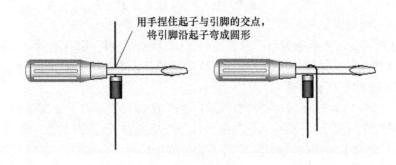

图 4 – 31 用螺丝刀辅助弯制成形图

③ 元器件参数的检测。每个元器件在焊接前都要用万用表检测其参数是否在规定的范围内。电阻要测量阻值,二极管、电解电容要检查它们的极性。

④ 检查表头质量,观察其能否摆动,是否有卡住现象(表头是由磁缸动圈、支撑轴承、盘状游丝及指针组成),出厂时已安装好,组装的时候只要表头整体位置固定好,使零位调节器在零位左右调节即可,不要随意拆开表头。

(4)元器件的焊接

① 电阻不能离开线路板太远,也不能紧贴线路板焊接,以免影响电阻的散热。应先焊水平放置的元器件,后焊垂直放置的或体积较大的元器件,如分流器、可调电阻等。焊接完后的

79

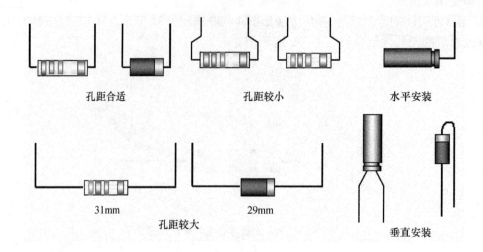

孔距合适　　　　　　　　孔距较小　　　　　　水平安装

31mm　　　　　　　　　29mm
孔距较大　　　　　　　　　　　　　垂直安装

图 4 - 32　MF47 型指针万用表所有弯制成形后的元件形状图

元器件,要求排列整齐,高度一致。

②电位器安装时,应捏住电位器的外壳,平稳地插入,不应使某一个引脚受力过大。不能捏住电位器的引脚安装,以免损坏电位器。电位器是 5 个引脚焊接,要更换电位器就非常困难。注意电位器要装在线路板的焊接面(绿面)。

③分流器安装时要注意方向,不能让分流器影响线路板及其余电阻的安装。

④输入插管安装在绿面,是用来插表棒的,因此一定要焊接牢固。将其插入线路板中,用尖嘴钳在黄面轻轻捏紧,将其固定,一定要注意垂直,然后将两个固定点焊接牢固。

⑤晶体管插座装在线路板绿面,用于判断晶体管的极性。在绿面的左上角有 6 个椭圆的焊盘,中间有两个小孔,用于晶体管插座的定位,将其放入小孔中检查是否合适,如果小孔直径小于定位凸起物,应用锥子稍微将孔扩大,使定位凸起物能够插入。

⑥电池极板焊接前先要检查电池极板的松紧,如果太紧应将其调整。调整的方法是用尖嘴钳将电池极板侧面的凸起物稍微夹平,使它能顺利地插入电池极板插座,且不松动。

(5)机械部分的安装和调整

①提把的安装。后盖侧面有两个"O"小孔,是提把铆钉安装孔。观察其形状,思考如何将其卡入,提把放在后盖上,将两个黑色的提把橡胶垫圈垫在提把与后盖中间,然后从外向里将提把铆钉按其方向卡入,听到"咔嗒"声后说明已经安装到位。如果无法听到"咔嗒"声可能是橡胶垫圈太厚,应更换后重新安装。

②电刷旋钮的安装。取出弹簧和钢珠,并将其放入凡士林油中,使其粘满凡士林。加油有两个作用:使电刷旋钮润滑,旋转灵活;起黏附作用,将弹簧和钢珠黏附在电刷旋钮上,防止其丢失。将加上润滑油的弹簧放入电刷旋钮的小孔中(图 4 - 33),钢珠黏附在弹簧的上方,注意切勿丢失。将电刷旋钮平放在面板上(图 4 - 34),注意电刷放置的方向。用起子轻轻顶,使钢珠卡入花瓣槽内,小心滚掉,然后手指均匀用力将电刷旋钮卡入固定卡。

③挡位开关旋钮的安装。电刷旋钮安装正确后,将它转到电刷安装卡向上位置(图 4 -35),将挡位开关旋钮白线向上套在正面电刷旋钮的小手柄上,向下压紧即可。如果白线与电刷安装卡方向相反,必须拆下重装。拆除时用平口起子对称地轻轻撬动,依次按左、右、上、下的顺序,将其撬下。注意用力要轻且对称,否则容易撬坏。

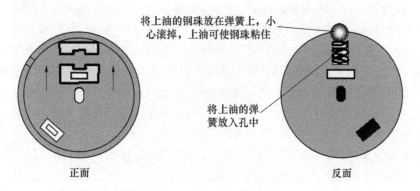

将上油的钢珠放在弹簧上，小心滚掉，上油可使钢珠粘住

将上油的弹簧放入孔中

正面   反面

图 4-33　弹簧和钢珠的安装图

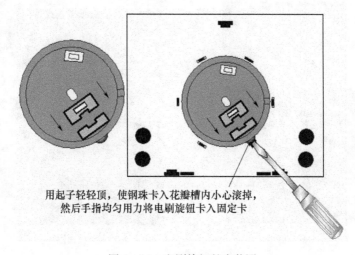

用起子轻轻顶，使钢珠卡入花瓣槽内小心滚掉，然后手指均匀用力将电刷旋钮卡入固定卡

图 4-34　电刷旋钮的安装图

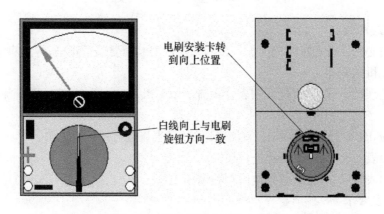

电刷安装卡转到向上位置

白线向上与电刷旋钮方向一致

图 4-35　挡位开关旋钮的安装图

　　④ 电刷的安装。将电刷旋钮的电刷安装卡转向朝上，V 形电刷有一个缺口，应该放在左下角，因为线路板的 3 条电刷轨道中间 2 条间隙较小，外侧 2 条间隙较大，与电刷相对应，当缺口在左下角时电刷接触点上面 2 个相距较远，下面 2 个相距较近，一定不能放错。电刷四周都要卡入电刷安装槽内，用手轻轻按，看是否有弹性并能自动复位。

⑤线路板的安装。电刷安装正确后,方可安装线路板。安装线路板前先应检查线路板焊点的质量及高度,特别是在外侧两圈轨道中的焊点,由于电刷要从中通过,安装前一定要检查焊点高度,不能超过2mm,直径也不能太大,如果焊点太高会影响电刷的正常转动甚至刮断电刷。线路板用三个固定卡固定在面板背面,将线路板水平放在固定卡上,依次卡入即可。如果要拆下重装,依次轻轻扳动固定卡。注意在安装线路板前先应将表头连接线焊上。最后是装电池和后盖,装后盖时左手拿面板,稍高,右手拿后盖,稍低,将后盖向上推入面板,拧上螺丝,注意拧螺丝时用力不可太大或太猛,以免将螺孔拧坏。

组装成形后的 MF47 型指针式万用表正、反面的实物图,如图 4 - 36(a)、(b)所示。

(a) 正面图   (b) 反面图

图 4 - 36 MF47 型指针式万用表实物图

(6) 万用表的调试

① 调试前必须保证焊接装配无误。核对元器件安装位置是否正确,焊点有无虚焊。

② 将表头机械调零。

③ 校准基准挡 50μA。可把万用表置直流 50μA 挡,接入 50μA 的标准直流电源,万用表指针应满偏,若不对,应检测表头。

④ 调试 680Ω 可调电阻器,校正直流电路挡,使直流电流挡读数正确。

⑤ 对万用表的交、直流电压挡进行校验。

⑥ 在万用表的反面,将安装螺丝用塑料帽扣上。

(7) 校验及要求

要求如下:

① 电流挡。要求相对误差,$\gamma \leqslant 2.5\%$。

② 电压挡。要求相对误差,$\gamma \leqslant 2.5\%$(交流电压挡,$\gamma \leqslant 4\%$)。

③ 电阻挡。要求相对误差,$\gamma \leqslant 5\%$。

校验方法如下:

① 直流电流挡。接成如图 4 - 27 所示的电路。Ⓐ为 0.5 级毫安表,用作标准表。调节电

位器 T 及变阻器 R,使被校表在 0.5mA、5mA、10mA、15mA、20mA、25mA 等有效值表示的大刻度线上,同时读出标准表的数值,记入表 4 - 21 中。

表 4 - 21　直流电流校验数据的测量值

25mA	被校表/mA	0	5	10	15	20	25
	标准表/mA						

② 直流电压挡。接成如图 4 - 38 的电路。Ⓥ为 0.5 级伏特计,用作标准表。标准表与被校表并联,校验方法与电流表不同,校验数据填入表 4 - 22 中。

表 4 - 22　直流电压校验数据的测量值

10V	被校表/V	0	2	4	6	8	10
	标准表/V						

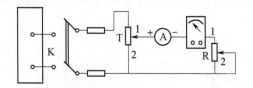

图 4 - 37　直流电流挡校验

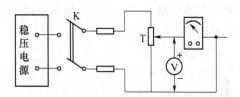

图 4 - 38　直流电压挡校验

③ 交流电压挡。接线图如图 4 - 39 所示。校验方法与直流电压挡校验类似。校验数据填入表 4 - 23 中。

表 4 - 23　交流电压校验数据的测量值

250V	被校表/V	0	50	100	15	200	250
	标准表/V						

④ 电阻挡。校验电路如图 4 - 40 所示,即以电阻箱的读数为实际值,重点校验中心值。校验数据填入表 4 - 24 中。

〔注意〕电阻挡在校验前,应使红、黑表笔短路,调节调零电位器,使指针调节到欧姆刻度尺零位,校验中不能调节。

表 4 - 24　电阻校验数据的测量值

R×10 挡	中值电阻(200Ω)	被校表	
		标准表	
R×1k 挡	中值电阻(20kΩ)	被校表	
		标准表	

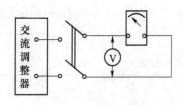

图 4 - 39 　交流电压挡校验

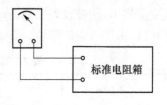

图 4 - 40 　直阻挡校验

按照直流电流—直流电压—交流电压—电阻的顺序校验。根据校验结果,判断所装配的 MF47 型万用表符合仪表哪一个等级?

知识链接二 　电路及电路图

知识点 1 　电路及电路图的组成

直流电路是指电路中电压、电流不随时间变化的一种电路,它与正弦交流电路一样是实际应用最多的电路形式。直流分析是其他类型电路分析的基础,掌握直流电路知识是学习本课程重要起点。

1. 电路的定义

图 4 - 41 所示为一简单的照明电路,可以看到它主要有发热元件(灯泡)、导线和开关组成,这些部分与电源(电池)一起组成的闭合回路,称为电路。在后续的学习中还将认识到电路——电流通过的闭合路径。

2. 电路中各部分的作用

任何实际电路都是由一些部件组成的总体,一般由 4 个基本部分组成。

(1) 电源

电源是把其他形式的能转换成为电能的某种装置,如干电池、蓄电池、太阳能电池、发电机等。

电源是电路中电能量的来源。

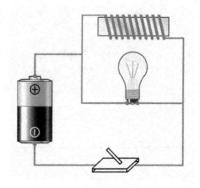

图 4 - 41 　简单的照明电路图

(2) 负载

负载即用电器,其作用是把电能转换为其他形式的能量。如:电烙铁中的发热元件将电能转换为热能;电灯将电能主要转换为光能等。

(3) 导线

将电源与负载等连接成一个闭合回路,把电源的电能量输送、分配给负载。

(4) 开关

其作用是用于控制电路的接通和断开。

3. 电路图的组成

在分析或计算某种电路时,不可能将各种部件都画成实物图形式,而是用某种特定的图形符号(模型)来约定表示实际部件,而这种图形符号或模型都能反映特定部件的主要性质及功能。例如,电烙铁中的发热元件可以看成是一个电阻元件,而忽略在实际应用中产生的电感效应;导线在很短的情况下,忽略其电阻,可以看成是理想导体等。

各种实际部件在一定条件下都可求得其模型,模型用以表征部件的性质和其中发生的物理现象。实际部件模型化表示后,各元器件都可用规定图形符号来表示。

用规定的图形符号表示电路连接情况的图,叫做电路图。用实物来连接成电路图,很烦琐。如果用规定的图形符号替代实物,即可画成图4-42所示的电路图形式。

电路图主要反映各元器件的性能和它们之间的连接关系,它不是实物图,它不反映电路中元器件的几何尺寸。

在电路图中,各种元器件都采用国家统一标准的图形符号来表示,表4-25为部分常用的图形符号,在后续的学习中,还将进一步了解其他的图形符号。

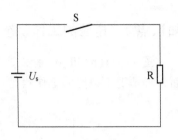

图4-42 简单的直流电路图

表4-25 部分常用电气图用实物及图形符号

实物图形	图形符号	名称	实物图形	图形符号	名称	实物图形	图形符号	名称
		直流			交流			交直流
	或	开关			电阻			接机壳保护接地
		电池			电位器			接地保护接零
		线圈			电容			连接导线
		抽头线圈			电流表			不连接导线
		铁芯线圈			电压表			熔断器
		直流发电机			发光二极管			电灯
		交流发电机			直流发动机			交流电动机

知识点 2　电路的工作状态

图 4 - 43(a)和(b)是由图 4 - 4 所示的实物图改画成的电路符号图,通过实验观察分析下面 3 种情况下电路的工作状况。

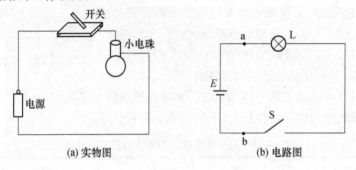

(a) 实物图　　　　　　　(b) 电路图

图 4 - 43　简单的照明电路图

(1) 开关 S 闭合

电路各部分形成闭合回路,灯泡发光,说明电路中有电流通过。

(2) 开关 S 断开

灯泡不发光,说明电路中无电流通过,电路是断开的。

(3) 开关 S 闭合

同时用一导线将 a、b 两点之间相连,熔丝熔断。表明在这种情况,电路中通过的电流很大。

以上 3 种现象是电路中常见的 3 种工作状态,它们的工作状态特征见表 4 - 26。

表 4 - 26　电路的 3 种工作状态分析

电路状态	电路图	现象	原因	注意事项
通路 (闭路)		电路中有电流通过	电路正常工作	各电气设备的电压、电流、功率等数值不能超过额定值
断路 (开路)		电路中无电流通过	电气设备与导线之间接触不良	除开关断开原因外,导线与电气设备的连接牢固,不能松动
短路 (捷路)		a、b 点之间短接,有很大的超过正常值的电流产生	导线之间直接连接,或绝缘导线损坏等	出现短路时引起的大电流会烧毁电源或其他设备。在实际中除调试设备需要外,应严防电路发生短路

[知识拓展] 常用电气图形符号(国标)

1. 常用电工器件图形符号

常用电工器件名称及图形符号见表4-27。

表4-27　常用电工器件名称及图形符号

器件名称	图形符号	器件名称	图形符号
软导线	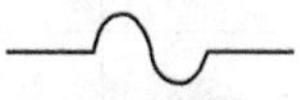	制动器	
三根导线	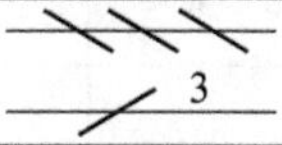	已制动的电机	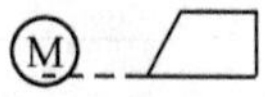
屏蔽线	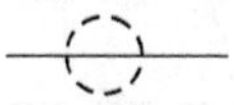	未制动的电机	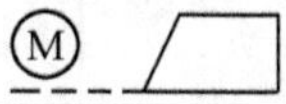
不相连交叉线	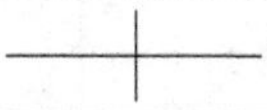	手动控制	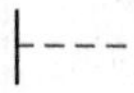
相连交叉线	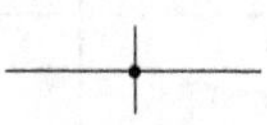	受限手动控制	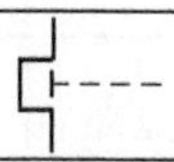
端子		拉拨操作	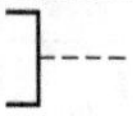
可拆卸端子		旋转操作	
导线接头		推动操作	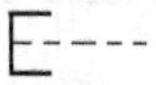
断开的连接片	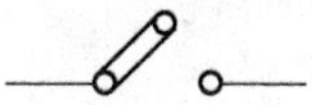	紧急开关	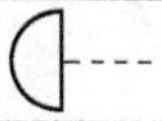
过流保护电磁操作		三相Y接自耦变压器	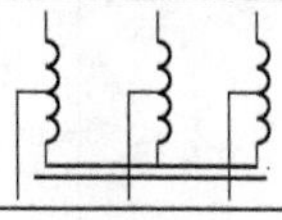
操作	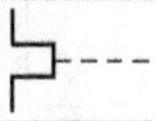	电抗器	
一般电阻器		互感器	
热敏电阻器	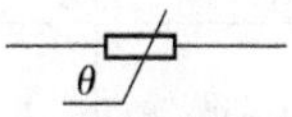	动合(常开)开关	 或
电位器	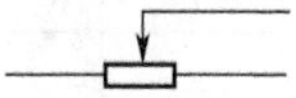	动断(常闭)开关	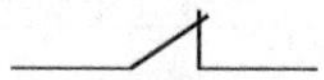
空心电感器		先断后合转换触点	
磁芯电感器		中间断双向触点	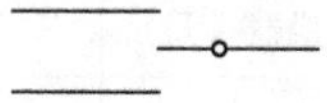
可调电感器	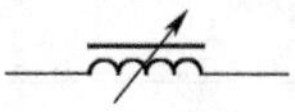	电磁吸合时延时闭合动合触点	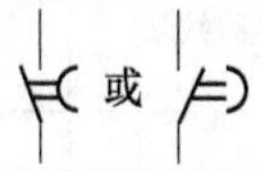 或
直流发电机	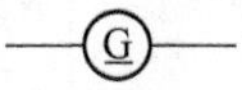	电磁释放时延时断开的动合触点	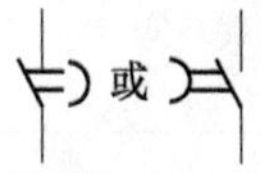 或
直流电动机		电磁释放时延时闭合的动断触点	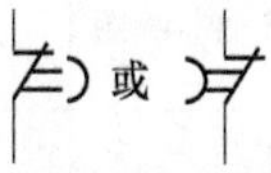 或

（续）

器件名称	图形符号	器件名称	图形符号
交流发电机		电磁释吸合延时断开的动断触点	
交流电动机		有弹性返回的动合触点	
三相鼠笼电动机	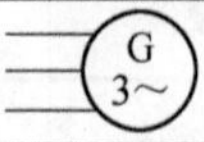	无弹性返回的动合触点	
三相线绕转子电动机	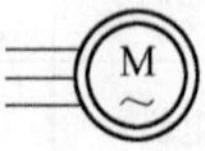	拉拨开关	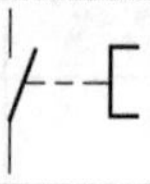
串励直流电动机		旋转开关	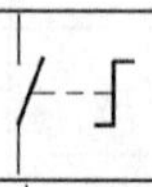
并励直流电动机		动合按钮	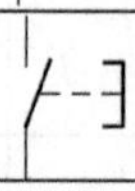
他励直流电动机	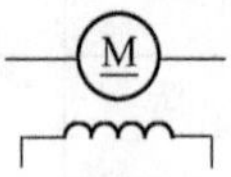	三相隔离开关	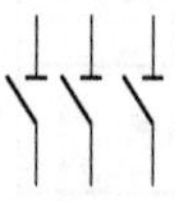
单相变压器	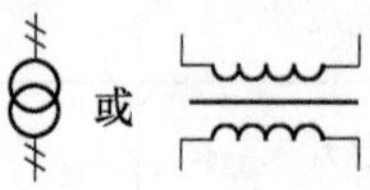	三相变压断路器	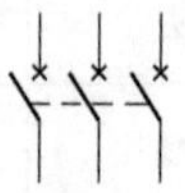
三相 Y－△变压器	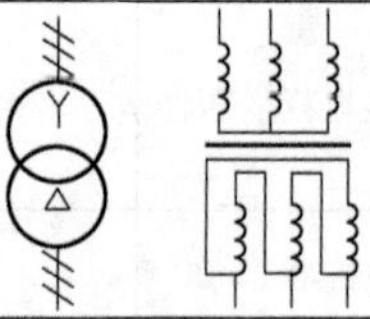	三相负荷开关	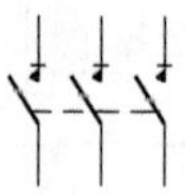
动断按钮	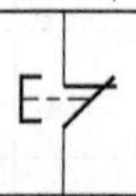	位置限制开关动合触点	
接触器动合触点	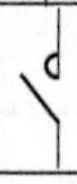	位置限制开关动断触点	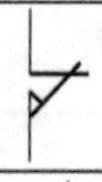
接触器动断触点	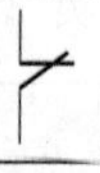	负荷开关	
操作原件（一般接触器线圈）	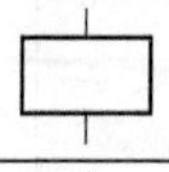	具有自动释放的负荷开关	
缓放接触器线圈	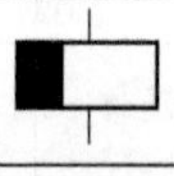	隔离开关	
缓吸接触器线圈	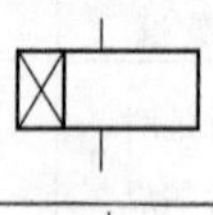	断路器	
缓放缓吸接触器线圈	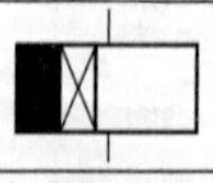	热继电器动断触点	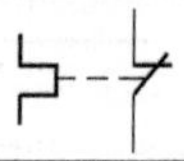
熔断器		照明灯指示灯	

88

器件名称	图形符号	器件名称	图形符号
熔断式开关	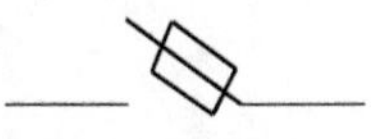	扬声器蜂鸣器	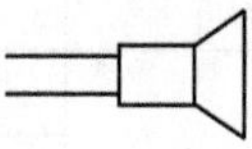
交流弧焊机	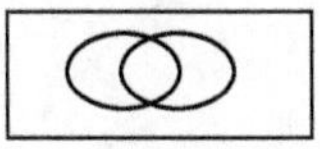	风扇	
单相插座	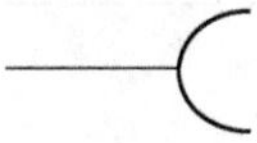	三相插座	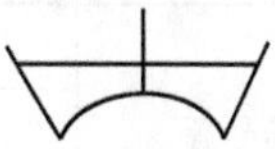
三相暗装插座	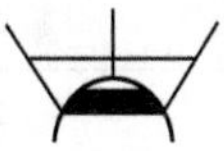	投光灯	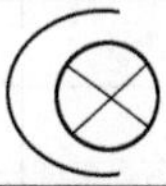
日光灯		球形灯	
安全灯		无影灯	
壁灯		弯灯	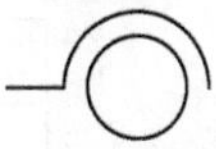
功率表	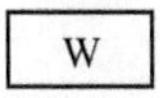 W	转速表	 n
频率表	 Hz	电压表	 V
电流表	 A	电能表	 kWh
漏电保护开关	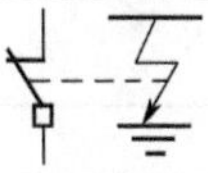	拉线开关	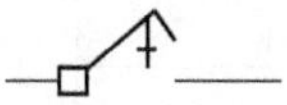

2. 电工用图中常用的文字符号

电工用图中常用的文字符号见表 4 - 28。

表 4 - 28　电工用图中常用文字符号

种类	名称	通用符号	分类符号
电量和非电量 转换器件	送话器	B	B
	拾音器		B
	扬声器		B
	耳机		B
	旋转变压器		BR
电容器	电容器	C	C
热照明元件	电热器	E	EH
	照明灯		EL

种类	名　称	通用符号	分类符号
保护器件	过压放电器避雷器	F	F
	瞬时动作限流保护器件		FA
	延时动作限流保护器件		FR
	具有瞬时和延时限流保护器		FS
	熔断器		FU
电源信号源	同步发电机	G	GS
	异步发电机		GA
	蓄电池		GB
电动机	电动机	M	M
	同步电动机		MS
	发电电动两用电机		MG
信号器件	信号灯	H	HL
继电器接触器	瞬时接触继电器	K	KA
	瞬时有或无继电器		KA
	交流继电器		KA
	接触器		KM
	极化继电器		KP
	簧片继电器		KR
	时间继电器		KT
电感电抗	感应线圈,电抗器	L	L
测量试验器件	电流表	P	PA
	电压表		PV
	电能表		PJ
电力电路开关器件	断路器	Q	QF
	电动保护开关		QM
	隔离开关		QS
电气操作的机械器件	气阀	Y	Y
	电磁铁		YA
	电磁制动器		YB
	电磁离合器		YC
	电磁吸盘		YH
	电磁阀		YV
控制选择开关器件	控制开关	S	SA
	选择开关		SA
	按钮开关		SB
	速度开关		SR

种类	名　称	通用符号	分类符号
变压器	电流互感器	T	TA
	电压互感器		TV
	控制电路电源变压器		TC
	电力变压器		TM
接插件	连接片	X	XB
	测试插孔		XJ
	插头		XP
	插座		XS
	端子板		XT
备注	本表摘录了电气电路中常见元器件符号,表中未见的电气符号,在以后电路中用到时另加注释		

任务三　　MF47 型万用表测量直流电压和直流电流

直流电流量与直流电压量是最基本、最重要的参数之一,也是测量其他参数的基础。通过测量电流、电压的大小可以判断出电气设备是否处于正常的工作状态,还能排除电气设备的故障。因此电流与电压的测量是基本的电工测量。

【工作过程】(建议 4 位学生合作共同完成)

1. 万用表测量直流电压

测量灯泡两端的直流电压值,其测量过程见表 4 - 29。

表 4 - 29　万用表测量直流电压的过程

测量过程	图　示	说　明
电路连接	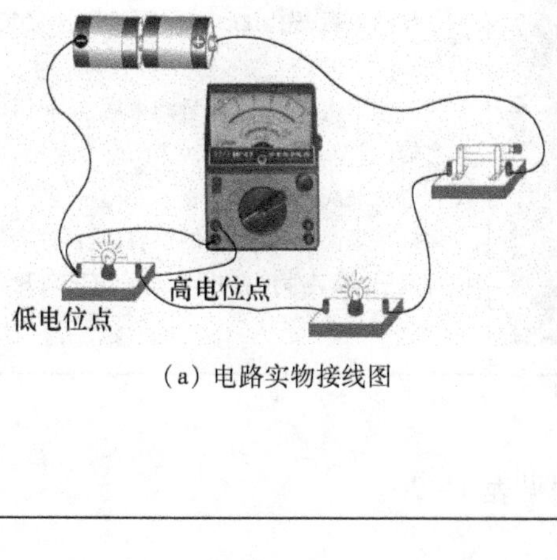 （a）电路实物接线图	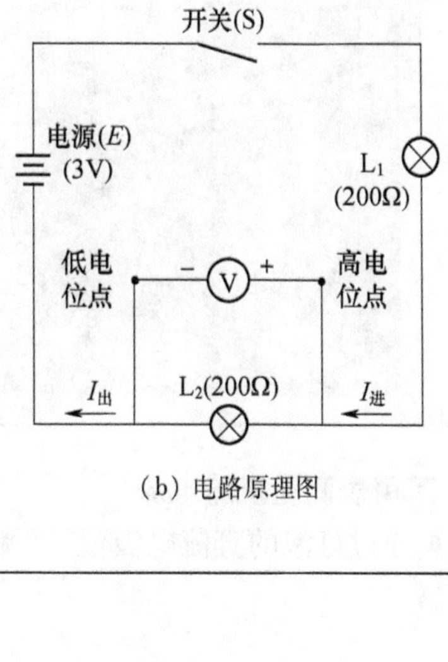 （b）电路原理图

测量过程	图　示	说　明
机械调零	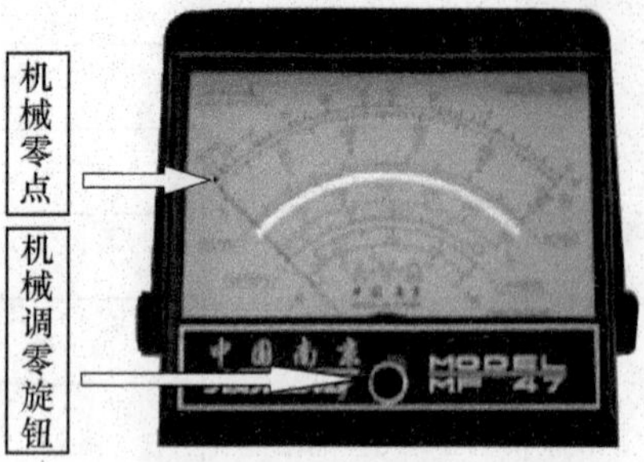 机械零点 机械调零旋钮 中国南京　MODEL MF 47	为了减小测量误差,在万用表使用之前,首先要进行机械调零。方法是在使用仪表前,若发现表头指针不在机械零位时,先将万用表红、黑表笔分开(断路),再用一字螺丝刀旋动机械调零旋钮,使指针调整在刻度的零位(即通常所讲的机械调零的零位点)。 　注意:机械零位与电阻挡调零的零位是不同的,后者是指电阻刻度线上的零位点(通常称这种调零为电气调零)
选择合适量程	 南京大学 MF 47　多重保护电路	① 将万用表调整到直流电压挡(DCV 挡)测量; ② 注意被测电压的数值,应在万用表直流电压挡量程的 2/3 以上,这样读数较为准确; ③ 在测量之前先估算电压大小(可根据初中物理计算出被测灯泡 L_2 两端电压的大小 $I = U/R = 3/(200 + 200) = 0.0075(A)$,则 $U_2 = IR_2 = 1.5V$),以便选择适当的量程挡(测 1.5V 直流电压应选 2.5V 直流电压量程挡,即 DCV 2.5V 挡); ④ 若无法估计被测值,则应由大到小选择量程,即先用直流电压的最高量程挡测量,当指针偏转不到 1/3 刻度时,再改用较小挡去测量,直到合适为止
进行正确读数	 MF47	合上开关 S 待指针稳定后,让视线与仪表平面及指针垂直,读出指针所指刻度值(如左图是 1.552V)。 　操作注意事项: ① 测量时,要将万用表并联在被测电路中进行,正负极连线必须正确,即红表笔应接被测电路的高电位端,黑表笔接低位端; ② 电压值 = V(mV)/每格 × 格数; ③ 将实际测量的电压值填入表 4–31 中
工作结束	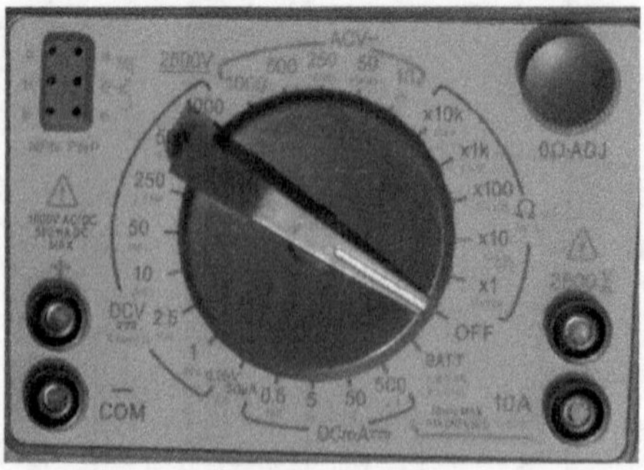	工作结束后,先切断电源,再拆除连接实物的线路,以免发生事故。 　为防止下次误操作,测量结束后,应将万用表挡位转至空挡(或 OFF)处,没有空挡(或 OFF)就将挡位转至交流电压最高挡。 　做好整理工作,将拆下的仪表、元器件等按指定位置整理完毕,经老师检查并同意后,方可离开实验室

2. 万用表测量直流电流

测量通过灯泡的直流电流值,其测量过程见表 4–30。

表 4 – 30 　万用表测量直流电流的过程

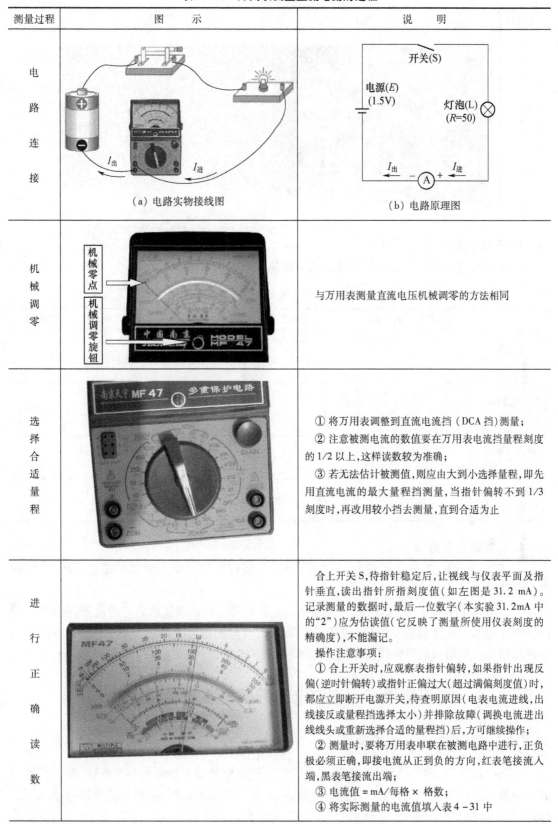

测量过程	图　示	说　明
电路连接	（a）电路实物接线图　　　（b）电路原理图	
机械调零		与万用表测量直流电压机械调零的方法相同
选择合适量程		① 将万用表调整到直流电流挡（DCA 挡）测量； ② 注意被测电流的数值要在万用表电流挡量程刻度的 1/2 以上，这样读数较为准确； ③ 若无法估计被测值，则应由大到小选择量程，即先用直流电流的最大量程挡测量，当指针偏转不到 1/3 刻度时，再改用较小挡去测量，直到合适为止
进行正确读数		合上开关 S，待指针稳定后，让视线与仪表平面及指针垂直，读出指针所指刻度值（如左图是 31.2 mA）。记录测量的数据时，最后一位数字（本实验 31.2mA 中的"2"）应为估读值（它反映了测量所使用仪表刻度的精确度），不能漏记。 操作注意事项： ① 合上开关时，应观察表指针偏转，如果指针出现反偏（逆时针偏转）或指针正偏过大（超过满偏刻度值）时，都应立即断开电源开关，待查明原因（电表电流进线、出线接反或量程挡选择太小）并排除故障（调换电流进出线线头或重新选择合适的量程挡）后，方可继续操作； ② 测量时，要将万用表串联在被测电路中进行，正负极必须正确，即接电流从正到负的方向，红表笔接流入端，黑表笔接流出端； ③ 电流值 = mA/每格 × 格数； ④ 将实际测量的电流值填入表 4 – 31 中

（续）

测量过程	图　示	说　明
工作结束	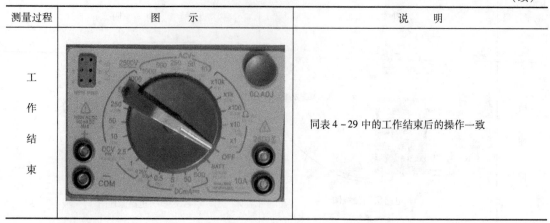	同表 4 - 29 中的工作结束后的操作一致

3. 填写数据

请每一位同学将自己测量的直流电流数值和直流电压数值填入表 4 - 31 中。

表 4 - 31　测量的直流电流值和直流电压值

	第一位同学测量值	第二位同学测量值	第三位同学测量值	第四位同学测量值
直流电流值／mA				
万用表选择的量程挡				
直流电压值／V				
万用表选择的量程挡				

4. 数据的误差分析

① 在实际测量中,由于各种主、客方面的原因,使得测量结果不可能都完全相同,因而会产生误差。

② 本工作过程是用灯泡代替了标准电阻,主要是考虑到电路接通后灯泡发光,电路有"看得见的电流",这样比较直观醒目,但灯泡电阻值的准确把握存在许多不确定因素,所以误差也在所难免。如用标准电阻代替灯泡,误差将会大大减少。

知识链接三　直流电路的基本物理量和计算

知识点 1　电路中的基本物理量

电路中有许多的物理量,它们可以帮助我们分析电路的基本特征和基本规律,但是其基本的物理量包含有电阻、电压、电位、电流、电能、电动势和电功率,这些基本物理量的符号、定义、计算公式、单位及单位换算,见表 4 - 32。

94

表 4 – 32　电路中的基本物理量

物理量和符号	定　义	计算公式	单　位	单位换算
电阻 （R）	导体对电流阻碍作用物理量	$R = \rho \dfrac{l}{S}$	欧姆（Ω） 千欧（kΩ） 兆欧（MΩ）	$1\ \text{k}\Omega = 10^3 \Omega$ $1\ \text{M}\Omega = 10^6 \Omega$
电压 （U_{AB}）	单位正电荷从 A 点移动到 B 点，电场力所做的功	$U_{AB} = U_A - U_B = W/q$	伏特（V） 千伏（kV） 毫伏（mV） 微伏（μV）	$1\text{kV} = 10^3 \text{V}$ $1\text{mV} = 10^{-3}\text{V}$ $1\mu\text{V} = 10^{-6}\text{V}$
电位 （U_A）	电路中某一点 A 到参考点 O 的电压	$U_{AO} = U_A - U_O$	伏特（V） 千伏（kV） 毫伏（mV） 微伏（μV）	$1\text{kV} = 10^3 \text{V}$ $1\text{mV} = 10^{-3}\text{V}$ $1\mu\text{V} = 10^{-6}\text{V}$
电流 （I）	电荷的定向移动形成电流	$I = q/t$	安培（A） 毫安（mA） 微安（μA）	$1\text{mA} = 10^{-3}\text{A}$ $1\mu\text{A} = 10^{-6}\text{A}$
电能 （W）	电场力在推动自由电子定向移动中要做功，电场力所做的功即为电路所消耗的电能	$W = UIt$	焦耳（J） 千瓦·时（kW·h）	$1\ \text{度} = 1\text{kW} \cdot \text{h}$ $= 3.6 \times 10^6 \text{J}$
电动势 （E）	电源将正电荷从电源负极经电源内部移向正极所做的功	$E = W/q$	伏特（V）	方向是在电源内部，由负极指向电源的正极
电功率 （P）	单位时间内电流所做的功	$P = W/t = UI$	瓦（W） 千瓦（kW） 毫瓦（mW）	$1\text{kW} = 10^3 \text{W}$ $1\text{mW} = 10^{-3}\text{W}$

知识点 2　直流电路的基本定律

电阻定律、部分电路欧姆定律和全电路欧姆定律都是直流电路的基本定律，这 3 个定律的电路图、定律的内容、计算公式等，见表 4 – 33。

表 4 – 33　直流电路中的 3 个基本定律对照表

定律名称	电　路　图	定律的内容	计算公式	备　注
电阻定律		导体的电阻是导体本身的一种性质，它的大小取决于导体的材料、长度和横截面积，这一规律称为电阻定律	$R = \rho \dfrac{l}{S}$	式中的比例常数 ρ 称为材料的电阻率，单位为欧·米（Ω·m），l、S 的单位分别为 m、m^2

定律名称	电路图	定律的内容	计算公式	备注
部分电路欧姆定律	$\begin{array}{c}a \xrightarrow{I}\\ U_{ab}\quad R\\ b\end{array}$	在一段不包括电源的电路中,流过导体中的电流 I 与加在导体两端的电压 U 成正比,与导体的电阻 R 成反比	$I = \dfrac{U}{R}$	部分电路是指只含有负载而不包含有电源的一段电路
全电路欧姆定律	$\begin{array}{c}a\xrightarrow{I}\\ r\quad U\quad R\\ E\\ b\\ \text{内电路}\quad\text{外电路}\end{array}$	闭合电路中的电流与电源的电动势成正比,与电路的总电阻(内电路电阻与外电路电阻之和)成反比	$I = \dfrac{E}{R+r}$	定律还可表述为:电源电动势等于 $U_{外}$ 和 $U_{内}$ 之和,公式表达为 $$E = IR + Ir$$ $$= U_{外} + U_{内}$$ 式中: $U_{外}$ 为外电路的电压降,也是电源两端的电压,也称为端电压; $U_{内}$ 为内电路的电压降

【例题 4-1】如果人体的最小电阻为 800Ω,已知通过人体的电流为 50mA 时,就会引起呼吸困难,不能自主摆脱电极,试求安全工作电压。

解: $U = IR = 50 \times 10^{-3} \times 800 = 40 (\text{V})$

即安全工作电压为 40V 以下。

【例题 4-2】有一个量程为 300V(测量范围是 $0 \sim 300\text{V}$)的电压表,它的内阻是 $40\text{k}\Omega$,用它测量电压时,允许流过的最大电流是多少?

解:由图 4-44(a)、(b)所示的电压表测量电路,根据题意可知,可将图 4-44(a)看成图 4-44(b)所示电路。由于电压表的内阻是一个定值,所测量的电压越大,通过其上的电流也就越大。因此,被测电压是 300V 时,流过电压表的电流最大,允许的最大电流为

$$I_m = U_m / R = 300/40 \times 10^3 = 0.0075(\text{A}) = 7.5(\text{mA})$$

即允许流过的最大电流是 7.5mA。

【例题 4-3】如图 4-45 所示电路中,已知电源的电动势 $E = 24\text{V}$,内阻 $r_0 = 2\Omega$,负载电阻 $R = 10\Omega$,求:(1)电路中的电流;(2)电源的端电压;(3)负载电阻 R 上的电压;(4)电源内阻上的电压降。

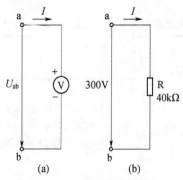

图 4-44 电压表的测量电路图

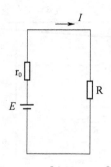

图 4-45 【例题 4-3】图

96

解：由全电路的欧姆定律可得出

(1) $I = \dfrac{E}{R + r_0} = \dfrac{24}{10 + 2} = 2(\text{A})$

(2) $U = E - Ir_0 = 24 - 2 \times 2 = 20(\text{V})$

(3) $U = IR = 2 \times 10 = 20(\text{V})$

(4) $U' = Ir_0 = 2 \times 2 = 4(\text{V})$

知识点 3　电阻的串联、并联与混联

在直流电路中,电阻的连接方式是各种各样的,有串联、并联和串并混联等连接电路的方式。

1. 电阻的串联及应用

把多个电阻逐个顺次连接起来、中间无分支所组成的电路,这种连接方式称为电阻的串联。如图 4 - 46 所示,11 只小彩灯依次连接后,再连接到电源上。

图 4 - 46　串联而成的装饰小彩灯电路图

可以将图 4 - 46 电路变换成图 4 - 47 所示电路图形式。

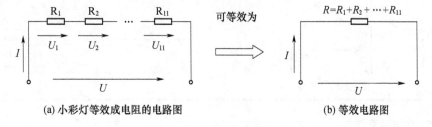

(a) 小彩灯等效成电阻的电路图　　(b) 等效电路图

图 4 - 47　电阻串联电路

使用万用表的电压挡和电流挡进行测量,得出串联电路的特点:

① 电路中流过每个电阻的电流都相等。即

$$I = I_1 = I_2 = \cdots = I_n$$

② 电路两端的总电压等于各电阻两端的分电压之和,即

$$U = U_1 + U_2 + \cdots + U_n$$

可得出:两个电阻串联时

$$U_1 = \frac{R_1}{R_1 + R_2}U, \ U_2 = \frac{R_2}{R_1 + R_2}U$$

称为电阻串联的分压公式。

③ 电路的等效电阻(总电阻)等于各串联电阻之和,即

$$R = R_1 + R_2 + \cdots + R_n$$

④ 电路中各个电阻两端的电压与它的阻值成正比,即

$$\frac{U_1}{R_1} = \frac{U_2}{R_2} = \cdots = \frac{U_n}{R_n}$$

⑤ 电路的总功率等于消耗在串联电阻上的功率之和,且功率分配与电阻成正比,即

$$P = P_1 + P_2 + \cdots + P_n$$

电阻串联电路应用很广泛。常用串联电阻的方法来限制电路中的电流,如利用电阻串联电路的分压原理可制成分压器,用于扩大电压表的量程等。可参见表4-34。

表4-34　电阻串联电路的应用

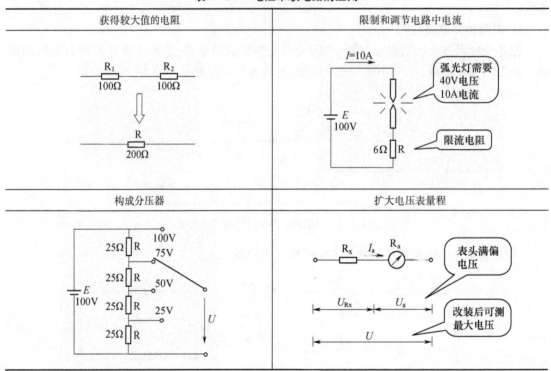

2. 电阻的并联及应用

把两个或两个以上的电阻并列地连接起来,接到电路中的两点之间,并且电阻两端承受的是同一个电压,这种连接称为电阻的并联,如图4-48(a)所示。

使用万用表的电压挡和电流挡进行测量,得出并联电路的特点:

① 电路中各电阻两端的电压相等,且等于电路两端的电压,即

$$U = U_1 = U_2 = \cdots = U_n$$

② 电路的总电流等于流过各电阻的电流之和,即

$$I = I_1 + I_2 + \cdots + I_n$$

可得出:两个电阻并联时有

$$I_1 = \frac{R_2}{R_1 + R_2} I, \quad I_2 = \frac{R_1}{R_1 + R_2} I$$

称为电阻并联时的分流公式。

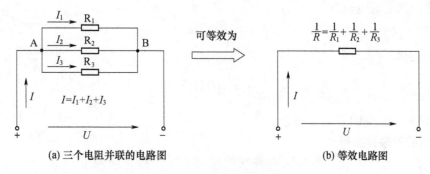

(a) 三个电阻并联的电路图   (b) 等效电路图

图4-48　电阻并联电路

③ 电路的等效电阻(即总电阻)的倒数等于各并联电阻的倒数之和,即

$$\frac{1}{R} = \frac{1}{R_1} + \frac{1}{R_2} + \cdots + \frac{1}{R_n}$$

④ 电路中通过各支路的电流与支路的阻值成反比,即

$$IR = I_1 R_1 = I_2 R_2 = \cdots = I_n R_n$$

⑤ 电路的总功率等于消耗在并联电阻上的功率之和,且功率分配与电阻成反比,即

$$P = P_1 + P_2 + \cdots + P_n$$

电阻并联电路在实际生活中应用极其广泛。照明电路以及其他电力负载中,凡是额定工作电压相同的用电器都采用并联的工作方式,这样每个负载都是一个可独立控制的回路,任何一个负载的正常启动或关断都不会影响其他负载的正常工作;还可以利用并联分流电阻,扩大电流表的量程。如图4-49所示,在表头两端并联上一个阻值适当的电阻 R_2,可使表头不能承受的那部分电流从 R_2 上分流过去。这种由表头和并联电阻 R_2 组成的整体(图中虚线框住的部分)就是改装后的电流表。如需将量程扩大 n 倍,则不难得出 $R_2 = R_g/n$(电流表允许通过的最大电流称为电流表的量程,用 I_g 表示,电流表的线圈有一定的内阻,用 R_g 表示,I_g 和 I_g 是两个表示电流表特性的重要参数)。

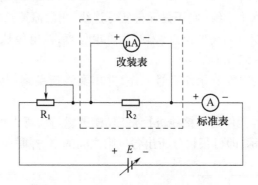

图4-49　扩大电流表量程的原理图

【例题4-4】如图4-50所示,有一内阻 $r_g = 1000\Omega$、量程 $I_g = 100\mu A$ 的电流表,如果要将其改装成量程为 1.1mA 的电流表,问应并联多大的电阻 R?

解:流过分流电阻的电流为

$$I_R = I - I_g = 1.1 - 0.1 = 1(\text{mA})$$

分流电阻两端的电压为

$$U_R = U_g = I_g r_g = 100 \times 10^{-6} \times 1 \times 10^3 = 0.1(V)$$

由欧姆定律,分流电阻为

$$R = U_R / I_R = \frac{0.1}{1 \times 10^{-3}} = 100(\Omega)$$

即应并联一只 100Ω 的分流电阻。

图 4-50　【例题 4-4】图

3. 电阻的混联及应用

实际电路中的电阻既有串联又有并联的连接方式叫做电阻的混联,如图 4-51 所示。

对混联电路中的电阻,有的比较直观,可以直接看出各电阻之间的串、并联关系,而有的电路则比较复杂,不能直接看出。一般情况下,可以根据串、并联的特点,判别出各电阻串、并联关系,将原电路图整理成较为直观的串、并联关系的电路图,即用等效变换方法画出其等效电路图,然后再进行求解。

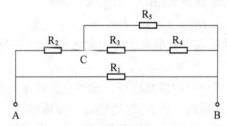

图 4-51　电阻混联电路

复杂电路中节点等电位等效变换法,就是将电路中同一个节点上所有的连线浓缩为一个点,并依次以电位的高低顺序进行优化排序重组的等效变换方法,称为节点等电位法。图 4-52(a)所示为混联电路。其分析步骤如下:

① 圈节点。将电路中电位相同的点圈在一起,当成同一个点来处理,并用字母在各节点上做好标记,如图 4-52 (b) 所示。

② 画虚线。画一条水平虚线(它不是元件实际连线,用后擦掉),如图 4-52(c)所示。

③ 标节点。以电路始点为高电位点,末端为低电位点,按电位从高到低的顺序将全部节点标示在虚线上,如图 4-52(d)所示。

④ 连元件。将原电路中各个元件对号入座,并用实线连接到两电位点之间,如图 4-52(e)所示。

⑤ 理图线。最后将各元件的连接线进行整理(横平、竖直、弯直角),使电路图变得"简单明快",如图 4-52(f)所示,即可很快分析出各电阻之间的串、并联关系。

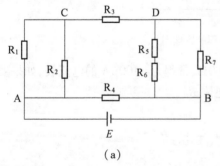

(a)

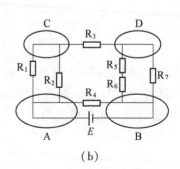

(b)

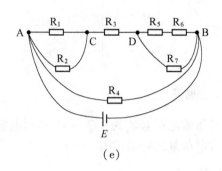

（e）

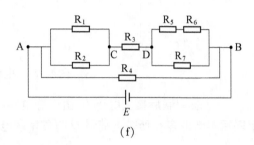

（f）

图 4 – 52　混联电路

【例题 4 – 5】如图 4 – 53 所示的混联电路中,各电阻的阻值均为 R,画出各电路图的等效电路图。

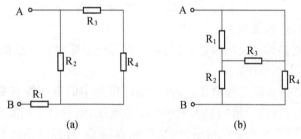

图 4 – 53　混联电路图

解:首先要分析各电阻之间的相互关系。

① 从图 4 – 54(a)中,可清楚地看出图 4 – 53(a)电路图中各电阻的串、并联关系:R_3、R_4 串联后再与 R_2 并联,最后又与 R_1 串联。

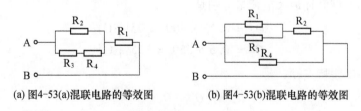

(a) 图4-53(a)混联电路的等效图　　(b) 图4-53(b)混联电路的等效图

图 4 – 54　混联电路的等效图

② 从图 4 – 53(b)中,虽然难以很快看出 R_1、R_2、R_3、R_4 的串、并联关系,但根据串、并联电路的特点,可以画出其等效电路图,如图 4 – 54(b)所示。

如果采用"节点等电位等效变换法"画出其等效电路图效果将更为简捷。

[知识拓展] 电容器的串联与并联

和电阻器一样,在实际工作中,经常也会将电容器串联或并联起来使用,以克服单个电容器的耐压能力或电容量不能满足实际电路要求的情况。

1. 电容器的串联

将两个或两个以上的电容器连接成一个无分支电路的连接方式,叫做电容器的串联,如图 4 - 55 所示。

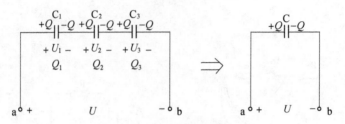

图 4 -55 电容器的串联电路图

电容器串联后接上电压 U,由于静电感应,各极板所带电荷量均为 $+Q$、$-Q$,显然电容器串联后等效电容 C 所带电荷量 Q 与各串联电容器所带电荷量之间关系为

$$Q = Q_1 = Q_2 = Q_3$$

根据串联电路的特点,有

$$U = U_1 + U_2 + U_3$$

所以串联时等效电容 $C = Q/U$,即

$$1/C = 1/C_1 + 1/C_2 + 1/C_3$$

即得出:电容器串联后,总容量减小。

电容器在电路中能够长期连续可靠工作,不被损坏或击穿时所承受的最大电压有效值,称为额定工作电压,习惯上叫耐压。

额定工作电压通常指直流工作电压(专用于交流电路中的电容器有交流电压),若电容器工作在脉动电压下,则交直流分量的总和须小于额定电压,电容器才能安全工作。

【例题 4 -6】把容量为 $0.25\mu F$、耐压 300V 的电容器 C_1 与容量是 $0.5\mu F$、耐压 250V 的电容器 C_2 串联起来,其等效电容的耐压是多少? 总容量 C 是多少?

解:两个电容器 C_1、C_2 串联后,等效电容 C 为

$$C = C_1 C_2/(C_1 + C_2) = 0.25 \times 0.5/(0.25 + 0.5) \approx 0.17(\mu F)$$

每个电容器允许储存最大电荷量分别是

$$Q_1 = 0.25 \times 300 = 75(\mu C)$$
$$Q_2 = 0.5 \times 250 = 125(\mu C)$$

根据电容器串联特点,取

$$Q = Q_1$$

则

$$U = Q/C = 75\mu C/ 0.17\mu F \approx 441V$$

所以,等效电容耐压值取 450V。

从该例题中可以看到:

① 电容器串联后,耐压值提高,但不是简单的单个电容耐压值相加,即 $U \neq 300V + 250V = 550V$。

② 当 $U = 450V$ 时,通过计算可得到,此时两电容器的实际工作电压分别为 $U_1 = 300V$,

102

$U_2 = 150\text{V}$。即不同容量的电容器串联时,分配的电压与其容量是成反比的。

③ 该例题中,等效电容的最大储存电量 Q 不能等于 Q_2,否则可算出耐压值达到 750V,若实际接入 750V 电压中,这时两电容器的实际工作电压分别为 $U_1 = 500\text{V}$,$U_2 = 250\text{V}$,首先导致 C_1 被击穿,最终导致电路不能正常工作。

2. 电容器的并联

把几只电容器接到两个节点之间的连接方式,叫做电容器的并联,如图 4 - 56 所示。

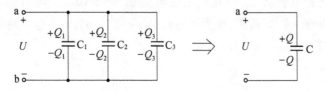

图 4 - 56 电容器的并联电路图

电容器并联的主要目的是为了提高电容器的电容量,以克服单个电容器容量不足对电路性能的影响。

电容器并联时,总电量为

$$Q = Q_1 + Q_2 + Q_3$$

根据并联电路特点,有

$$U = U_1 = U_2 = U_3$$

并联时总容量为

$$C = Q/U = C_1 + C_2 + C_3$$

即得出:电容器并联后,总容量增加。

〔**注意**〕实际使用中,并联在一起的每个电容器额定耐压值均应大于实际工作电压。

电容器并联主要是为了提高电容量,在实际电路中经常会看到这样的现象,即一个大容量电容器与一个小容量电容器并联。如图 4 - 57 所示直流稳压源电路,其中 C_1 与 C_2 并联,显然,此种情况下 C_1 与 C_2 并联的主要目的并不是为了提高电容量,那么这样两个容量悬殊的电容器并联的真正目的是什么呢? 请同学们学习了正弦交流电的知识后,再回过来进行分析。

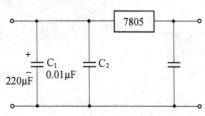

图 4 - 57 电容器并联的应用

【**例题 4 - 7**】有两只电容器,其中 $C_1 = 4\mu\text{F}$,$C_2 = 6\mu\text{F}$,将它们并联后接到电源上,电容器组的总电量 $Q = 1.2 \times 10^{-4}\text{C}$,求每只电容器所带电量分别为多少。

解:C_1 与 C_2 并联后,总容量为

$$C = C_1 + C_2 = 10\mu\text{F}$$

电容器两端电压为

$$U = Q/C = 1.2 \times 10^{-4} / 10 \times 10^{-6} = 12(V)$$

所以

$$Q_1 = C_1 U = 4 \times 10^{-6} \times 12 = 4.8 \times 10^{-5}(C)$$

$$Q_2 = C_2 U = 6 \times 10^{-6} \times 12 = 7.2 \times 10^{-5}(C) \ (或 Q_2 = Q - Q_1)$$

从该例题中可以看出:电容器并联时,电荷量的分配与其容量成正比。

【例题4-8】已知电容器 $C_1 = 10\mu F$,所带电量 $Q_1 = 3 \times 10^{-4}C$,电容器 $C_2 = 20\mu F$,所带电量 $Q_2 = 3 \times 10^{-4}C$,如图4-58所示,现将两电容器 a 端与 c 端、b 端与 d 端相连,求它们连接后电容器两端电压是多少。

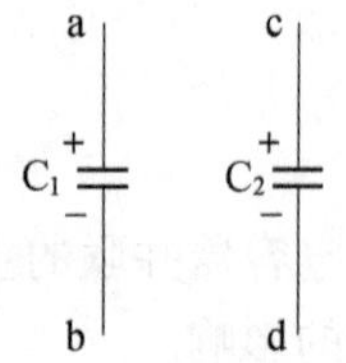

解:根据题意知,

总电量为

$$Q = Q_1 + Q_2 = 6 \times 10^{-4}C$$

总电容量为

$$C = C_1 + C_2 = 30\mu F$$

所以连接后电容器两端的电压为

$$U = Q/C = 20V$$

图4-58 【例题4-8】图

思考:若将 a 与 d、b 与 c 连接在一起,电容器两端电压又是多少?

知识点4 两种电源模型——电压源和电流源

实际电路中都需要电源能够不断地提供能量,如手电筒电路中的干电池、电厂中的发电机以及电子线路中的信号源等,如图4-59(a)和(b)所示,这些电源在电路分析中都可以用电压源或者电流源模型来进行等效。

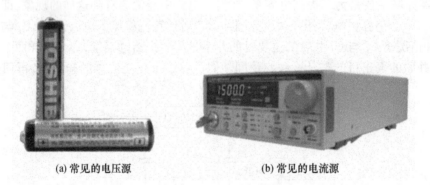

(a) 常见的电压源　　　　　　(b) 常见的电流源

图4-59 常见的两种电源

1. 电压源

实际电源的端电压都是随着输出电流的增大而降低,这是因为由于实际的电源总是有内阻的,因此可以把一个实际电源等效成一个恒定的电动势 E 与电阻 r_0 串联的模型,称为电压源模型,如图4-60所示。

电压源以输出电压的形式向负载供电,输出电压的大小为

$$U = E - Ir_0$$

电压源对外电路呈现的特性,简称外特性,也叫伏安特性,如图4-61所示。

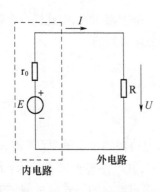

图 4 - 60　电压源模型图

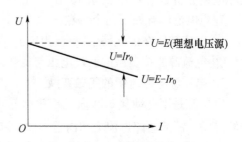

图 4 - 61　电压源的伏安特性

从外电路的伏安特性曲线可看出,内阻 r_0 越小,端电压的变化也越小,越接近恒定值。如果电源内阻 r_0 为零,其端电压为恒定值,即 $U = E$。把端电压不随电流变化而保持恒定值的电源叫做理想电压源或恒压源。理想电压源的伏安特性曲线为平行于电流轴的直线,如图 4 - 61 所示。

电压源是一个理想的元件,因为它能为外电路提供一定的能量,所以又叫有源元件。

理想电压源有如下两个特点:

① 端电压是固定不变或者是时间 t 的函数 $U(t)$,它与外电路无关;

② 通过理想电压源的电流取决于它所连接的外电路,而实际的电压源,其端电压是随电流的变化而变化,因为它存在内阻。

2. 电流源

电压源的路端电压 $U = E - I r$,电路中的电流(参考方向如图 4 - 62 所示)为

$$I = \frac{E - U}{r} = \frac{E}{r} - \frac{U}{r} = I_s - I_0$$

式中:I_s 为电源的短路电流,$I_s = \dfrac{E}{r}$;I_0 为内阻上的电流,$I_0 = \dfrac{U}{r}$;I 为电源的输出电流。

电流源对外呈现的特性曲线如图 4 - 63 所示,可以看出,内阻 r_0 越大,输出电流的变化就越小,也就接近恒定值。如果电源内阻 r_0 为无穷大,则其输出电流为恒定值,即 $I = I_s$,把输出电流不随电压变化而保持恒定值的电流源叫做理想电流源或恒流源。理想电流源的特性曲线为平行于电压轴的直线,如图 4 - 63 虚线所示。

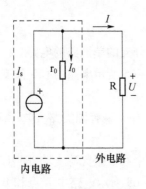

图 4 - 62　电流源模型图

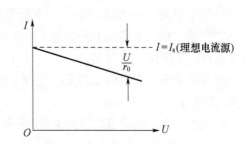

图 4 - 63　电流源的伏安特性

由于电流源的内阻等多方面原因,理想电流源在实际中是不存在的,但这样一个模型对于实际电路分析是十分有帮助的。在以后的学习中,同学们会体会到的。

理想电流源有如下两个特点:

① 电流源所在的线路中,电流为定值,与外接负载电路无关;

② 电流源所接负载的两端电压与负载大小有关。

3. 电压源与电流源的等效变换

电压源是用电动势 E 和内阻 r_0 串联起来的电路形式,电路模型可表示为 $U = E - Ir_0$,电流源是用电源的短路电流 I_s 和内阻 r_0 并联起来的电路形式,其电路模型可表示为:$I_s = (U/r_0) + I$。电压源以输出电压的形式向负载供电,电流源以输出电流的形式向负载供电。电压源和电流源可以等效变换。等效变换指对外电路等效,即把它们与相同的负载连接,负载两端的电压,负载中的电流,负载消耗的功率都相同,如图 4-64 所示。

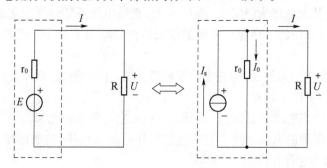

图 4-64 电压源与电流源的等效变换

在进行等效变换时,内阻 r_0 的阻值保持不变,电压源向电流源等效变换的表达式为 $I_s = E/r_0$;电流源向电压源等效变换的表达式为 $E = I_s r_0$。

〔**注意**〕理想电压源和理想电流源之间不能进行等效变换。

知识点 5 基尔霍夫定律

运用欧姆定律、串联和并联的关系式等分析计算一些简单电路是很方便的,但对于一些复杂的电路,用这些方法就显得非常烦琐了。本知识点将介绍一个新的定律:基尔霍夫定律,它是电路中最基本的定律之一,是由德国科学家基尔霍夫于 1845 年提出的,它包含两个定律,即基尔霍夫电流定律和基尔霍夫电压定律。

1. 电路结构中的几个名词

① 复杂电路。不能用电阻串、并联分析方法化简成无分支的单回路的电路。

② 支路。由一个或几个元件组成的分支电路。(图 4-65 所示电路中有 3 条支路,即 E_1、R_1 支路;R_3 支路;E_2、R_2 支路。)

③ 有源支路。含有电源的支路(图 4-65 所示电路中有 2 条有源支路,即 E_1、R_1 支路和 E_2、R_2 支路。)

④ 无源支路。不含有电源的支路(图 4-65 所示电路中有 1 条无源支路,即 R_3 支路。)

⑤ 节点。3 条或 3 条以上支路所汇成的交点。(图 4-65 所示电路中 A 点和 B 点。)

⑥ 回路。电路中任何一个闭合路径都称为回路。一个回路可能只含一条支路,也可能包

含几条支路(图 4 – 65 所示电路中 A E_2 R_2 B R_1 E_1 A；A E_2 R_2 B R_3 A；A R_3 B R_1 E_1 A。)

⑦ 独立回路或网孔。电路中不能再分的回路,即中间无支路穿过的回路(图 4 – 65 所示电路中 A E_2 R_2 B R_3 A；A R_3 B R_1 E_1 A)。

2. 基尔霍夫第一定律——节点电流定律

基尔霍夫第一定律也叫做节点电流定律。它的内容是:在任一瞬间,流进某一节点的电流之和恒等于流出该节点的电流之和,即

$$\sum I_{\text{进}} = \sum I_{\text{出}}$$

如图 4 – 66 所示,对于节点 O 有

$$I_1 + I_2 = I_3 + I_4 + I_5$$

可将上式改写成

$$I_1 + I_2 - I_3 - I_4 - I_5 = 0$$

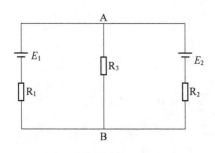

图 4 – 65　复杂电路

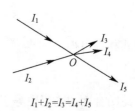

$$I_1 + I_2 = I_3 = I_4 + I_5$$

图 4 – 66　基尔霍夫第一定律

因此,对任一节点来说,流入(或流出)该节点电流的代数和恒等于零,写成一般形式为

$$\sum I = 0$$

〔注意〕在应用基尔霍夫第一定律求解未知电流时,可先任意假设支路电流的参考方向,列出节点电流方程。通常可将流进节点的电流取正,流出节点的电流取负,再根据计算值的正负来确定未知电流的实际方向。在求解出的结果中,有些支路的电流可能是负,这是由于所假设的参考电流方向与实际电流的方向相反。

【例题 4 – 9】如图 4 – 67 电路中,$I_1 = 2A$,$I_2 = -3A$,$I_3 = -2A$,试求出 I_4 的大小。

解:由基尔霍夫第一定律 $\sum I = 0$ 可知

$$I_1 - I_2 + I_3 - I_4 = 0$$

代入已知值可得

$$2 - (-3) + (-2) - I_4 = 0$$

即 $I_4 = 3$ A。

式中括号外正负号,是由基尔霍夫第一定律根据电流的参考方向确定的,括号内数字前的负号,则是表示实际电流的方向和参考电流的方向相反。

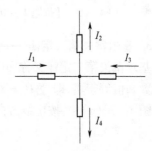

图 4 – 67　【例题 4 – 9】图

【例题 4 – 10】如图 4 – 68 电路中,求电流 I_3。

解:由基尔霍夫第一定律 $\sum I = 0$ 可知

对 A 节点有

$$I_1 - I_2 - I_3 = 0$$

因为 $I_1 = I_2$，所以 $I_3 = 0$

同理，对 B 节点有

$$I_4 - I_5 + I_3 = 0$$

因为 $I_4 = I_5$，也可得出 $I_3 = 0$

由此可知，没有构成闭合回路的单支路电流为零。

基尔霍夫第一定律不仅适用于电路中一个实际节点，而且还可以推广应用于任一假设的闭合面（广义节点）。

图 4 - 69 所示电路中，闭合面所包围的是一个三角形电路，它有 3 个节点。应用基尔霍夫第一定律可以列出节点方程如下：

$$\text{节点 A} \quad I_A = I_{AB} - I_{CA}$$
$$\text{节点 B} \quad I_B = I_{BC} - I_{AB}$$
$$\text{节点 C} \quad I_C = I_{CA} - I_{BC}$$

上面三式相加可得

$$I_A + I_B + I_C = 0 \quad \text{或} \quad \sum I = 0$$

即流入此闭合面的电流恒等于流出该闭合面的电流。

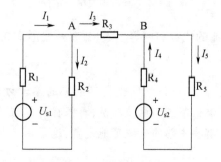

图 4 - 68 【例题 4 - 10】图

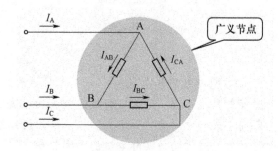

图 4 - 69 广义节点

3. 基尔霍夫第二定律——回路电压定律

基尔霍夫第二定律又称回路电压定律。它的内容是：在任一闭合回路中，各段电路电压降的代数和恒等于零，即 $\sum U = 0$。

图 4 - 70(a)中，按虚线方向循环一周，根据电压与电流的参考方向可列出：

$$U_{AB} + U_{BC} + U_{CD} + U_{DA} = 0$$

即
$$-E_1 + I_1 R_1 - E_2 + I_2 R_2 = 0$$

或
$$E_1 + E_2 = I_1 R_1 + I_2 R_2$$

图 4 - 70(a)中，电源电动势之和 = 电路电压降之和；

图 4 - 70(b)中，攀登的总高度 = 下降的总高度。

由此，可得到基尔霍夫第二定律的另一种说法，即在任一回路循环方向上，回路中电动势的代数和恒等于电阻上电压降的代数和，表达形式为：$\sum E = \sum IR$。

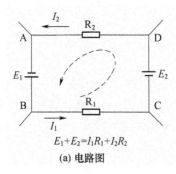

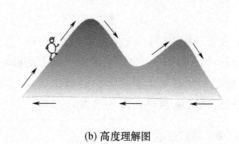

$$E_1 + E_2 = I_1 R_1 + I_2 R_2$$

(a) 电路图　　　　　　　　　　　　　　　(b) 高度理解图

图 4 – 70　基尔霍夫第二定律

〔注意〕

① 在用公式 $\sum U = 0$ 时,凡电流的参考方向与回路循环方向一致者,该电流在电阻上所产生的电压降取正,反之取负。电动势也作为电压来处理,即从电源的正极到负极电压取正,反之取负。

② 在用公式 $\sum E = \sum IR$ 时,电阻上电压的规定与用式子 $\sum U = 0$ 时相同,而电动势的正负号则恰好相反。

基尔霍夫第二定律也可以推广用于不完全由实际元件构成的假想回路,如图 4 – 71 所示。

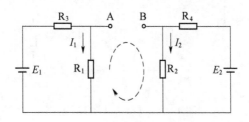

图 4 – 71　假想的回路图

如图 4 – 71 所示电路中,A、B 两点并不闭合,但仍可将 A、B 两点间电压列入回路电压方程,可得 $\sum U = U_{AB} + I_2 R_2 - I_1 R_1 = 0$

【例题 4 – 11】图 4 – 72 所示电路中,$E_1 = E_2 = 17V$,$R_1 = 2\Omega$,$R_2 = 1\Omega$,$R_3 = 5\Omega$,求各支路的电流。

解:第一步,标出各支路电流参考方向和独立回路的绕行方向,应用基尔霍夫第一定律列出节点电流方程为

$$I_1 + I_2 = I_3$$

第二步,应用基尔霍夫第二定律,列出回路电压方程如下:

对于回路 1 有

$$E_1 = I_1 R_1 + I_3 R_3$$

对于回路 2 有

$$E_2 = I_2 R_2 + I_3 R_3$$

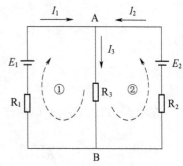

图 4 – 72　【例题 4 – 11】图

整理得联立方程 $\begin{cases} I_2 = I_3 - I_1 \\ 2I_1 + 5I_3 = 17 \\ I_2 + 5I_3 = 17 \end{cases}$

第三步,得出 $I_1 = 1\text{A}, I_2 = 2\text{A}, I_3 = 3\text{A}$。

计算得出 I_1、I_2、I_3 电流值都大于零,表明电流方向都和假设方向都相同。

[说明] 支路电流参考方向和独立回路绕行方向可以任意假设,一般绕行方向取与电动势方向一致,对具有两个以上电动势的回路,则取电动势值大的为绕行方向。

知识点6 叠加定理

叠加定理是线性电路普遍适用的一个基本定理,其内容是对于线性电路,任何一条支路的电流(或电压),都可看成是由电路中各个电源(电压源或电流源)单独作用时,在此支路中所产生的电流(或电压)的代数和。需要注意的是,电源单独作用是指当这个电源单独作用于电路时,其他电源都取为零,即电压源用短路代替,电流源用开路代替。

【例题4-12】在图4-73(a)所示电路中,$E_1 = 12\text{V}$,$E_2 = 6\text{V}$,$R_1 = R_2 = R_3 = 2\Omega$,用叠加定理求各支路电流 I_1,I_2,I_3。

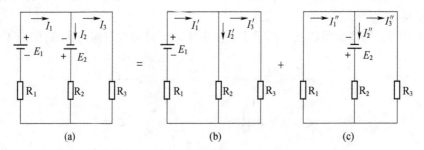

图4-73 【例题4-12】图

解:首先将复杂电路分解成几个简单电路,有几个电动势就分解为几个具有单一电动势的简单电路,并标出电流的参考方向,如图4-73(b)和(c)所示。

其次对简单电路进行分析和计算,求出单一电动势作用时各支路电流,在图4-73(b)图中,E_1 单独作用时,有

$$I_1' = \frac{E_1}{R_1 + R_2 /\!/ R_3} = \frac{E_1}{R_1 + \dfrac{R_2 R_3}{R_2 + R_3}} = \frac{12}{2 + \dfrac{2 \times 2}{2 + 2}} = 4(\text{A})$$

$$I_2' = \frac{R_3}{R_2 + R_3} I_1' = \frac{2}{2 + 2} \times 4 = 2(\text{A})$$

$$I_3' = I_1' - I_2' = 4 - 2 = 2(\text{A})$$

在图4-13(c)中,E_2 单独作用时,有

$$I_2'' = \frac{E_2}{R_2 + R_1 /\!/ R_3} = \frac{E_2}{R_2 + \dfrac{R_1 R_3}{R_1 + R_3}} = \frac{6}{2 + \dfrac{2 \times 2}{2 + 2}} = 2(\text{A})$$

应用分流公式,可求出

$$I''_1 = \frac{R_3}{R_2 + R_3}I''_2 = \frac{2}{2 + 2} \times 2 = 1(\text{A})$$

$$I''_3 = I''_2 - I''_3 = 2 - 1 = 1(\text{A})$$

最后应用叠加定理,得出 E_1、E_2 共同作用时各支路电流:

$$I_1 = I'_1 + I''_1 = 4 + 1 = 5(\text{A})$$

$$I_2 = I'_2 + I''_2 = 2 + 2 = 4(\text{A})$$

$$I_3 = I'_3 - I''_3 = 2 - 1 = 1(\text{A})$$

根据【例题 4 - 12】可总结出,用叠加定理解题的一般步骤如下:

① 分析电路,选取一个电源,将电路中其他所有的电流源开路、电压源短路,画出相应的电路图,并根据电源方向设定待求支路的参考电压或电流方向;

② 重复步骤①,对 n 个电源画出 n 个电路;

③ 分别对 n 个电源单独作用的 n 个电路计算,求出支路的电压或电流;

④ 应用叠加定理,计算最终结果。

特别应当指出的是应用叠加定理时要注意以下几点。

① 叠加定理适用于线性电路,不适用于非线性电路。

② 叠加的各分电路中,不作用的电源置零。电路中的所有线性元件(包括电阻、电感和电容)都不予更动,受控源则保留在各分电路中。

③ 叠加时各分电路的电压和电流的参考方向可以取与原电路中的相同。取和时,应该注意各分量前的"＋"、"－"号。

④ 原电路的功率不等于按各分电路计算所得功率的叠加。因为功率与电压或电流是平方关系,而不是线性关系。

⑤ 电压源不作用时短路,电流源不作用时断路。

知识点 7　戴维南定理

戴维南定理也叫作二端网络定理,它也是分析电路的一种有效方法。

1. 二端网络

电路中任何一个具有两个引出端与外电路相连接的网络都称为二端网络。若网络中有电源就叫作有源二端网络,如图 4 - 74(a)所示;否则就叫作无源二端网络,如图 4 - 74(b)所示。

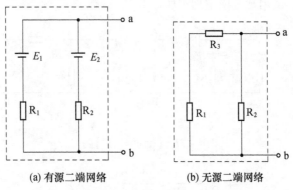

(a) 有源二端网络　　　　　　(b) 无源二端网络

图 4 - 74　二端网络的电路图

由图 4 - 74(b)可知,只有电阻串联、并联或混联的电路属于无源二端网络,它总可以简化为一个等效电阻;而由图 4 - 74(a)可知,对于一个有源二端网络,不管它内部是简单电路还是任意复杂的电路,对外电路它仅相当于电源的作用,可以用一个等效的电压源来代替,如图 4 - 75 所示。

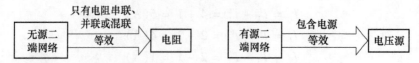

图 4 - 75 二端网络的等效电路图

2. 戴维南定理

戴维南定律指出:任何一个线性有源二端网络,对于外电路而言,可以用一个电压源和一个内电阻相串联的电路模型来代替,如图 4 - 76(b)所示。并且理想电压源的电压就是有源二端网络的开路电压 U_{OC},即将负载断开后,a、b 两端之间的电压。内电阻等于有源二端网络中所有电压源短路(其电压为零)、电流源开路(其电流为零)时的等效电阻 R_i。

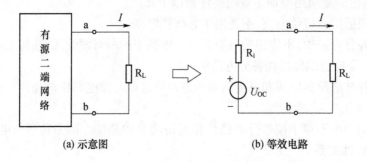

(a) 示意图　　　　　　　　　　(b) 等效电路

图 4 - 76 戴维南定理的示意图

因此对一个复杂的线性有源二端网络的计算,关键是求戴维南等效电路。

求戴维南等效电路的一般步骤如下:

① 求出有源二端网络的开路电压 U_{OC};

② 将有源二端网络的所电压源短路,电流源开路,求出无源二端网络的等效电阻 R_i;

③ 画出戴维南等效电路图。

【例题 4 - 13】在图 4 - 77 所示电路中,已知:$E_1 = 24V$,$E_2 = 42V$,$E_3 = 50V$,$R_1 = 3\Omega$,$R_2 = 6\Omega$,$R_3 = 8\Omega$,$R = 10\Omega$。试用戴维南定理求通过 R 的电流。

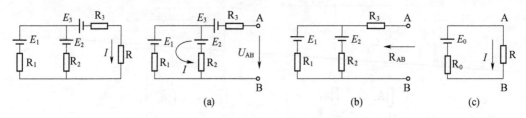

(a)　　　　　　　　(b)　　　　　　　　(c)

图 4 - 77 【例题 4 - 13】图

解:

$$I_1 = \frac{E_2 - E_1}{R_1 + R_2} = \frac{42 - 24}{3 + 6} = 2(\text{A})$$

112

$$E_0 = U_{AB} = -E_3 + E_2 - I_1 R_2 = -50 + 42 - 2 \times 6 = -20(\text{V})$$

$$R_0 = R_{AB} = R_3 + \frac{R_1 R_2}{R_1 + R_2} = 8 + \frac{3 \times 6}{3 + 6} = 10(\Omega)$$

$$I = \frac{E_0}{R_0 + R} = \frac{-20}{10 + 10} = -2(\text{A})$$

【例题 4 - 14】在图 4 - 78 所示电路中,已知:$E_1 = 5\text{V}, R_1 = 8\Omega, E_2 = 25\text{V}, R_2 = 12\Omega, R_3 = 2.2\Omega$。试用戴维南定理求通过 R_3 的电流及 R_3 两端的电压。

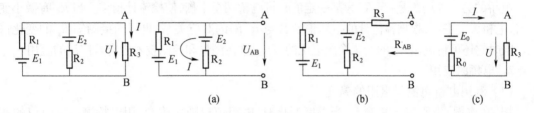

图 4 - 78 【例题 4 - 14】图

解:
$$I_1 R_1 - E_1 + I_1 R_2 - E_2 = 0$$

$$I_1 = \frac{E_1 + E_2}{R_1 + R_2} = \frac{5 + 25}{8 + 12} = 1.5(\text{A})$$

$$E_0 = U_{AB} = E_2 - I_1 R_2 = 25 - 1.5 \times 12 = 7(\text{V})$$

$$R_0 = R_{AB} = \frac{R_1 R_2}{R_1 + R_2} = \frac{8 \times 12}{8 + 12} = 4.8(\Omega)$$

$$I = \frac{E_0}{R_0 + R_3} = \frac{7}{4.8 + 2.2} = 1(\text{A})$$

$$U = I R_3 = 1 \times 2.2 = 2.2(\text{V})$$

[**知识拓展**] 电桥的简介

电桥是一种常用的比较式仪表,它是用准确度很高的元件(如标准电阻器、电感器、电容器)作为标准量,然后用比较的方法去测量电阻、电感、电容等电路参数,所以,电桥测量的准确度很高。

1. 直流电桥的平衡条件

电桥是测量技术中常用的一种电路形式,如图 4 - 79 所示。图中的四个电阻 R_1、R_2、R 和 R_x 都称为桥臂,R_x 是待测电阻。B、D 之间接入的是检流计 G。

调整 R_1、R_2、R 三个已知电阻,直至检流计读数为零,这时称为电桥平衡。

电桥平衡时,B、D 两点电位相等,即

$$U_{AB} = U_{AD}, \quad U_{BC} = U_{DC}$$

因此

$$R_1 I_1 = R_x I_2, \quad R_2 I_1 = R I_2$$

可得

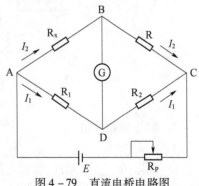

图 4 - 79 直流电桥电路图

$$R_1R = R_2R_x$$

$$R_x = \frac{R_1}{R_2}R$$

所以电桥的平衡条件是:电桥对臂电阻的乘积相等。利用直流电桥平衡条件可求出待测电阻 R_x 的值。

为了测量简便,R_1 与 R_2 之比常采用十进制倍率,R 则用多位十进制电阻箱,这样使测量结果可以有多位有效数字,并且还要选用精度较高的标准电阻,所以测得的结果比较准确。

电桥的另一种用法是:当 R_x 为某一定值时将电桥调至平衡,使检流计指零。当 R_x 有微小变化时,电桥失去平衡,根据检流计的指示值及其与 R_x 间的对应关系,也可间接测知 R_x 的变化情况。同时它还可将电阻 R_x 的变化换成电压的变化,这在测量和控制技术中有着广泛的应用。

2. 电桥的应用

(1)利用电桥可测量电阻的温度

把铂(或铜)电阻置于被测点,当温度变化时,电阻值也随之改变,用电桥测出电阻值的变化,即可间接得知温度的变化量。

(2)利用电桥测量物体的质量

把电阻应变片紧贴在承重的部位,当受到力的作用时,电阻应变片的电阻就会发生变化,通过电桥电路可以把电阻的变化量转换成电压的变化量,经过电压放大器放大和处理后,最后显示出物体的质量,如图 4 - 80 所示。

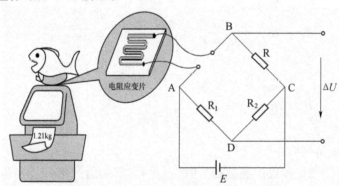

图 4 - 80 利用电桥测量物体的质量示意图

利用电桥测量物体质量的原理框图,如图 4 - 81 所示。

图 4 - 81 利用电桥测量物体质量的原理框图

项目学习评价小结

1. 学生自我评价

(1)填空题

① 电阻为_____元件,吸收电能后,会引起用电设备的_____升高。电气设备长期工作时,容许高于周围环境的温度称为_____。

② 敏感电阻可分为_____、_____和压敏电阻 3 种形式。

③ 电容两极板电荷量增加,则两端的_____增加。当两极板电荷量变化时,则电路中有_____通过。

④ 使电容器带电的过程称为_____,使电容器失去电荷的过程称为_____。只有当电容器储存电荷发生变化时,电路中才会有_____通过。

⑤ 电容器的额定值有_____、_____和_____。

⑥ 电路中的工作状态有_____状态、_____状态和开路状态。

⑦ 电源是供应_____的装置,能将其他形式的能量转变为_____。电路是电流通过的路径,由电源_____、_____和_____组成。

⑧ 某礼堂有 40 盏白炽灯,每盏灯的功率为 100W,则全部灯点亮 2h,消耗的电能为_____kW·h。

⑨ 电动势为 2V 的电源,与 9Ω 的电阻接成闭合电路,电源两极间的电压为 1.8V,这时电路中的电流为_____A,电源内阻为_____Ω。

⑩ 由一个或几个元件首尾相接构成的无分支回路叫做_____;3 条或 3 条以上支路汇聚的点叫做_____;任一闭合路径叫做_____。

(2) 判断题

① 通过一个电阻的电流是 5A,经过 4min,通过该电阻的一个截面的电荷量是(　　)。

  A. 20C   B. 50C   C. 1200C   D. 2000C

② 一只电阻元件,当其电流减为原来的一半时,其功率为原来的(　　)。

  A. 1/2   B. 2 倍   C. 1/4   D. 4 倍

③ 在闭合电路中,负载电阻增大,则端电压将(　　)。

  A. 减小   B. 增大   C. 不变   D. 不能确定

④ 两个电阻 R_1、R_2 并联,等效电阻值为(　　)。

  A. $1/R_1 + 1/R_2$ B. $R_1 - R_2$

  C. $R_1R_2/(R_1 + R_2)$ D. $(R_1 + R_2)/R_1R_2$

⑤ 平行板电容器在极板面积和介质一定时,如果缩小两极板之间的距离,则电容量将(　　)。

  A. 增大   B. 减少   C. 不变   D. 不能确定

⑥ 两个相同的电容并联之后的等效电容,跟它们串联之后的等效电容之比为(　　)。

  A. 1:4   B. 4:1   C. 1:2   D. 2:1

(3) 简答题

① 应用所学知识,画出简单的手电筒电路图。

② 家中有时发生闸刀熔丝烧断或者空气开关跳闸,试分析是什么原因。

③ 什么是电压源?什么是电流源?它们之间是如何相互转化的?

④ 应用叠加定理的步骤是什么?

⑤ 什么是二端网络?应用戴维南定理解题的一般步骤是什么?

(4) 计算题

① 某电容器的两端电压为 100V 时,极板上聚集了 3×10^{-4}C 的电荷量,若使其两端电压增加到 240V,则电容器中储存电荷量增加了多少?

② 将 $C_1 = 50\mu$F、耐压 100V 和 $C_2 = 200\mu$F、耐压 300V 的两只电容器串联接在 200V 电压

下,试用计算结果说明电路工作是否安全。

③ 求如图4-82(a)所示电路的等效电阻 R_{ab}(已知:$R=10\Omega$);在图4-82(b)所示电路中,分别求开关S打开、合上时的等效电阻 R_{ab}。

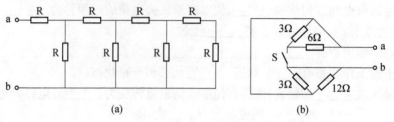

(a)   (b)

图4-82　计算题③图

④ 电路如图4-83(a)和(b)所示,求 I、I_1、I_2。

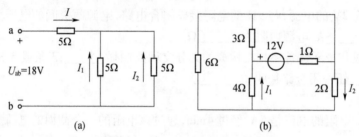

(a)   (b)

图4-83　计算题④图

⑤ 图4-84所示是一只多量程伏特表,已知表头电流满量程为 $100\mu A$,其内阻 $R_0=1k\Omega$,求表头所串各电阻的值大小。

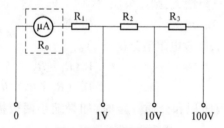

图4-84　计算题⑤图

⑥ 电路如图4-85(a)、(b)、(c)、(d)所示。

试将:a. 图(a)和(b)电路等效变换为电流源;

b. 图(c)和(d)电路等效变换为电压源。

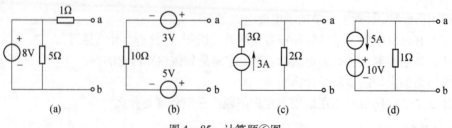

(a)   (b)   (c)   (d)

图4-85　计算题⑥图

⑦ 在图4-86所示的电路中,已知 $I=2.5mA$,$I_s=3mA$,$E_2=4V$,$R_3=13k\Omega$、$R_4=2k\Omega$,又知B点电位 $V_B=-9V$,确定C点的电位 $V_C=$?

如果 $R_1 = 10\text{k}\Omega$，$E_1 = 15\text{V}$，确定 A 点电位 $V_A = ?$

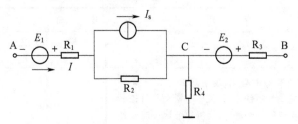

图 4 – 86　计算题⑦图

⑧ 在图 4 – 87 所示的电路中，用电压源—电流源等效变换的方法，计算电路中电流 I 及恒流源的端电压。

⑨ 在图 4 – 88 所示电路中，$E_1 = 3\text{V}$，$E_2 = 13\text{V}$，$E_3 = 4.5\text{V}$、$I_s = 1.5\text{A}$，$R_1 = 2\Omega$，$R_2 = 8\Omega$，$R_3 = 1.5\Omega$，$R_4 = 3\Omega$，$R_5 = 8\Omega$，$R_6 = 0.4\Omega$，计算 R_6 支路的电流 I。

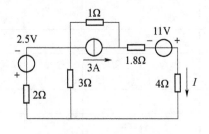

图 4 – 87　计算题⑧图

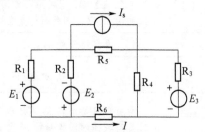

图 4 – 88　计算题⑨图

⑩ 在图 4 – 89 所示电路中，$E_1 = 2.8\text{V}$，$E_2 = 2\text{V}$，$I_s = 1.2\text{A}$，$R_1 = 6\Omega$，$R_2 = 4\Omega$，$R_3 = 3.6\Omega$，$R = 2.4\Omega$，试计算 AB 支路的电流 I 是多少？

⑪ 在图 4 – 90 所示电路中，$E = 7\text{V}$，$I_s = 1\text{A}$，$R_1 = 1\Omega$，$R_2 = 5\Omega$，$R_3 = 6\Omega$，$R_4 = 3\Omega$，计算 ab 支路中的电流 I_1 是多少？

⑫ 应用戴维南定理，试求图 4 – 91 所示电路中的 I 和 U_{ab} 分别是多少 ？已知 $I_s = 30\text{A}$，$R_1 = 2\Omega$，$R_2 = 12\Omega$，$R_3 = 6\Omega$，$R_4 = 4\Omega$，$R = 5.5\Omega$。

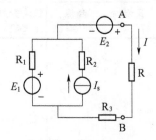

图 4 – 89　计算题⑩图

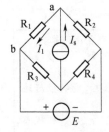

图 4 – 90　计算题⑪图

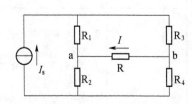

图 4 – 91　计算题⑫图

2. 项目评价报告表

项目完成时间：		年 月 日— 年 月 日				
评价项目		评分依据	优秀 (10～8)	良好 (7～5)	合格 (4～2)	继续努力 (＜2)
自我评价 (30)	学习态度 (10)	1.所有项目都出全勤,没有迟到早退现象。 2.认真完成各项任务,积极参与活动与讨论。 3.尊重其他组员和教师,能够很好地交流合作				
	团队角色 (10)	1.具有较强的团队精神、合作意识。 2.积极参与各项活动、小组讨论、制作等过程。 3.组织、协调能力强,主动性强,表现突出				
	作业情况 (10)	认真完成项目任务: 1.能识别电阻和电容元件,并会用万用表检测; 2.能组装 MF47 型模拟式万用表; 3.能用 MF47 万用表测量直流电压和直流电流				
自我评价总分			合计：			
小组内互评 (20)	其他 组员	评分依据	优秀 (20～18)	良好 (17～15)	合格 (14～12)	继续努力 (＜12)
		1.所有项目都出勤,没有迟到早退现象。 2.具有较强的团队精神、合作意识。 3.积极参与各项活动、小组讨论、成果制作 　等过程。 4.组织、协调能力强,主动性强,表现突出。 5.能客观有效地评价同伴的学习。 6.能认真完成项目任务: ① 能识别电阻和电容元件,并会用万用表检测; ② 能组装 MF47 型模拟式万用表; ③ 能用 MF47 万用表测量直流电压和直流电流				
小组内互评平均分			合计：			
评价项目		评分依据	优秀 (50～48)	良好 (47～45)	合格 (44～42)	继续努力 (＜42)
教师评价 (50)		1.所有项目都出勤,没有迟到早退现象。 2.完成项目期间认真完成任务,积极参与活 　动与讨论。 3.团结、尊重其他组员和教师,能够很好地 　交流合作。 4.具有较强的团队精神、合作意识,积极参 　与团队活动。 5.主动思考、发言,对团队贡献大。 6.完成学习任务,各项作品齐全完整,并按 　要求命名和存放。 7.项目完成期间有创新、改进学习的方法。 8.能客观有效地评价同伴的学习,通过学习 　有所收获				
教师评价总分			合计：			
总 分						

项目五 小型变压器的制作

项目情景展示

在日常生活和工业现场中,经常会用到的电压是220V和380V,但是在很多电气设备上,需要用到比它们高或低的电压,如家用音响、机床照明用电的36V安全电压等。这些电压从何而来? 这就需要一种能将输入的电压升高或降低的电气设备,即变压器。变压器是利用电磁感应原理制成的静止电气设备,具有变换电压、电流和阻抗的功能。在电力系统、自动控制及电子设备中,广泛使用各种类型的变压器。

项目学习目标

	学 习 目 标	学 习 方 式	学时
技能目标	1. 掌握常用电感元器件的识别及检测。 2. 掌握小型简易变压器的重绕和制作	讲授、学生练习	6
知识目标	1. 掌握电磁感应现象的基本知识。 2. 了解磁路的基本物理量。 3. 了解铁磁性材料的分类。 4. 了解涡流和磁屏蔽在工程技术中的应用。 5. 了解互感在工程技术中的应用。 6. 了解同名端、异名端的定义及判断同名端的方法。 7. 了解变压器的基本结构和工作原理	讲授	6

任务一 常用电感器件的识别与检测

1. 电感器的识别

在电力、电子设备中,常常用到由导线绕制而成的线圈,如日光灯电路的镇流器,彩色电视机中的高频扼流圈等,这些线圈统称为电感线圈,简称电感器。用 L 表示,单位:亨(H)。电感器的单位还有毫亨(mH)和微亨(μH),它们之间的换算关系是:$1H = 10^3 mH = 10^6 \mu H$。

电感器在滤波、振荡、耦合、陷波等方面应用得十分普遍。电感器的种类很多,常用的电感器件的种类、符号和外形图见表5-1。

表 5 - 1 常用的电感器件的外形图

分类	名称和符号	外 形 图
按电感形式	固定电感 	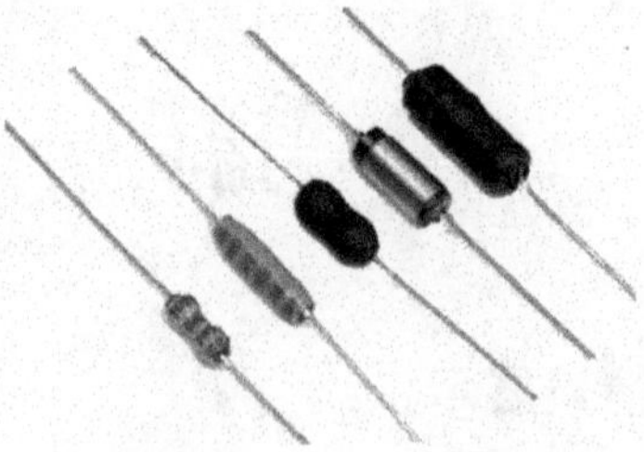
	可变电感 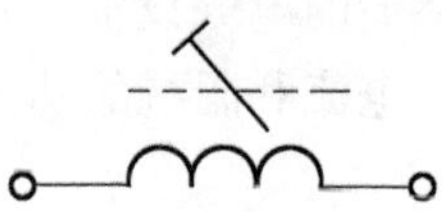	
按导磁体种类	空心线圈 	
	铁氧体线圈 	
	铁芯线圈 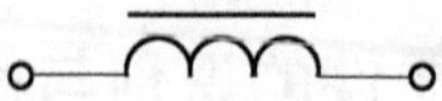	
按工作性质	振荡线圈 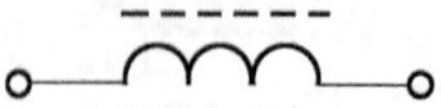	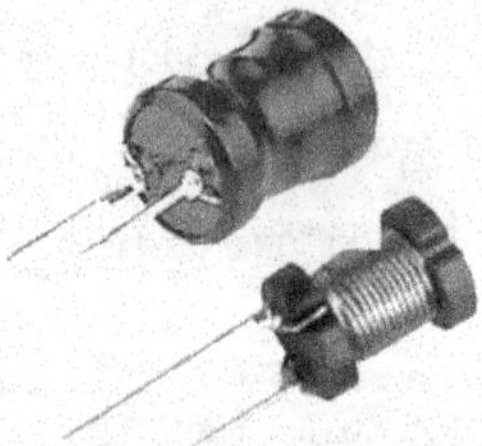

分类	名称和符号	外形图
按工作性质	扼流线圈 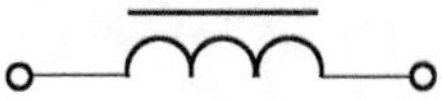	
	陷波线圈 	

2. 电感器的主要性能指标

电感器也是一种储能元件。它有 3 个重要参数:电感量、额定电流和品质因数。

（1）电感量

电感量参数 L 反映电感器储存能量的本领,它的大小与线圈匝数、几何尺寸、内部有无铁芯和铁芯的导磁性质等因素有关,而与线圈中有无电流或者电流大小无关。例如:环形螺旋线圈电感量为

$$L = \mu N^2 S / l$$

式中:μ 为线圈芯所用材料率;S 为圆环截面积;N 为线圈匝数;l 为圆环的平均周长;L 为电感量(H)。

（2）额定电流

线圈中允许通过的最大电流。额定电流参数主要针对阻流线圈、大功率的谐振线圈以及电源滤波线圈。

（3）品质因数(Q 值)

品质因数(Q 值)反映电感线圈损耗的大小,Q 值越高,损耗功率越小,电路效率越高,选择性好。

电感线圈的品质因数(Q 值)定义为

$$Q = 2\pi f L / R$$

在实际中,提高 Q 值会受到一些条件限制,应根据具体用途对 Q 值作适当要求。如谐振电路中,Q 值要求高;用于耦合时,Q 值可低一些;用于阻流时,则基本对 Q 值无要求。

3. 电感器的标识与选用

（1）电感器的标识

电感器的参数标注方法类似于电阻器和电容器,常见电感器的标注方法通常有直标法和色码法,色码法的读法以及色码颜色的含义和色码电阻的读法完全一致,如图 5－1 所示。

与电阻器、电容器等标准元件不同的是电感线圈没有品种齐全的标准产品,往往要根据实际需求而由厂家自行设计制作。

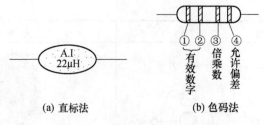

(a) 直标法　　　　　　　　　(b) 色码法

图 5-1　电感器的标注方法示意图

（2）电感器的检测

电感器件一般可以用万用表大致对其是否开路、短路和电感量的相对大小做粗略检测。其方法是：因电感线圈直流电阻的阻值很小，一般在用万用表欧姆挡测量线圈直流电阻时，应注意对测量数值进行观察，测量方法类似于项目四知识中测量电阻器的方法一样。对于部分电感器的直流电阻值测量方法见表 5-2。

表 5-2　部分电感器的直流电阻值测量方法

电 感 器 类 型	直 流 电 阻 值
匝数多、线径细的电感线圈	达几十欧
有抽头的电感线圈	各引脚之间的阻值仅几欧左右，用 R×1 Ω 挡测量时，若阻值较大，则说明线圈已开路
色码电感线圈	将万用表置于 R×1 Ω 挡进行测量，若： ① 阻值为零，则其内部短路； ② 阻值为无穷大，则其内部开路； ③ 能测出电阻阻值，且外形、外表正常，可以认为电感线圈正常

〔注意〕

① 如果要准确检测电感线圈的相应物理量参数和质量，则需要有专用仪器设备进行检测。

② 贴片电感器的检测过程与普通电感器检测方式基本相同，今后会详细地学习。

【工作过程】（建议两位学生合作共同完成）

根据老师给出的 10 支电感器，识别及检测其电阻值，将结果填入表 5-3 中。

表 5-3　电感器识别及检测值

直标电感	万用表量程挡	电感量	阻值	色码电感	万用表量程挡	电感量	阻值

任务二　小型简易变压器的重绕和制作

变压器是利用互感原理工作的电磁装置，它的原理模型如图 5-2 所示，它的符号如图 5-3 所示，T 是它的电路符号。图 5-4 是几种常见小型变压器。

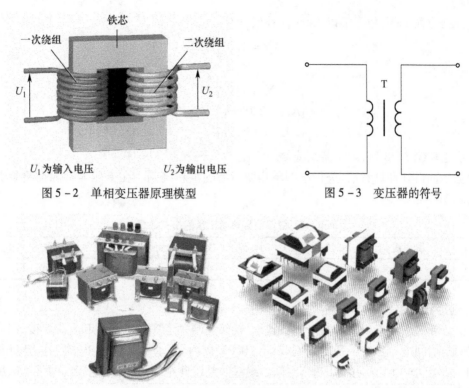

图 5-2　单相变压器原理模型

一次绕组
铁芯
二次绕组
U_1
U_2

U_1为输入电压　　　　U_2为输出电压

图 5-3　变压器的符号

T

图 5-4　常见的小型变压器

小型简易变压器使用比较广泛,但是在使用过程中,如遇到绕组烧毁、绕组断线、绝缘老化或绕组通地等故障,通常需要拆除旧绕组,重新绕制新绕组。

【工作过程】(建议两位学生合作共同完成)

一只小型电源变压器损坏需重绕线圈,已知电源频率为50Hz,一次额定电压为220V,二次输出电压为15V,从实物测得的铁芯舌宽为1.4cm,叠厚为2cm,经弯折铁芯的硅钢片而判断是冷轧的。问一、二次绕组各应绕多少匝?

已知:$U_1 = 220V$,$U_2 = 15V$,$S = 1.4 \times 2 \times 0.9 \times 10^{-4} = 2.52 \times 10^{-4} m^2$,$B = 1.2T$,$f = 50Hz$,根据 $U_1 = 4.44fN\Phi_m \times 10^{-4}$,可求出每伏应绕的匝数为

$$N_0 = \frac{N}{U_1} = \frac{10^4}{4.44f\Phi_m}$$

式中:f 为电源的频率,即工频50Hz;Φ_m 为磁通$(T \cdot cm^2)$。

又因为 $\Phi_m = B_m A$,故上式可以写为

$$N_0 = \frac{10^4}{4.44fB_m A} = \frac{10^4}{4.44 \times 50 \times B_m A} = \frac{45}{B_m A}$$

式中:N_0 为每伏应绕的匝数;f 为电源频率,$f = 50Hz$;B_m 为磁通密度(T);A 为铁芯柱实际面积(cm^2)。

计算每伏应绕匝数 N_0 后,再乘以电源电压 U_1,即得一次绕组的总匝数为

$$N_1 = N_0 U_1$$

每伏应绕匝数 N_0 乘以二次侧额定电压即得二次绕组的匝数,但考虑到铁芯损耗和带上负

载时电压会有所下降,故需乘以 1.05 作补偿,即

$$N_2 = 1.05N_0U_2$$

代入得

$$N_0 \approx 14.9 \text{ 匝}$$
$$N_1 = U_1N_1 = 220 \times 14.9 = 3278(\text{匝})$$
$$N_2 = U_2N_1 \times 1.05 = 15 \times 14.9 \times 1.05 = 235(\text{匝})$$

即一次绕组应绕 3278 匝,二次绕组应绕 235 匝。

根据上面设计计算参数,进行小型单相变压器的重新绕制。在变压器拆除前将相关的数据填入表 5 – 4 中。

表 5 – 4　变压器拆除前记录的相关数据

型号	原边额定电压 U_1	副边输出电压 U_2	原边匝数 N_1	副边匝数 N_2	原边线径	副边线径

1. 选择导线和绝缘材料

根据计算选用相应规格和数量的漆包线;绝缘材料须考虑耐压要求和允许厚度,层间绝缘厚度按两倍层间电压的绝缘强度选用,对于 1000V 以内,要求不高的变压器也有用电压峰值,即 1.414 倍层间电压为选用标准的;对铁芯绝缘及绕组间绝缘,按对地电压的两倍来选用。

2. 拆卸铁芯和绕组

① 先拆除变压器外壳及铁芯夹板。

② 用螺丝刀插松硅钢片,并用尖嘴钳抽出硅钢片。用力不能过猛,尽量不让硅钢片变形,若抽不动,应换一位置或左右摆动后再用螺丝刀将四周插松,然后再抽取。注意不要损坏硅钢片,特别是两半硅钢片的接口处,否则会严重影响变压器的质量。

③ 铁芯拆除后,再拆除绕组。

3. 线圈框架的制作

线圈框架的长度即是铁芯窗口的高度,线圈框架卷线处的周长要与铁芯柱的周长相同,以便绕出来的绕组刚好镶入铁芯柱中。

线圈框架的形状如图 5 – 5 所示,用手工即可在上边绕线。若用绕线机,必须做一个如图 5 – 6 所示的框架芯,刚好塞入框架中,框架芯中间钻孔,绕线机的轴穿入固定即可绕线。

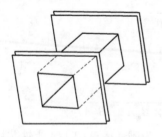

图 5 – 5　线圈框架的形状

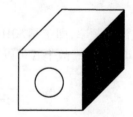

图 5 – 6　线圈框架芯的形状

4. 绕组的绕制

绕组绕制的优劣直接影响变压器的质量,所以要细心制作。先在骨架上垫一层绝缘纸,焊一次侧线圈的引出线,焊好后用蜡纸包好,开始绕制导线。要求导线绕制紧密整齐,要领是绕

线时将导线稍微拉向绕组前进的相反方向约5°,绕完一层导线后垫一层层间绝缘再绕制,注意处理好中间抽头,导线自左向右排列整齐、紧密,不得有交叉或叠线现象,绕到规定的匝数为止。在绕完一次侧线圈和安放好绝缘层后,再加一层金属材料的静电屏蔽层,以减弱外来电磁场对电路的干扰,然后继续绕制线圈,如图5-7(a)、(b)、(c)所示。条件允许还可采用手摇绕线机或带有匝数计数器的电动绕线机进行绕线(图5-8)。

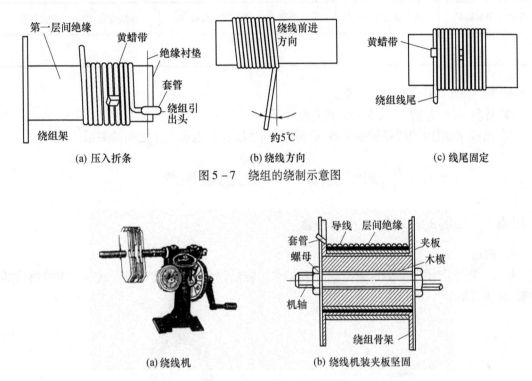

(a) 压入折条   (b) 绕线方向   (c) 线尾固定

图5-7 绕组的绕制示意图

(a)绕线机   (b)绕线机装夹板坚固

图5-8 手摇绕线机示意图

5. 绝缘处理

为了提高线圈的防潮能力和增加绝缘强度,线圈绕好后,一般均应作绝缘处理。处理的方法是将绕好的线圈放在电烘箱内加温到70℃~80℃,预热3h~5h,取出后立即浸入1260漆等绝缘清漆中约0.5h,取出后放在通风处滴干,然后再进烘箱加温到80℃,烘12h即可。

6. 铁芯镶片

铁芯镶片要求紧密、整齐,否则会使铁芯截面达不到计算要求,造成磁通密度增大,在运行时硅钢片会发热并产生振动噪声。镶片时,在线圈两边,两片两片地交叉对镶,镶到快要结束较紧难插时,则改用一片一片地交叉对镶。镶片完毕后,应把变压器放在平板上,两头用木锤敲打平整,对E字形硅钢片的对接口间不能留有空隙,最后用螺钉或夹板固紧铁芯,把引出线焊到焊片上或连接在接线柱上。

7. 成品测试

一般采用测量绝缘电阻、测量额定电压的方法。

（1）绝缘电阻测试

用兆欧表测各绕组间和它们对铁芯(地)的绝缘电阻,对于400V以下的变压器,其值应不低于90MΩ。

（2）空载电压测试

当一次电压加到额定值时，二次侧各绕组的空载电压允许误差为：二次高压绕组误差 $\Delta U_1 \leqslant \pm 5\%$ ，二次低压绕组误差 $\Delta U_2 \leqslant \pm 5\%$ ，中心抽头电压误差 $\Delta U \leqslant \pm 2\%$ 。

将重装后变压器相关的数据填入表5-5中。

表5-5　拆除重装后变压器相关的数据

原边额定电压 U_1	副边输出电压 U_2	原边匝数 N_1	副边匝数 N_2	原边线径	副边线径

同学们相互讨论下面两个问题：

① 计算 U_1/U_2、N_1/N_2，它们之间有何关系。

② 比较原、副边的线径粗细关系，分析原、副边线径与电压大小之间的关系。

知识链接一　电磁感应现象

知识点1　磁场的基本概念及物理量

1. 磁场

图5-9所示为条形磁铁、蹄形磁铁和指南针（磁针），它们都具有吸引铁、钴、镍等物质的性质，称为磁体。

图5-9　人造磁铁

任何磁体都有两极，即北极（N极）和南极（S极）。当两个磁体靠近时，同极性磁极相互排斥，异极性磁极相互吸引。磁极之间相互作用的磁力有时并不是直接接触发生的，而是通过磁场传递的，在磁力作用的空间，有一种特殊的物质就叫磁场。磁场是一种物质，具有力和能的性质，任何磁体周围都存在着磁场。磁场具有方向，N极所指的方向即为该点的磁场方向。

利用磁力线可以形象地描绘磁场。图5-10（a）和（b）分别为磁体的磁力线分布形式图。由图中可知，磁力线从N极出发，外部由N极到S极，内部由S极到N极的封闭曲线，磁力线越密，表示该区域磁场越强；反之，越弱。

2. 磁场的基本物理量

磁场可以用磁感应强度、磁通、磁导率和磁场强度等几个重要物理量来定量描述，见表5-6。

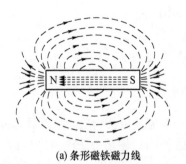
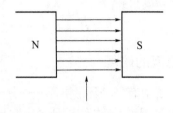

(a)条形磁铁磁力线　　　　　　　(b)匀强磁场磁力线(疏密程度、方向均相同)

图 5 - 10　磁体的磁力线分布形式图

表 5 - 6　磁场几个重要物理量的意义

名称	定义	符号	计算公式	物理量的单位	物理意义
磁感应强度	表示磁场内某点磁场的强弱和方向的物理量	B	$B = F/IL$	F:N(牛) I:A(安) L:m(米) B:T(特)	通电导线受到的磁场力 F 与通过的电流 I、导线长度 L 成正比,即 $F \propto IL$
磁通	磁感应强度 B 和与其垂直的某一截面积 S 的乘积,叫做该面积的磁通(磁通量)	Φ	$\Phi = BS$	Φ:Wb(韦)	$B = \Phi/S$ 则磁场强度也叫磁通密度(磁密)
磁导率	表示物质导磁性能的强弱	μ	在真空中: $\mu_0 = 4\pi \times 10^{-7}$	μ:H/m(亨/米)	以真空磁导率为基准,将其他介质的磁导率 μ 与 μ_0 相比较,其比值称为相对磁导率,用 μ_r 表示,即 $\mu_r = \mu/\mu_0$ μ_r 无单位
磁场强度	在磁场中某点的磁感应强度 B 与介质磁导率 μ 的比值	H	$H = B/\mu$	H:A/m(安/米)	其方向与该点 B 的方向一致

【例题 5 - 1】　把长 20cm 的通电直导线放入匀强磁场中,导线中的电流是 2A,磁场磁感应强度 B 是 1.2T,电流方向与磁场方向垂直,求通电导线所受磁场力大小。

解:根据磁感应强度公式

$$B = F/IL$$

得

$$F = BIL = 1.2 \times 2 \times 0.2 = 0.48(N)$$

【例题 5 - 2】　某一匀强磁场中,穿过某一截面的磁通 $\Phi = 6.4 \times 10^{-3}$Wb,截面边长分别是 4cm 和 8cm,求磁感应强度 B 的大小。

解:根据题意,先求出截面面积

$$S = 4\text{cm} \times 8\text{cm} = 3.2 \times 10^{-3}\text{m}^2$$

再根据 $\varPhi = BS$ 可得

$$B = 6.4 \times 10^{-3}/3.2 \times 10^{-3} = 2(\text{T})$$

知识点2 电流的磁场

在原子、分子中有一种环形电流——分子电流,分子电流使每个物质微粒都成为极小的磁体(安培分子电流假说)。电和磁是紧密联系的,永久磁铁的磁场是分子电流产生的,通电导体周围也存在磁场,利用电流产生磁场的现象称为电流的磁效应,1820年丹麦物理学家奥斯特通过实验证明了这种现象的存在。

电流产生磁场的方向取决于电流方向,可由右手螺旋法则(安培定则)来判断。

1. 通电直导线磁场

右手握住导线,伸直的大拇指指向电流方向,那么四指环绕的方向就是磁场方向(或磁感线方向),如图5-11所示。

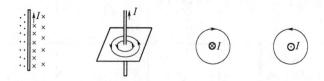

图5-11 通电直导线的磁场方向判断

2. 通电螺线管磁场

右手握住通电螺线管,让弯曲的四指所指方向与电流方向一致,伸直的大拇指所指方向即为螺线管磁场N极,如图5-12所示。

图5-12 通电螺线管的磁场方向判断

知识点3 磁场对载流导体的作用

通过实验证明,在磁场中的载流导体要受到磁场力的作用。这是磁场的一个重要特性。磁场对载流导体的作用力,其实质是磁场与电流产生的磁场之间的相互作用力。如图5-13所示,通电直线导体在磁场中所受力的大小为 $F = BIL$。受力方向可由左手定则判定:伸出左手,让大拇指与其余四指在一个平面内垂直,让磁感线穿过掌心,四指指向电流方向,大拇指指向即为通电直线导线受力方向。

【例题5-3】 在磁感应强度为0.5T的匀强磁场中,有一根长度为50cm的直导线,其通过的电流为5A,且电流与磁力线垂直,如图5-14所示,求通电导线受力大小,并标明导线受磁场力的方向。

解:由 $F = BIL$ 得载流导体在磁场中受力大小为

$$F = 0.5 \times 5 \times 0.5 = 1.25(\text{N})$$

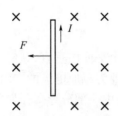

图 5-13　通电直线导线受磁场力的示意图

由左手定则可判断该载流导体受力方向向左,如图 5-14 所示。

若本题中,载流导体中通过的电流方向与磁场方向平行,如图 5-15 所示,载流导体受力如何?

图 5-14　【例题 5-3】图　　　　　图 5-15　载流导体方向和磁场方向平行示意图

知识点 4　电磁感应

自 1820 年丹麦物理学家奥斯特发现电流的磁效应,表明电流能够产生磁场后,在 1831年,英国物理学家法拉第通过大量的实验证明了磁在一定条件下能够使物体产生电流。这是19 世纪最伟大的发现之一。利用磁场产生电流的现象称为电磁感应现象。

1. 电磁感应产生的条件

利用磁场产生电流有以下两种基本模式,见表 5-7。

表 5-7　磁场产生电流的两种基本模式

基本模式一	基本模式二
闭合回路中,一部分导体作切割磁力线运动	使穿过线圈(或闭合回路)的磁通量发生变化
可得出:两种模式形式所产生电磁感应电流的本质是相同的,并且所得结果也是一致的	

2. 感应电流的方向

（1）右手定则

伸开右手,让大拇指与四指在一个平面内垂直,让磁力线垂直穿过掌心,大拇指指向导体运动的方向,则此时四指所指的方向即为感应电流的方向,如图5-16所示。

右手定则主要用于判定闭合回路中一部分导体作切割磁感线运动时,对感应电流方向的判断。

（2）楞次定律

右手定则可以判定闭合回路中一部分导体在磁场中作切割磁力线运动时,产生感应电流的方向。但是,右手定则不能判定穿过闭合回路磁通量发生变化时产生的感应电流的方向,因而它具有一定局限性。在1834年德国物理学家楞次发现了确定感应电流方向的普遍适用的规律,即楞次定律。

楞次根据产生感应电流的不同条件,进行了大量的实验,总结出:感应电流的方向,总是要使感应电流产生的磁场阻碍引起感应电流磁通的变化,即楞次定律。如果感应电流是由组成回路的导体作切割磁力线运动而产生的,那么楞次定律可具体表述为:"运动导体上的感应电流受的磁场力(安培力)总是反抗(或阻碍)导体的运动。"

图5-17(a)和(b)所示是楞次定律应用的示意图。

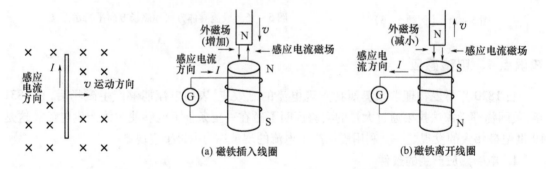

图5-16　右手定则　　　　　　　　图5-17　楞次定律应用的示意图

【例题5-4】 4根同样光滑的细铝杆a、b、c、d放在同一水平桌面上,其中a、c固定,b、d静止地放在a、c杆上,接触良好,O点为回路中心,如图5-18所示,当条形磁铁一端从O点正上方向下插向回路时b、d两杆将(　　　)。

A. 保持不动;

B. 分别远离O点;

C. 分别向O点靠近;

D. 因不知磁极极性,故无法判定。

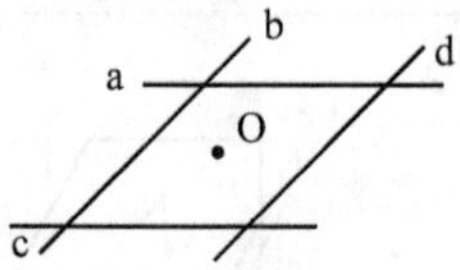

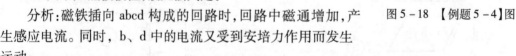

图5-18　【例题5-4】图

分析:磁铁插向abcd构成的回路时,回路中磁通增加,产生感应电流。同时,b、d中的电流又受到安培力作用而发生运动。

解答:先假设N极插向回路,则原磁感线向下呈发散状;因导线切割磁感线,由右手定则,可知感应电流方向俯视为逆时针;根据左手定则知b导线受到向右的安培力,d导线受到向左的安培力,所以答案C正确。再假设S极插向回路,也可以得到同样的结论。

知识链接二　磁路的基本物理量

知识点1　磁路的基本概念

1. 磁路

磁通所通过的路径叫做磁路。磁路像电路一样,也分为有分支磁路(图5-19(a))和无分支磁路(图5-19(b))。在无分支磁路中,通过每一个横截面的磁通都相等。

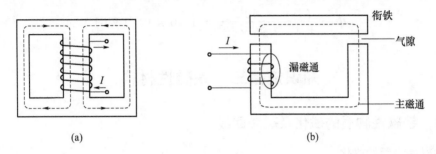

图5-19　磁路

全部在磁路内部闭合的磁通叫做主磁通。部分经过磁路,部分经过磁路周围物质的闭合磁通叫做漏磁通。与电路相比,漏磁现象比漏电现象严重得多。为了便于计算,在漏磁不严重的情况下可将它略去,只计算主磁通。

2. 磁通势

在电路中产生电流的源叫做电动势。那么同样,在磁路中产生磁通的源叫做磁通势,又称为磁动势,用字母 E_m 表示,单位为A(安),表达式为 $E_m = NI$,其意义是磁通势的大小等于绕在磁路上的线圈匝数乘以流过线圈的电流。

3. 磁阻

电路中有电阻,电阻表示电流在电路中受到的阻碍作用。与此类似,磁路中也有磁阻,磁阻表示磁通在磁路中受到的阻碍作用,以字母 R_m 表示,单位为1/H(1/亨)。表达式为 $R_m = L/\mu S$,其意义是磁路中磁阻的大小与磁路的长度 L 成正比,与磁路的横截面积 S 成反比,并与组成磁路的材料性质(磁导率 μ)有关。

知识点2　磁路的欧姆定律

考虑到磁路和电路在分析思路上基本一致,所以在分析磁路时,可以将全电路的欧姆定律应用到磁路中来。

一个磁路中的磁阻等于"磁通势"与磁通量的比值。定义可表示为 $\Phi = F/R_m$,其中 R_m 是磁阻,单位为安·匝/韦,或匝/亨;F 是磁动势,单位为安·匝;Φ 是磁通,单位为韦。

磁路中的磁通 Φ 等于作用在该磁路上的磁动势 F 除以磁路的磁阻 R_m,这就是磁路的欧姆定律,也称为霍普金森定律。

应当指出,电路有开关,电路可以处于开路状态,而磁路是没有开路状态的,磁力线总是形成一个闭合曲线,但路径与周围物质的磁阻有关,它总是集中于磁阻最小的路径。

【例题5-5】　空心圆环形螺旋线圈,平均长度为10cm,横截面积为10cm²,匝数 N 为

1000,通入的电流为10A,求螺旋线圈内的磁通。

解:磁路的磁动势为

$$F = NI = 1000 \times 10 = 10000(\text{A})$$

磁路的磁阻为

$$R_{\text{m}} = \frac{L}{\mu_0 S} = \frac{0.1}{10 \times 10^{-4} \times 4\pi \times 10^{-7}} \approx 7.96 \times 10^7(\text{H}^{-1})$$

由磁路的欧姆定律得

$$\varPhi = \frac{F}{R_{\text{m}}} = \frac{10^4}{7.96 \times 10^7} = 1.26 \times 10^{-4}(\text{Wb})$$

知识链接三　铁磁性材料

知识点1　铁磁性物质的磁化及磁滞回线

1. 铁磁性物质的磁化

铁磁性物质包括铁、镍、钴等以及它们的合金。将这些材料放入磁场后,磁场会显著增强。铁磁性物质在外磁场的作用下会呈现很强的磁性,这种现象叫做铁磁性物质的磁化。所有铁磁性物质都能够被磁化,而非铁磁性物质则不能被磁化。

铁磁性物质被磁化的性能,广泛应用于电子和电气设备中。例如,变压器、继电器、电机等,采用相对磁导率高的铁磁性物质作为绕组的铁芯,可使同样容量的变压器、继电器、电机的体积大大缩小,质量大大减轻,半导体收音机的天线线圈绕在铁氧体磁棒上,可以提高收音机的灵敏度。

2. 磁化曲线

各种铁磁性物质,由于内部结构不同,磁化后的磁性各有差异。磁感应强度 B 随 H 而变化的规律,可用 $B-H$ 曲线来表示,又称为磁化曲线。

图 5-20(a)是测定磁化曲线的实验电路。实验前,将待测铁芯去磁,即当 $H=0$ 时,$B=0$。接通电路,使电流 I 由 0 逐渐增加,即 H 由 0 逐渐增加,B 随之变化。以 H 为横坐标,B 为纵坐标,将多组 $B-H$ 对应值逐点描出,就是磁化曲线,如图 5-20(b)所示。

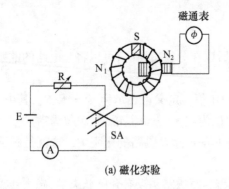

(a) 磁化实验

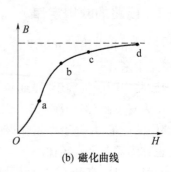

(b) 磁化曲线

图 5-20　磁化实验图与磁化曲线图

一般磁化曲线可大致分为 4 段,即:

① Oa 段(起始磁化段)。曲线变化缓慢,当 H 增加时,B 增加较慢。

② ab 段(直线段)。曲线急剧上升,当 H 增加时,B 相应地快速增加。

③ bc 段。曲线近似平坦,H 增强对 B 影响不大。

④ cd 段(饱和段)。曲线已平坦,H 对 B 几乎无影响。

3. 磁滞回线

磁化曲线只是反映了铁磁性物质在外磁场由 0 逐渐增强时的磁化过程。但在很多实际应用中,铁磁性物质是工作在交变磁场中的,铁磁性物质反复被交变磁场所磁化。

当磁场从 H_m 逐渐减少至零时,磁感应强度 B 并不沿起始磁化曲线恢复到 0 点,而是沿一条新的曲线 ab 下降,比较线段 Oa 和 ab,可以看到:H 减小,B 也相应减小,但 B 的变化滞后于 H 的变化,这个现象叫做磁滞,磁滞的明显特征就是当 $H=0$ 时,B 不为 0,而保留剩磁 B_r,如图 5-21 所示。

当磁场反向从 0 逐渐变为 $-H_c$ 时,磁感应强度 $B=0$,这就说明要想消除剩磁,必须施加反向磁场,H_c 称为矫顽力。它的大小反映铁磁性物质保持剩磁状态的能力,线段 bc 称为退磁曲线,如图 5-21 所示。

当外磁场按 $H_m \rightarrow 0 \rightarrow -H_c \rightarrow -H_m \rightarrow 0 \rightarrow H_c \rightarrow H_m$ 次序变化时,相应的磁感应强度则按闭合曲线 *abcdefa* 变化,这闭合曲线称为磁滞回线。所以,当铁磁性物质处于交变磁场中时(如变压器铁芯),将沿磁滞回线反复被磁化→去磁→反向磁化→反向去磁,此过程要消耗能量,以热的形式从铁磁性物质中释放出来。这种损耗称为磁滞损耗,可以证明,磁滞损耗与磁滞回线所围面积成正比。要降低磁滞损耗,必须减小剩磁和矫顽力,如图 5-21 所示。

当初始态为 $H=B=0$ 的铁磁性物质在峰值磁场强度 H 由弱到强的交变磁场作用下磁化,可以得到面积由小到大向外扩张的一组磁滞回线,如图 5-22 所示。

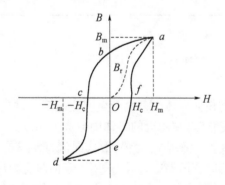

图 5-21 铁磁物质的磁滞回线

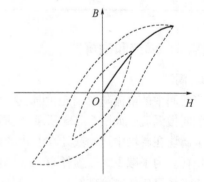

图 5-22 同一铁磁性物质的一组磁滞回线

知识点 2 铁磁材料分类

不同的铁磁材料具有不同的磁滞回线,剩磁和矫顽力也不同。因此,铁磁性物质根据磁滞回线的形状可以分为软磁性物质、硬磁性物质和矩磁性物质 3 类,见表 5-8。

表 5 – 8　软磁、硬磁和矩磁性物质的定义、曲线图、特点及用途

类型	定义	曲线图	特点	用途
软磁性物质	指剩磁和矫顽力都很小的铁磁性物质	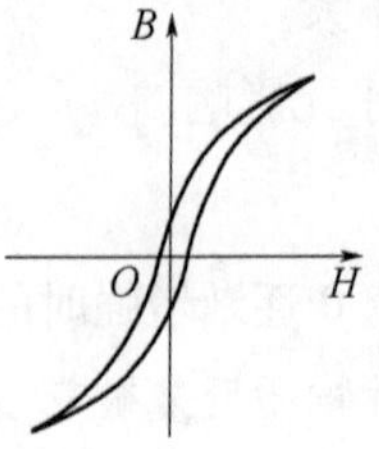 B, O, H 坐标曲线	磁滞回线窄而陡,回线所包围的面积比较小,在交变磁场中磁滞损耗小,容易磁化,也容易去磁	如硅钢片、铁镍合金、铸钢、纯铁等。用于制造电机、变压器、仪表和电磁铁的铁芯
硬磁性物质	指剩磁和矫顽力都很大的铁磁性物质	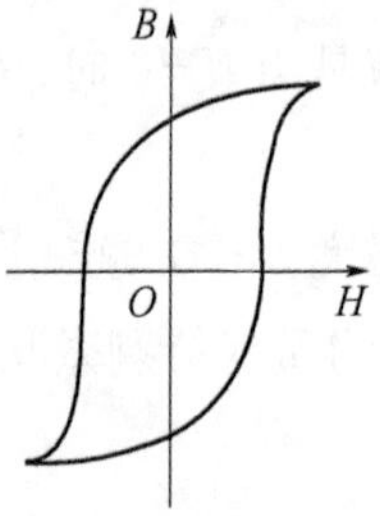 B, O, H 坐标曲线	磁滞回线宽而平,回线所包围的面积比较大,在交变磁场中磁滞损耗大,不易磁化,必须用较强的外加磁场才能使它磁化,也不易去磁	如钨钢、钴钢等,用于制成永久磁铁
矩磁性物质	指在很弱的磁场作用下,就能被磁化并达到饱和,若去掉外磁场,磁性仍能保持在饱和状态的铁磁性物质	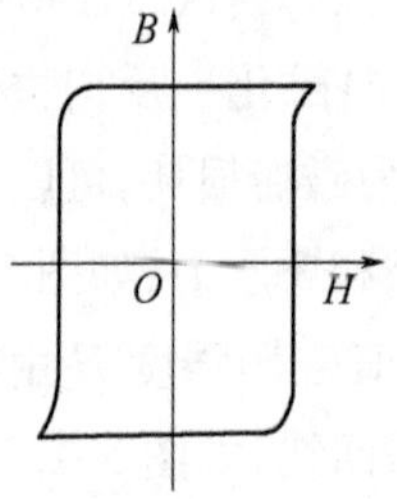 B, O, H 坐标曲线	矩磁性物质的磁滞回线成矩形,易磁化、不易去磁	如锰—镁铁氧体、锂—镁铁氧体等,用于制造计算机中存储元件的环形磁芯

知识点 3　涡流和磁屏蔽

1. 涡流

当线圈中的电流随时间变化时,这个线圈附近的任何导体中都会产生感应电流,这种感应电流就叫做涡流。如图 5 – 23 所示,线圈中的电流变化时,在附近的导体中会产生涡流。

金属块在磁场中运动或处在变化的磁场中,都要产生感应电动势,形成涡流,产生较大的涡流损耗。为了减少涡流损耗,在交流电机以及电器的变压器中,广泛采用了表面涂有薄层绝缘漆或绝缘氧化物的薄硅钢片,叠压制成的铁芯,这样涡流会大为减弱。再由于这种薄片材料的电阻率大(硅钢的涡流损失只有普通钢的 1/5 ~ 1/4),从而使涡流损耗也大大降低。

涡流的用途很多,主要有热效应、电磁阻尼作用和电磁驱动作用。下面主要介绍涡流的热效应。

强大的涡流在金属块内流动时,使导体发出大量的热,这种涡流通过金属块时将电能转化为热能的现象叫做涡流的热效应。在冶金工业上,还可利用涡流的热效应,制成高频感应炉来冶炼金属(图 5 – 24)。还有家用的电磁炉,也是利用涡流进行加热的。电磁炉加热原理如图

5－25 所示,灶台台面是一块高强度、耐冲击的陶瓷平板(结晶玻璃),台面下边装有高频感应加热线圈(励磁线圈)、高频电力转换装置及相应的控制系统,台面的上面放有平底烹饪锅。其工作过程如下:电流电压经过整流器转换为直流电,又经高频电力转换装置使直流电变为超过声频的高频交流电,将高频交流电加在扁平空心螺旋状的感应加热线圈上,由此产生高频交变磁场。磁场内的磁力线穿过铁锅、不锈钢锅等底部时,产生涡流,那么产生的焦耳热就是烹调的热源,令锅底迅速发热,达到加热食品的目的。

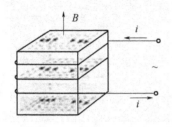

图 5－23　金属块中的涡流

接高频交流电源

图 5－24　高频感应炉

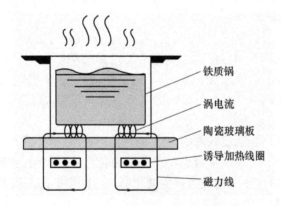

铁质锅

涡电流

陶瓷玻璃板

诱导加热线圈

磁力线

图 5－25　家用电磁炉的工作原理

2. 磁屏蔽

当一个线圈中的电流发生变化时,在邻近的另一个线圈中会产生感应电动势,这种现象叫做互感现象。在电子技术中,许多地方要利用互感,如收音机的输入回路、中周(中频变压器)等都是利用互感工作的。但是,有些地方要避免互感,防止干扰和自激,怎样减小互感呢?最简单、有效的办法是改变两个线圈的相对位置。可以将两个相邻的线圈垂直放置,如图 5－26所示,线圈 1 产生的磁通不穿过线圈 2,线圈 2 的磁通穿过线圈 1 时,线圈上半部和下半部磁通方向相反,互感电动势相互抵消,从而消除互感。

另外,为了消除互感,最常用的方法可把元器件或线圈放在软磁性材料做成的屏蔽罩内。如图 5－27 所示,A 为一个磁导率很大的软磁材料(如坡莫合金或铁铝合金)做成的罩,放在外磁场 B 中,由于罩壳磁导率 μ 比 μ_0 大得多,所以绝大部分磁力线从罩壳的壁内通过,而罩壳内的空腔中磁力线是很少的,从而这样就达到了磁屏蔽的目的。在实际应用电路中,为了防止外界磁场的干扰,常在示波管、显像管中电子束聚焦部分的外部加上磁屏蔽罩,也可以起到磁屏蔽的作用。有时候为了更好地达到磁屏蔽的作用,常采用多层铁壳屏蔽的方法,把漏进罩内的磁通一次次地屏蔽掉。

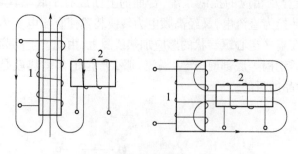

图 5 - 26　垂直放置的线圈可以减小互感

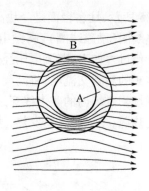

图 5 - 27　磁屏蔽罩

知识链接四　互感现象

知识点 1　互感现象及应用

1. 自感现象和自感电动势

如图 5 - 28 所示,闭合开关 S 的瞬间,两个灯泡会有什么现象呢?

现象:在闭合开关 S 的瞬间,灯 A_2 立刻正常发光,A_1 却比 A_2 迟一段时间才正常发光。

原因:由于线圈自身的磁通增加,而产生了感应电动势,这个感应电动势总是阻碍磁通的变化,即阻碍线圈中电流的变化,故通过 A_1 的电流不能立即增大,灯 A_1 的亮度只能慢慢增加,最终与 A_2 相同。

从上述实验可以看出,当通过线圈的电流发生变化时,它所产生的磁场也要发生变化,通过线圈本身的磁通也在变化,线圈本身也要产生感应电动势,这个电动势总是阻碍线圈原来电流的变化。像这种由于导体本身的电流发生变化而产生的电磁感应现象叫做自感现象。自感现象中产生的感应电动势叫做自感电动势。

2. 互感现象和互感电动势

由于一个线圈的电流变化,导致另一个线圈产生感应电动势的现象,称为互感现象。在互感现象中产生的感应电动势,叫互感电动势。图 5 - 29 所示为两个相互靠近的线圈 1 和 2,两个线圈中分别通有电流 I_1 和 I_2。由图可见,通过线圈 1 的磁通匝链数(磁链)为

$$\varPsi_1 = \varPsi_{11} + \varPsi_{12}$$

式中:$\varPsi_{11}$ 为线圈 1 中的电流 I_1 产生的磁场通过线圈 1 的磁链;$\varPsi_{12}$ 为线圈 2 中的电流 I_2 产生的磁场通过线圈 1 的磁链。

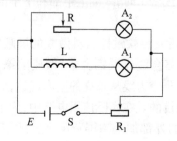

图 5 - 28　自感实验电路

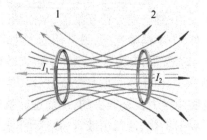

图 5 - 29　两个线圈之间的互感

所以,线圈 1 中的感生电动势为

$$\varepsilon_1 = \frac{\Delta \Psi_1}{\Delta t} = -\frac{\Delta \Psi_{11}}{\Delta t} - \frac{\Delta \Psi_{12}}{\Delta t}$$

$$\varepsilon_{L1} = -\frac{\Delta \Psi_{11}}{\Delta t}$$

其中,线圈 1 中电流 I_1 变化时,在线圈 1 中产生的感生电动势,就是自感电动势。

$$\varepsilon_{M1} = -\frac{\Delta \Psi_{12}}{\Delta t}$$

线圈 2 中电流 I_2 变化时在线圈 1 中产生的感生电动势,就是互感电动势。

同理,通过线圈 2 的磁链为

$$\Psi_2 = \Psi_{22} + \Psi_{21}$$

所以,线圈 2 中的感生电动势为

$$\varepsilon_2 = -\frac{\Delta \Psi_2}{\Delta t} = \varepsilon_{L2} + \varepsilon_{M2} = -\frac{\Delta \Psi_{22}}{\Delta t} - \frac{\Delta \Psi_{21}}{\Delta t}$$

3. 互感系数

如图 5-30 所示,N_1、N_2 分别为两个线圈的匝数。当线圈 I 中有电流通过时,产生的自感磁通为 Φ_{11},自感磁链为 $\Psi_{11} = N_1\Phi_{11}$。Φ_{11} 的一部分穿过了线圈 II,这一部分磁通称为互感磁通 Φ_{21}。同理,当线圈 II 通有电流时,它产生的自感磁通 Φ_{22} 有一部分穿过了线圈 I,为互感磁通 Φ_{12}。

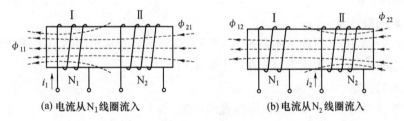

(a)电流从 N_1 线圈流入   (b)电流从 N_2 线圈流入

图 5-30   互感

设磁通 Φ_{21} 穿过线圈 II 的所有各匝,则线圈 II 的互感磁链为

$$\Psi_{21} = N_2\Phi_{21}$$

由于 Ψ_{21} 是线圈 I 中电流 i_1 产生的,因此有

$$\Psi_{21} = M_{21} i_1$$

式中:M_{21} 称为线圈 I 对线圈 II 的互感系数,简称互感。在国际单位制中,互感 M 的单位为亨利(H)。

同理,互感磁链 $\Psi_{12} = N_1\Phi_{12}$ 是由线圈 II 中的电流 i_2 产生,因此有

$$\Psi_{12} = M_{12}i_2$$

可以证明,当只有两个线圈时,有

$$M = M_{21} = \frac{\Psi_{21}}{i_1} = \frac{\Psi_{12}}{i_2} = M_{12}$$

知识点 2　互感线圈的同名端

1. 同名端

在电路中,对两个或两个以上的有耦合的线圈,常常需要知道互感电动势的极性。

如图 5－31 所示,图中两个线圈 L_1、L_2 绕在同一个圆柱形铁棒上,L_1 中通有电流 i。

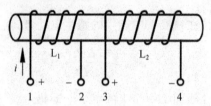

图 5－31　互感线圈的极性

① 当 i 增大时,它所产生的磁通 Φ_1 增加,L_1 中产生自感电动势,L_2 中产生互感电动势,这两个电动势都是由于磁通 Φ_1 的变化引起的。根据楞次定律可知,它们的感应电流都要产生与磁通 Φ_1 相反的磁通,以阻碍原磁通 Φ_1 的增加,由安培定则可确定 L_1、L_2 中感应电动势的方向,标注在图上,可知端点 1 与 3、2 与 4 极性相同。

② 当 i 减小时,L_1、L_2 中的感应电动势方向都反了过来,但端点 1 与 3、2 与 4 极性仍然相同。

③ 无论电流从哪端流入线圈,1 与 3 和 2 与 4 的极性都保持相同。

这种在同一变化磁通的作用下,自感电动势与互感电动势极性相同的端点叫同名端,极性相反的端点叫异名端。

2. 同名端的表示法

在电路中,一般用"·"表示同名端,如图 5－32 所示。在标出同名端后,每个线圈的具体绕法和它们之间的相对位置就不需要在图上表示出来了。

3. 同名端的判定

① 若已知线圈的绕法,可用楞次定律直接判定。

② 若不知道线圈的具体绕法,可用实验法来判定。

图 5－33 是判定同名端的实验电路。当开关 S 闭合时,电流从线圈的端点 1 流入,且电流随时间在增大。则由楞次定律可知自感电流从线圈的端点 1 流出,规定电流表的正接线柱在上、负接线柱在下,若此时电流表的指针向正刻度方向偏转,则表明互感电流从电流表的正接线柱流进,可知 1 与 3 是同名端,否则 1 与 3 是异名端。

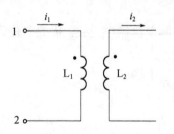

图 5－32　同名端表示法

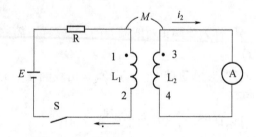

图 5－33　判定同名端的实验电路

138

知识点3　变压器的分类和基本结构

1. 变压器的分类

变压器是利用互感原理工作的电磁装置。常用变压器的种类不同,其特点也不同,用途更不同,但是它们的基本工作原理是相同的。表5-9所列为几种较常用的变压器图形、特点及适用场合。

表5-9　常见的变压器图形、特点及适用场合

名　称	图　形	特点及适用场合
单相照明变压器	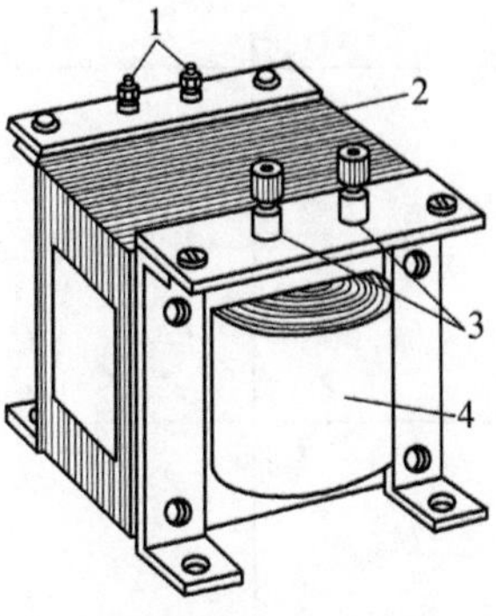 1—出线；2—铁芯；3—进线；4—线包	最常见的变压器,通常用来为车间或工厂内部的局部照明灯具提供安全电压,以保证人身安全
自耦变压器	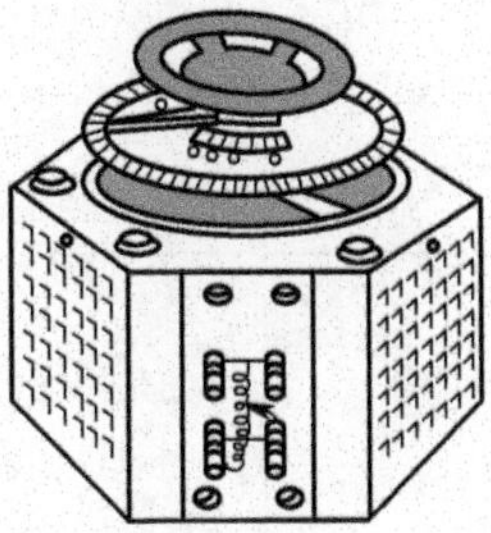	铁芯上只有一个绕组,一、二次绕组为公用,它可以输出连续可调的电压
电压互感器	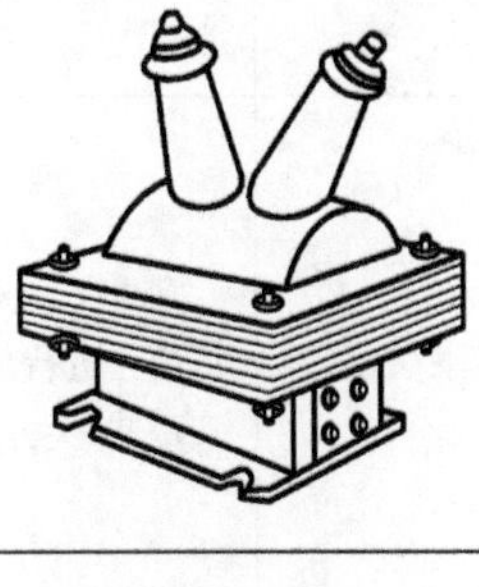	又称仪用变压器,主要用于测量,它可以把高电压变成低电压进行测量。使用时应注意在电压互感器运行中,二次绕组不允许短路
电流互感器	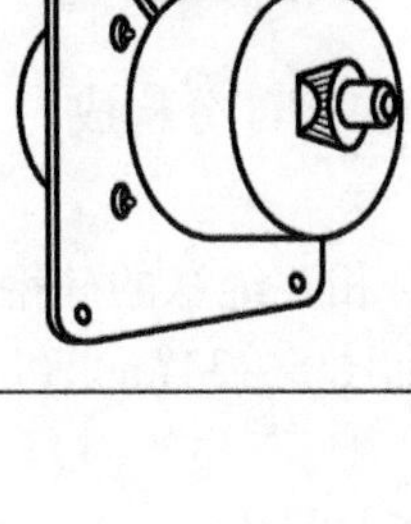	同电压互感器相似,它可以把大电流变成小电流进行测量。使用时应注意,在电流互感器运行时,二次绕组绝对不能开路

名　称	图　形	特点及适用场合
彩色电视机开关变压器	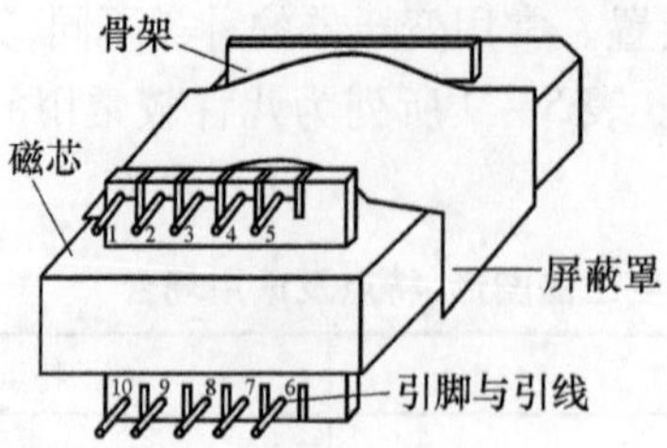	开关变压器相当于"开关电路"，由开关电路、开关变压器组成的单元电路工作在开关方式下，故称为开关电源电路，其中的变压器叫开关变压器
高频变压器	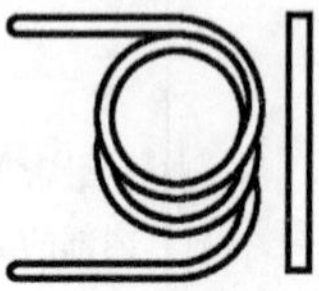	它是应用在高频电路中的变压器
中频变压器	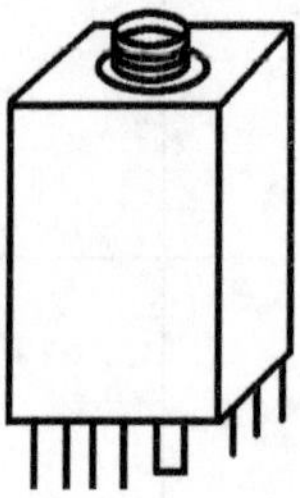	它是应用在中频电路中的变压器，中频变压器不仅有耦合信号、匹配阻抗的作用，还可选择频率
低频变压器	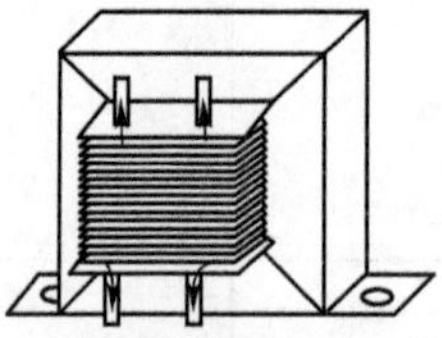	它是用在低频电路中的变压器，主要用在音响、收录机等电路中。它的主要作用：一是实现阻抗匹配；二是不失真地传送信号功率和信号电压
行推动变压器	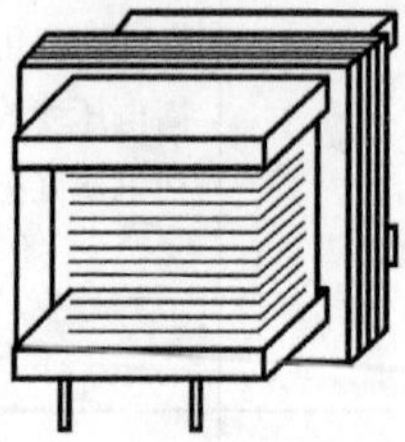	它可与三极管等组成一个单元电路，对振荡信号进行放大，使之"有力量"地推动三极管按开、关方式工作

2. 变压器的基本构造

变压器的基本构造主要是由铁芯和绕组（线圈）两部分构成。

（1）铁芯

铁芯是变压器的磁路部分，是用磁导率较高且相互绝缘的硅钢片制成，以便减少涡流和磁滞损耗。按其构造形式可分为心式和壳式两种，如图5－34（a）、（b）所示。

140

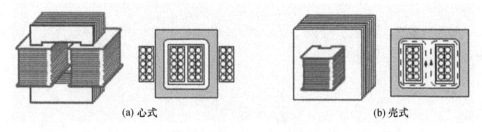

(a) 心式　　　　　　　　　　　(b) 壳式

图 5 – 34　心式和壳式变压器

（2）绕组（线圈）

绕组是变压器的电路部分，是用漆包线、纱包线或丝包线绕制成的。其中和电源相连的线圈叫原线圈（初级绕组），和负载相连的线圈叫副线圈（次级绕组）。

知识点4　变压器的基本工作原理

变压器是按互感原理工作的，原线圈接在交流电源上，当原边通以交变电流时，在铁芯中产生交变磁通，从而在原、副线圈中产生感应电动势，如图 5 – 35 所示。

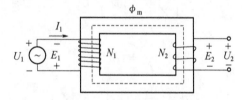

图 5 – 35　变压器空载运行原理图

1. 变换交流电压

原线圈接上交流电压，铁芯中产生的交变磁通同时通过原、副线圈，原、副线圈中交变的磁通可视为相同。设原线圈匝数为 N_1，副线圈匝数为 N_2，磁通为 Φ，则感应电动势为

$$E_1 = \frac{N_1 \Delta \Phi}{\Delta t}, \quad E_2 = \frac{N_2 \Delta \Phi}{\Delta t}$$

由此得

$$\frac{E_1}{E_2} = \frac{N_1}{N_2}$$

忽略线圈内阻，则 $E_1 = U_1$，$E_2 = U_2$，得

$$\frac{U_1}{U_2} = \frac{N_1}{N_2} = K$$

式中：K 称为变压比，简称变比。

由此可见：变压器原副线圈的端电压之比等于匝数比。

如果 $N_1 < N_2$，$K < 1$，电压上升，称为升压变压器。

如果 $N_1 > N_2$，$K > 1$，电压下降，称为降压变压器。

2. 变换交流电流

根据能量守恒定律，变压器输出功率与从电网中获得功率相等，即 $P_1 = P_2$，由交流电功率的公式可得

$$U_1 I_1 \cos\varphi_1 = U_2 I_2 \cos\varphi_2$$

式中:$\cos\varphi_1$ 为原线圈电路的功率因数,$\cos\varphi_2$ 为副线圈电路的功率因数。一般情况下 φ_1、φ_2 相差很小,可认为相等,因此可得

$$U_1 I_1 = U_2 I_2$$

$$\frac{I_1}{I_2} = \frac{N_2}{N_1} = \frac{1}{K}$$

可见,在变压器工作时,原、副线圈的电流跟线圈的匝数成反比。高压线圈通过的电流小,用较细的导线绕制;低压线圈通过的电流大,用较粗的导线绕制。

3. 变换交流阻抗

设变压器初级输入阻抗为 $|Z_1|$,次级负载阻抗为 $|Z_2|$,则

$$|Z_1| = \frac{U_1}{I_1}$$

将 $U_1 = \frac{N_1}{N_2} U_2$,$I_1 = \frac{N_2}{N_1} I_2$ 代入,得

$$|Z_1| = \left(\frac{N_1}{N_2}\right)^2 \frac{U_2}{I_2}$$

因为

$$\frac{U_2}{I_2} = |Z_2|$$

所以

$$|Z_1| = \left(\frac{N_1}{N_2}\right)^2 |Z_2| = K^2 |Z_2|$$

可见,次级接上负载 $|Z_2|$ 时,相当于电源接上阻抗为 $K^2|Z_2|$ 的负载。变压器的这种阻抗变换特性,在电子线路中常用来实现阻抗匹配,使负载上获得最大功率。

【例题 5 – 6】 有一 220 V/110 V 的降压变压器,如果次级接上 $55\,\Omega$ 的电阻,求变压器初级的输入阻抗。

解法一:次级电流 $$I_2 = \frac{U_2}{|Z_2|} = \frac{110}{55} = 2(\text{A})$$

初级电流 $$K = \frac{N_1}{N_2} \approx \frac{U_1}{U_2} = \frac{220}{110} = 2(\text{A})$$

$$I_1 = \frac{I_2}{K} = \frac{2}{2} = 1(\text{A})$$

输入阻抗 $$|Z_1| = \frac{U_1}{I_1} = \frac{220}{1} = 220(\Omega)$$

解法二:变压比 $$K = \frac{N_1}{N_2} \approx \frac{U_1}{U_2} = \frac{220}{110} = 2$$

输入阻抗 $|Z_1| \approx \left(\frac{N_1}{N_2}\right)^2 |Z_2| = K^2 |Z_2| = 4 \times 55 = 220(\Omega)$

【例题 5 – 7】 有一信号源的电动势为 1V,内阻 R_0 为 $600\,\Omega$,负载电阻 R_2 为 $150\,\Omega$。欲使负载获得最大功率,必须在信号源和负载之间接一匹配变压器,使变压器的输入电阻等于信号源的内阻,如图 5 – 36 所示。问:变压器变压比,初、次级电流各为多少?

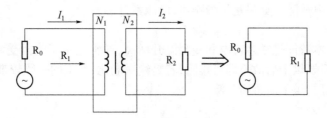

图 5 – 36 【例题 5 – 7】图

解:负载电阻 $R_2 = 150\Omega$,变压器的输入电阻 $R_1 = R_0 = 600\Omega$,则变比应为

$$K = \frac{N_1}{N_2} \approx \sqrt{\frac{R_1}{R_2}} = \sqrt{\frac{600}{150}} = 2$$

初、次级电流分别为

$$I_1 = \frac{E}{R_0 + R_1} = \frac{1}{600 + 600} \approx 0.83 \times 10^{-3}(\text{A}) = 0.83(\text{mA})$$

$$I_2 \approx \frac{N_1}{N_2}I_1 = 2 \times 0.83 = 1.66(\text{mA})$$

知识点 5　小型变压器常见故障的检修方法

1. 引出线端头断裂

如果一次回路有电压而无电流,一般是一次线圈的端头断裂;若一次回路有较小的电流而二次回路既无电流也无电压,一般是二次线圈端头断裂。通常是由于线头折弯次数过多,或线头遇到猛拉,或焊接处霉断(焊剂残留过多),或引出线过细等原因造成的。

如果断裂线头处在线圈的最外层,可掀开绝缘层,挑出线圈上的断头,焊上新的引出线,包好绝缘层即可,若断裂线端头处在线圈内层,一般无法修复,需要拆开重绕。

2. 线圈的匝间短路

如果短路发生在线圈的最外层,可掀去绝缘层后,在短路处局部加热(指对浸对漆的线圈,可用电吹风加热),待漆膜软化后,用薄竹片轻轻挑起绝缘已破坏的导线,若线芯没损伤,可插入绝缘纸,裹住后揿平;若线芯已损伤,应剪断,去除已短路的一匝或多匝导线,两端焊接后垫妥绝缘纸揿平。用以上两种方法修复后均应涂上绝缘漆,吹干,再包上外层绝缘。

如果故障发生在无骨架线圈两边沿口的上下层之间,一般也可按上述方法修复。若故障发生在线圈内部,一般无法修理,需拆开重绕。

3. 线圈对铁芯短路

存在这一故障,铁芯就会带电,这种故障在有骨架的线圈上较少出现,但在线圈的最外层会出现这一故障;对于无骨架的线圈,这种故障多数发生在线圈两边的沿口处,但在线圈最内层的四角处也较常出现,在最外层也会出现。通常是由于线圈外形尺寸过大而铁芯窗口容纳不下,或因绝缘裹垫得不佳或遭到剧烈跌碰等原因所造成的。修理方法可参照匝间短路的有关方法进行检修。

4. 铁芯噪声过大

变压器的噪声有电磁噪声和机械噪声两种。电磁噪声通常是由于设计时铁心磁通密度选用得过高,或变压器过载,或存在漏电故障等原因所造成的;机械噪声通常是由于铁芯没有压紧,在运行时硅钢片发生机械振动所造成的。

如果是电磁噪声,属于设计原因的,可换用质量较佳的同规格硅钢片。属于其他原因的应减轻负载或排除漏电故障。如果是机械噪声,应压紧铁芯。

5. 线圈漏电

这一故障的基本特征是铁芯带电和线圈温升增高,通常是由于线圈受潮或绝缘老化所引起的。若是受潮,只要烘干后故障即可排除;若是绝缘老化,严重的一般较难排除,轻度的可拆去外层包缠的绝缘层,烘干后重新浸漆。

6. 线圈过热

通常是由于过载或漏电所引起的,或因设计不佳所致;若是局部过热,则是由于匝间短路所造成的。

7. 铁芯过热

通常是由于过载,设计不佳,硅钢片质量不佳或重新装配硅钢片时少插入片数等原因所造成的。

8. 输出侧电压下降

通常是由于一次侧输入的电源电压不足(未达到额定值),二次绕组存在匝间短路,对铁芯短路或漏电或过载等原因所造成的。

项目学习评价小结

1. 学生自我评价

(1) 填空题

① 磁路欧姆定律的内容是_____。

② 铁磁性材料在磁化过程中,_____和_____的关系曲线叫做磁化曲线。

③ 磁滞现象是指_____的变化总是落后于_____的变化;而当 H 为零时,B 却不等于零,叫做_____现象。

④ 铁磁性材料根据磁滞回线的形状可以分为_____、_____和_____ 3 类。

(2) 判断题

① 变压器可以变换交流电压,也可以变换直流电压。 (　　)

② 发生互感现象时,至少要有两个线圈。 (　　)

③ 互感系数决定于两线圈的自感系数和耦合系数。 (　　)

④ 在同一交变磁通作用下,互感电动势与自感电动势同名端极性相同。 (　　)

⑤ 变压器的高压端电流小线径细,低压端电流大线径粗。 (　　)

⑥ 变压器的高压端匝数少,低压端匝数多。 (　　)

⑦ 一只 220V/110V 的变压器,可以将 380V 交流电压降低 1/2。 (　　)

⑧ 一只 440V/220V 的变压器,可以将 220V 交流电压降低 1/2。 (　　)

(3) 计算题

① 两个线圈的电感分别为 $L_1 = 0.4H$、$L_2 = 0.9H$,它们之间的耦合系数 $K = 0.8$,当线圈 L_1 中通以变化率为 6A/S 的交变电流时,求 L_2 中的互感电动势。

② 有一个 22V、8Ω 的小喇叭,通过变压器接入 220V 交流信号源上运行,求变压器的初级输入阻抗和喇叭上获得的最大功率。

③ RLC 串联谐振的特征。

④ 电感线圈与电容并联谐振的特征。

⑤ 一个 RLC 串联电路,谐振时外加电压的有效值为 10V,品质因数 $Q = 10$,问电容器的耐压值应为多少?

2. 项目评价报告表

项目完成时间：　　年　月　日—　年　月　日

评价项目		评分依据	优秀 (10~8)	良好 (7~5)	合格 (4~2)	继续努力 (<2)
自我评价 (30)	学习态度 (10)	1. 所有项目都出全勤，没有迟到早退现象。 2. 认真完成各项任务，积极参与活动与讨论。 3. 尊重其他组员和教师，能够很好地交流合作				
	团队角色 (10)	1. 具有较强的团队精神、合作意识。 2. 积极参与各项活动、小组讨论、制作等过程。 3. 组织、协调能力强，主动性强，表现突出				
	作业情况 (10)	认真完成项目任务： ①掌握常用电感的识别与检测； ②掌握小型简易变压器的重绕制作				
自我评价总分			合计：			
小组内互评 (20)	其他 组员	评分依据	优秀 (20~18)	良好 (17~15)	合格 (14~12)	继续努力 (<12)
		1. 所有项目都出勤，没有迟到早退现象。 2. 具有较强的团队精神、合作意识。 3. 积极参与各项活动、小组讨论、成果制作等过程。 4. 组织、协调能力强，主动性强，表现突出。 5. 能客观有效地评价同伴的学习。 6. 能认真完成项目任务： ①掌握常用电感的识别与检测； ②掌握小型简易变压器的重绕制作				
小组内互评平均分			合计：			
评价项目		评分依据	优秀 (50~48)	良好 (47~45)	合格 (44~42)	继续努力 (<42)
教师评价 (50)		1. 所有项目都出勤，没有迟到早退现象。 2. 完成项目期间认真完成任务，积极参与活动与讨论。 3. 团结、尊重其他组员和教师，能够很好地交流合作。 4. 具有较强的团队精神、合作意识，积极参与团队活动。 5. 主动思考、发言，对团队贡献大。 6. 完成学习任务，各项作品齐全完整，并按要求命名和存放。 7. 项目完成期间有创新、改进学习的方法。 8. 能客观有效地评价同伴的学习，通过学习有所收获				
教师评价总分			合计：			
总　分						

项目六　照明线路的安装

项目情景展示

随着生活节奏的加快,人们已经习惯了灯火通明的世界,而灯具要与电源连接才能发光,那么连接灯具与电源的导线、开关、熔断器等所组成的电路,称为照明线路。其中,由配电室到用户总开关处的一段线路,称为干线路;由总开关到灯具开关的一段线路,称为支线路。

根据电气照明的具体情况,对线路导线的选择、线路的布线方式,在安装技术规程和安全规程中都有具体的规定。

项目学习目标

	学习目标	学习方式	学时
技能目标	1. 熟练钳形电流表、电能表、频率计、示波器的使用方法。 2. 掌握用示波器观察正弦交流电的波形并测量其频率与峰值的方法。 3. 熟悉室内照明装置的安装与检测方法	讲授、学生练习	10
知识目标	1. 掌握正弦交流电的基本物理量。 2. 了解正弦交流电的表示方法。 3. 掌握纯电阻、纯电感、纯电容正弦交流电路特点。 4. 了解 RLC 串联电路的特点。 5. 掌握室内照明设备的选择与安装工艺	讲授、自学、查资料	6

任务一　常用电工仪表的使用

在照明线路中常使用的电工仪表主要有:万用表、兆欧表(摇表)、钳形表、电能表(电度表)、频率计、示波器等。本任务主要介绍钳形表、电度表、频率计、示波器的使用。

1. 钳形表的使用

钳形表又被称为钳形电流表,主要用于测量线路中的电流大小。一般应用在不断开电路而需要测量电流的场合,为检修电路提供相应的依据。

(1)钳形表的外形

钳形表从读数功能上分,有指针式钳形表和数字式钳形表;从测量电压上分,有低压钳形表和高压钳形表;从应用上分,有普通交流钳形表、交直流两用钳形表、漏电流钳形表、带万用表的钳形表等。钳形表的外形差异较大,企业根据被测量对象的不同,设计了各种不同的钳形表外形。图 6-1 所示为常见的钳形表外形图。

146

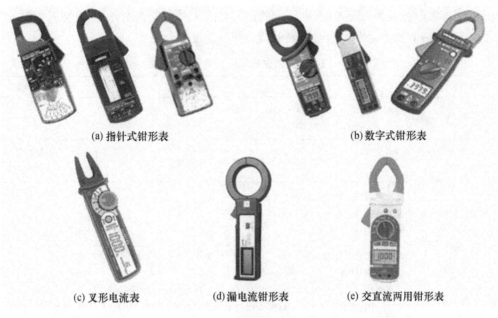

(a) 指针式钳形表　　　　　　　　　　　　　　(b) 数字式钳形表

(c) 叉形电流表　　　(d) 漏电流钳形表　　　(e) 交直流两用钳形表

图 6 – 1　钳形表的外形图

（2）认识钳形表

以带万用表的钳形表为例,图 6 – 2 所示为钳形表结构与各部分组成对应的名称。图中除了万用表的各种功能部分外,增加了钳口和扳手两部分。这两部分的配合使用,可以用来测量线路中的电流大小。

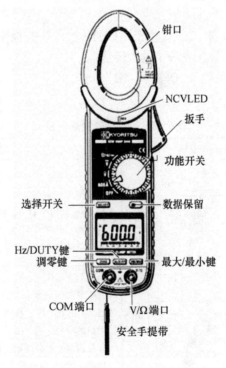

图 6 – 2　带万用表的钳形表结构与组成部分名称图

（3）钳形表的测量范围

日常用的钳形表外形五花八门,而不同的钳形表除了外形的差别外,还有型号和测量范围上的不同。表6-1列出了常用的钳形表的型号和测量范围。

表6-1 常用的钳形表的型号和测量范围

型号及名称	量程范围	准确度
MG4-AV 交流钳形表	电流:0~10A~30A~100A~300A~1000A 电压:0~150V~300V~600V	2.5
MG-20 交直流钳形电流表	电流:0~100A~200A~300A~400A~500A~600A	不超过量程 上限的±5%
MG25 袖珍三用钳形表	交流电压:0~300V~600V 交流电流:0~5A~25A~100A~250A 电　阻:0~5kΩ	2.5
DT-9800 数字钳形表	交流电流:量程为400时,分辨力为100mA;量程为600时,分辨力为1A 交流电压:400mV~4V~400V~600V 直流电流:量程为400时,分辨力为100mA;量程为600时,分辨力为1A 电　阻:400Ω~4kΩ~40kΩ~400kΩ~4MΩ~40MΩ 电　容:40nF~400nF~4μF~40μF~100μF 温　度:-20℃~760℃	

（4）钳形表的使用方法

① 使用前,应明确被测电流属性是直流电还是交流电。

② 使用时,将钳形表开关置于"ON"或"开"位置,将量程开关转到被测电流属性对应的合适位置,搬动扳手,将钳口打开。

③ 将被测导线移入钳口内,使导线位于钳口的中央。松开扳手,钳口闭合。

④ 从表上直接读数即为被测导线中的电流值。

⑤ 不用时,将钳形表开关置于"OFF"或"关"位置。

具体的测量方法见表6-2。

表6-2 钳形表的测量方法

测量对象	测量条件	简易测量图	测量方法
负载电流	单相	L(火线)　负载　N(零线)	负载为交流供电。 将钳形表置于合适的交流挡。移动钳形表到被测量导线附近,将钳口扳手打开,将火线移入钳口内,使火线穿过钳口的中央。松开扳手,钳口闭合。 直接读取显示的数据。该数据为流过负载中的电流
	三相三线	A(火线) B(火线) C(火线)　负载	负载为交流供电。 将钳形表置于合适的交流挡。移动钳形表到被测量导线附近,将钳口扳手打开,将火线C移入钳口内,使火线C穿过钳口的中央。松开扳手,钳口闭合。 直接读取显示的数据。该数据为流过负载中的电流。 依此类推,分别测量火线A、B中流过的电流。火线中流过的电流数据为流过负载中的电流

148

（续）

测量对象	测量条件	简易测量图	测量方法
负载电流	三相四线	A(火线) B(火线) C(火线) N(零线) 负载	负载为交流供电。 将钳形表置于合适的交流挡。移动钳形表到被测量导线附近，将钳口扳手打开，将火线 C 移入钳口内，使火线 C 穿过钳口的中央。松开扳手，钳口闭合。 直接读取显示的数据。该数据为流过负载中的电流。 依此类推，分别测量火线 A、B 中流过的电流。火线中流过的电流数据为流过负载中的电流
负载的漏电流	单相	L(火线) N(零线) 负载	负载为交流供电。 将钳形表置于合适的交流挡。移动钳形表到被测量导线附近，将钳口扳手打开，将火线和零线同时移入钳口内，使它们穿过钳口的中央。松开扳手，钳口闭合。 直接读取显示的数据。该数据为流过负载中的漏电流
	三相三线	A(火线) B(火线) C(火线) 负载	负载为交流供电。 将钳形表置于合适的交流挡。移动钳形表到被测量导线附近，将钳口扳手打开，将三根火线同时移入钳口内，使它们穿过钳口的中央。松开扳手，钳口闭合。 直接读取显示的数据。该数据为流过负载中的漏电流
	三相四线	A(火线) B(火线) C(火线) N(零线) 负载	负载为交流供电。 将钳形表置于合适的交流挡。移动钳形表到被测量导线附近，将钳口扳手打开，将三根火线和零线同时移入钳口内，使它们穿过钳口的中央。松开扳手，钳口闭合。 直接读取显示的数据。该数据为流过负载中的漏电流

（5）钳形表使用注意事项

① 钳形表不得用于测量高压线路的电流，被测线路的电压不能超过钳形表所规定的使用电压，以防绝缘击穿，人身触电。

② 测量前应检查钳口的开合情况，要求钳口可动部分开合自如，两边钳口结合面接触紧密。如钳口上有油污和杂物，应用溶剂洗净；如有锈斑，应轻轻擦去。

③ 测量前还应估计被测量电流的大小，选择适当的量程，不可用小量程挡去测量大电流。如果不知电流大小，但知道在可测范围之内，可先将量程选择置于高挡，然后再根据读数大小情况将量程调整到合适位置。

④ 如果当被测电路电流太小，即使在最低量程挡读数都不大时，为提高测量精确度，可将被测载流导线在钳口部分的铁芯柱上缠绕几圈后进行测量，将读数除以穿入钳口内导线根数即得实测电流值。

⑤ 如果只测量与 220V 交流电相连接的某一负载电流时，只需要钳入与负载相连的火线。测量时应将被测量导线置于钳口中央，以提高测量准确度。

⑥ 如果只测量与 380V 交流电相连接的某一三相负载电流时，只需要分别钳入与负载相

连的火线,依次进行测量。测量时应将被测量导线置于钳口中央,以提高测量准确度。

⑦ 如果要测量某一负载的漏电流时,需要钳入与负载相连的所有导线。测量时应尽可能地将被测量导线置于钳口中央,以提高测量准确度。

2. 电能表的使用

电能表是用来测量电能的仪表,又称电度表,或称为千瓦小时表,俗称火表。它是用来记录企业、商业、家庭等消耗电能的用电量的,是供电局核实电费的依据。

(1) 电能表的分类

电能表按结构和工作原理可分为感应式(机械式)、静止式(电子式)、机电一体式(混合式);按接入电源性质可分为交流表、直流表;按准确级可分为常用普通表(0.2S、0.5S、0.2、0.5、1.0、2.0 等)和标准表(0.01、0.05、0.2、0.5 等);按安装接线方式可分为直接接入式、间接接入式;按用电设备可分为单相、三相三线、三相四线电能表。

(2) 电能表的认识

① 电能表的外形。日常见到的电能表主要有图 6-3 所示的几种外形。图 6-3(a)为感应式(机械式)、普通型、单相、交流电能表;图 6-3(b)为静止式(电子式)、预付费普通型、单相、交流电能表;图6-3(c)为电子式三相电能表。

(a) 机械式单相电能表

(b)电子式单相电能表　　　　　　(c)电子式三相电能表

图 6-3　电能表外形图

② 电能表的铭牌。不同的用电环境使用不同的电能表。在使用单相交流电压为220V的环境中应使用单相电能表,家庭用表主要以单相电能表为主;在使用三相交流电压为380V的环境中应使用三相电能表,一般在企业用电中使用。

对于电能表的选择应以用电量的大小或将来用电大小的趋势为选择依据。在选择电能表时,应认真读懂电能表的铭牌。

电能表的铭牌反映了电能表的各种技术参数,有电能表的型号,使用电压、电流、频率大小标识,用电指示,企业出厂标识等,见表6-3。

表6-3 电能表的铭牌

铭 牌			类 别 代 号		含 义
型号	第一部分		D		电能表
	第二部分		组别代号		
		第一字母		D	单相
				S	三相三线
				T	三相四线
				X	无功
				B	标准
				Z	最高需量
		第二字母		D	多功能
				F	复费率表
				S	全电子式
				Y	预付费
	第三部分	设计序号	阿拉伯数字		企业自定义使用
	第四部分	改进序号	用小写的汉语拼音字母表示		
	第五部分	派生号		T	湿热和干热两用
				TH	湿热带用
				G	高原用
				H	一般用
				F	化工防腐用
				K	开关板式
				J	带接收器的脉冲电能表
其他	具有电压、电流、频率标识和用电指示				
	还标有①或②的标志。①代表电能表的准确度为1%,或称1级表;②代表电能表的准确度为2%,或称2级表				
	还有的标有产品采用的标准代号、制造厂、商标和出厂编号等				

图6-4所示为某电能表。从电能表的铭牌上可以看出:它是由××电子设备有限公司于2004年9月出厂的。铭牌上的DDS106分别表示电能表、单相、全电子式、企业设计编号。铭牌上的5(20)A 220V 50Hz①表示额定电流为5A,额定最大电流为20A,额定电压为

220V,额定频率为 50Hz,①电能表的准确度为 1%(或称 1 级表)。电能表的右上角 kW·h 表示本表是有功电能表,其下方的计数器表示有 5 个计数位,左边 4 位是整数位,右边 1 位是小数位。例如,电能表计数器是 1234.8,表示用电量为 1234.8 度电。

图 6-4　单相电能表

（3）电能表的接线方式

① 单相电能表的接线。

a. 直接接入电能表。在低压小电流线路中,电能表可以直接接在线路中,图 6-5 所示为某电能表的外形和接线图。具体接线过程是:电能表的 1 端接电源火线,2 端接负载,3 端接电源的零线,4 端接负载的另一端。

如果负载为多用插头,注意火线和零线均应接在插头的不同接线柱上;如果负载为单相插头,注意应按照左零右火的原则接在插头的两端;如果是接在开关和灯泡构成的回路上,则火线进开关,零线进灯泡等。

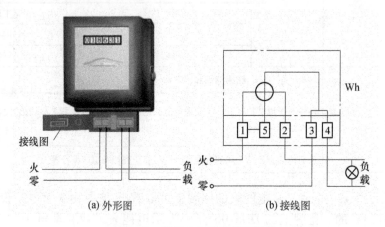

图 6-5　低压小电流线路接线图

152

b. 间接接入电能表。在低压大电流线路中测量电能,电能表必须通过电流互感器接于线路中。

当单相电能表的1、5端之间的短接片没有断开时,应按照如图6-6所示进行接线。其中1端与5端相互短路连接,1端与电流互感器TA的端点K1连接,2端与电流互感器TA的端点K2连接。单相进线中的火线L与1端相连,保证火线L进入电能表,然后让火线L穿过电流互感器的中心孔,输出至用户。零线从电能表的3端进,3端出至用户。

当单相电能表的1、5端之间的短接片断开时,应按照如图6-7所示进行接线。将电流互感器TA的端点K1与电能表的1端连接,电流互感器TA的端点K2与电能表的2端连接,并接地。进线的火线L接于电能表的5端,并穿过电流互感器的中心孔,输出至用户。零线从电能表的3端进,3端出至用户。

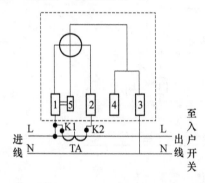

图6-6 低压大电流单相电能表
1、5端短接的接线图

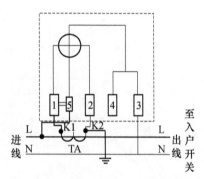

图6-7 低压大电流单相电能表
1、5端断开的接线图

② 三相电能表的接线。

a. 直接接入电能表。如果负载的功率在三相电能表允许的范围内,三相电能表可以直接接入线路中,图6-8所示为三相电能表的实物图,其接线端从左到右分别是1、2、3、4、5、6、7、8等8个孔。图6-9为接线图,A、B、C三相火线分别进入电能表接线端的1、3、5孔内与电能表的1、3、5相连,从电能表的2、4、6端引出A、B、C三相火线作为出线;零线从电能表的7端进入,8端引出,作为零线的出线。

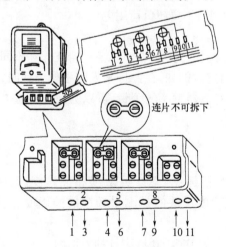

图6-8 三相电能表接线端子实物图

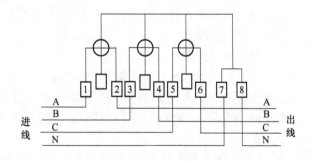

图6-9 三相电能表直接接线图

b. 间接接入电能表。在用三相电度表测量大电流时,因为线路流过的电流很大,亦即超过电能表的测量范围时,无法直接接入,应使用电流互感器进行电流变换,将大的电流变换成小的电流,使得电度表可以承受时,再进行连接。在连接时应注意将每个短路片断开。此时电能表应是具有从左到右的 11 个孔。其连接方式如图 6-10 所示。参照接线图,将三个电流互感器线圈的 S1 端接在电能表的 1、4、7 端;S2 端接在电能表的 3、6、9 端,并将 S2 接地;三相火线 A、B、C 分别进入电能表的 2、5、8 端与电能表对应的 2、5、8 端连接,将三相火线穿过对应的电流互感器线圈后,作为连接负载的输出端。电能表的 10 端接零线,从电能表的 11 端输出。

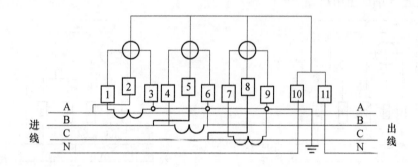

图 6-10　三相电能表间接接线图

　　(4) 电能表使用注意事项

　　① 电能表在使用前均需要对电能表进行效验,以保证电能计量准确。

　　② 普通计量型在使用中,不要超负荷用电,长时间超负荷用电会使计量不准,直至表具烧毁。

　　③ 预付费型电能表在使用时注意电表的报警提示并及时购电。要了解预付费型电能表的基本特性,如:"超负荷"会自动断电以及表上的各类错误提示,并应随时掌握自己电表的运行情况,发现问题及时与管理部门取得联系。

　　④ 多功能型电能表在使用时应了解不同时段的电价,尽量避开高峰区,多用低价电。

　　⑤ 总线型远传电能表和电力载波远传电能表使用时不要超负荷用电。

　　3. 频率计的使用

　　日常生活中,都要用到各种电器,如收音机、电视机、手机、计算机等,它们都工作在不同的频率状态。具体工作在什么频率状态,视具体情况而定。例如,在拨打某人的手机电话时,为什么除他以外的人的手机不响呢? 所以通过频率计对电器频率的测量,可以为我们检修电器提供一定的依据。

　　(1) 认识频率计

　　图 6-11 所示为不同企业生产的频率计。

　　衡量频率计质量的高低,最重要的主要看两个指标:频率计灵敏度和准确度。灵敏度反映的是测量频率的范围,范围越快越好;而准确度反映的是测量频率的精确度,越精确越好。

　　以 DF3380 频率计为例,来认识频率计。图 6-12 为 DF3380 频率计的外形图。

　　通过 DF3380 外形图,可以了解到面板的按键功能,见表 6-4。

154

图 6 – 11　频率计实物图形

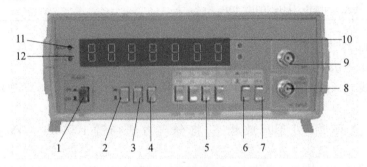

图 6 – 12　DF3380 频率计的外形图

表 6 – 4　DF3380 面板按键功能

代码	名　称	功　能
1	电源开关(POWER)	按下锁住时电源接通,弹起电源断开
2	复位键(RESET)	按一下 RESET 键,所有显示数据清除、复零
3	保持键(HOLD)	按下锁住时能记忆所显示数据
4	显示器测试键(DISPLAY TEST)	按下该键检查显示器是否完好,正常时 8 位七段 LED 和所有小数点及溢出指示 OVER 灯全亮(除最高位小数点外)
5	分辨力选择键(RESOLUTION)	根据测量需要选择合适的分辨力
6	高频通道和超高频通道测量选择键(HF/UHF)	当测量频率在 10Hz ~ 60MHz 范围时,选择 HF 键,测量频率超过 60MHz 时应选择 UHF 键
7	测量范围选择键(10MHz/60MHz)	当测量频率在 10Hz ~ 10MHz 时选择 10MHz,当测量频率在 10MHz ~ 60MHz 时选择 60MHz
8	HF 通道	输入端口
9	UHF 通道	输入端口
10	频率显示	8 位 LED 显示窗
11	溢出指示灯(OVER)	当计算器溢出时 OVER 灯亮
12	闸门指示灯(GATE)	当计数器处于测量状态时 GATE 灯亮,在数据撤换时该灯熄灭

DF3380 的主要技术参数见表 6 – 5。

表 6 - 5　DF3380 的主要技术参数

项目		主 要 参 数
频率测量范围	HF 通道	10Hz ~ 10MHz　10MHz ~ 60MHz
	UHF 通道	50MHz ~ 1200MHz
灵敏度	HF 通道	10Hz ~ 10MHz,不大于 30mV;10MHz ~ 60MHz,不大于 100mV
	UHF 通道	50MHz ~ 700MHz,不大于 50mV;700MHz ~ 1GHz,不大于 100mV
分辨力	HF 通道	10Hz ~ 10MHz :100Hz,10Hz,1Hz,0.1Hz
		10MHz ~ 60MHz :1kHz,100Hz,10Hz,1Hz
	UHF 通道	10kHz,1kHz,100Hz,10Hz

（2）频率计的使用

以 GFC - 8010H 频率计为例,说明使用方法。

① 将电源线插入后面板输入 220V ± 10% 50Hz 电源插孔,通电。按下 POWER 键通电预热一段时间。

② 使保持键 HOLD 处于释放状态,将分辨力选择键 RESOLUTION 置于 HF 10Hz（UHF1kHz）挡。

③ 如果被测量信号频率估计在 10Hz ~ 10MHz 频段内时,则将被测量信号从 HF 端输入。面板按键选择为 HF 键及 10MHz 键,此时 GATE 指示灯熄灭,测量过程结束,被测量频率数据从显示窗口读出。

④ 如果被测量信号在 10MHz ~ 60MHz 频段内时,则将被测量信号从 HF 端输入。面板按键选择选择 HF 键及 60MHz 键,此时 GATE 指示灯熄灭,测量过程结束,被测量频率数据从显示窗口读出。

⑤ 如果被测量信号在 60MHz ~ 1200MHz 频段内时,则将被测量信号从 UHF 端输入。面板按键选择选择 UHF 键,这样便可完成 UHF 频率测量。

⑥ 在测量速度要求较高的情况下,分辨力选择键可选择 HF100Hz（UHF 10kHz）;反之,在测量较低频率时,为得到足够的测量精度可选择 HF 1Hz（UHF 100Hz）或更大。

⑦ 不需要前次测量所显示数据时,可按一次 RESET 予以复位。

⑧ 若对显示数据需要记忆时,可按下 HOLD 键锁住,需要新测量时要释放该键。

4. 示波器的使用

某台彩色电视机在播放电视画面时,偶尔出现播放的画面或声音不正常,比如画面闪动或抖动、声音变调等,给人的感觉是不是电视机出现了问题。对于诸如此类的问题,可以通过示波器来检测相关测试点,以此帮助我们快速查找问题。

示波器是用来观察输入微弱电信号波形的一种仪器。按照可同时跟踪波形数目来分,它可以分为单踪示波器和双踪示波器;按照测量电信号性质来分,它可以分为模拟示波器和数字示波器。无论是哪一种示波器,都可以从测量出的波形上直接或间接地读出相应的波形参数。

（1）认识示波器

示波器的型号与种类很多,现以型号为 GOS - 620 的双踪示波器为例,来认识双踪示波器面板说明及各控制按钮、旋钮的功能。

GOS - 620 的前面板如图 6 - 13 所示,其面板上的各个操作部件按图中编号分别进行介绍

（下面的数字表示图中的按钮、旋钮编号）。

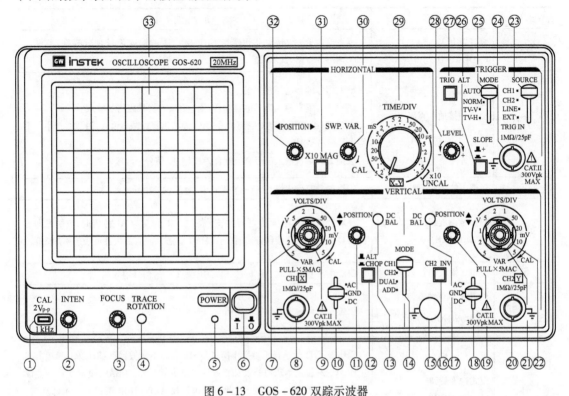

图 6 - 13 GOS - 620 双踪示波器

① CRT 显示屏。CRT 显示屏位于 GOS - 620 双踪示波器前面板左侧，其操作部件的功能见表 6 - 6。

表 6-6 CRT 显示屏功能键

编号	名 称	功 能
①	校准信号输出端子 CAL(2Vp - p)	此端子会输出一个 2V（峰—峰）、1kHz 的方波，用以校正测试棒及检查垂直偏向的灵敏度
②	辉度旋钮（INTEN）	控制光点和扫描线的亮度，顺时针方向旋转旋钮，亮度增加，为光点亮度控制钮
③	聚焦旋钮（FOCUS）	用辉度控制旋钮将亮度调至合适的标准，然后调节聚焦控制钮直至光迹达到最细的程度。一般应将辉度与聚焦旋钮配合，光迹才能达到最细
④	光迹旋钮（TRACE ROTATION）	由于磁场的作用，当光迹在水平方向轻微倾斜时，可用该旋钮调节光迹与水平刻度平行
⑤	电源指示灯（LED）	电源指示灯亮，电源接通，否则相反
⑥	电源主开关（POWER）	压下此钮可接通电源，电源指示灯⑤会发亮；再按一次，开关凸起时，则切断电源
㉝	滤光镜片（FILTER）	滤光镜片，可使波形易于观察，如图 6 - 13 所示

② VERTICAL 垂直偏向。涉及垂直方向的操作部件位于 GOS - 620 双踪示波器前面板右下方，如图 6 - 13 所示，其功能见表 6 - 7。

表 6 – 7　VERTICAL 垂直偏向部件功能

编号	名　称	功　能
⑦、㉒	衰减器开关 （VOL TS/DIV）	垂直衰减选择钮，以此钮选择 CH1 及 CH2 的输入信号衰减幅度，范围为 5mV/格 ~ 5V/格，共 10 挡
⑩、⑱	交流—接地—直流 （AC – GND – DC）	输入信号耦合选择按键组。 拨到 AC：垂直输入信号电容耦合，截止直流和极低频信号输入。 拨到 GND：按下此键则隔离信号输入，并将垂直衰减器输入端接地，产生一个 零电压参考信号。 拨到 DC：垂直输入信号直流耦合，AC 与 DC 信号一起输入放大器
⑧	通道 1 输入端 CH1（X）	CH1 的垂直输入端；在 X – Y 模式中，为 X 轴的信号输入端
⑨、㉑	扫描微调旋钮 （VARIABLE）	灵敏度微调控制，至少可调到显示值的 1/2.5。在 CAL 位置时，灵敏度即为 挡位显示值。当此旋钮拉出时（×5 MAG 状态），垂直放大器灵敏度增加 5 倍
⑳	通道 2 输入端 CH2（Y）	CH2 的垂直输入端；在 X – Y 模式中，为 Y 轴的信号输入端
⑪、⑲	位置 Y 轴调整旋钮 （▲POSITION）	轨迹及光点的垂直位置调整钮
⑭	模式选择旋钮 （VERT MODE）	CH1 及 CH2 为选择垂直操作模式。CH1：设定本示波器以 CH1 单一频道方式 工作。CH2：设定本示波器以 CH2 单一频道方式工作。DUAL：设定本示波器以 CH1 及 CH2 双频道方式工作，此时并可切换 ALT/CHOP 模式来显示两轨迹。 ADD：用以显示 CH1 及 CH2 的相加信号；当 CH2 INV 键 ⑯为压下状态时，即可 显示 CH1 及 CH2 的相减信号
⑬、⑰	CH1&CH2 DC BAL	调整垂直直流平衡点
⑫	双轨迹模式选择按钮 （ALT/CHOP）	当在双轨迹模式下，放开此键，则 CH1&CH2 以交替方式显示（一般使用于较 快速之水平扫描文件位）。当在双轨迹模式下，按下此键，则 CH1&CH2 以切割 方式显示（一般使用于较慢速之水平扫描文件位）
⑯	CH2 模式选择按钮	CH2 INV 此键按下时，CH2 的信号将会被反向。CH2 输入信号于 ADD 模式 时，CH2 触发截选信号（Trigger Signal Pickoff）亦会被反向

③ TRIGGER 触发。TRIGGER 触发功能见表 6 – 8。

表 6 – 8　TRIGGER 触发组成部分功能

编号	名　称	功　能
㉖	斜率触发按钮 （SLOPE）	触发斜率选择。+ 凸起时为正斜率触发，当信号正向通过触发准位时进行触 发。– 压下时为负斜率触发，当信号负向通过触发准位时进行触发
㉕	外部触发输入端子 （EXT TRIG. IN）	TRIG. IN 输入端子，可输入外部触发信号。欲用此端子时，须先将 SOURCE 选择器㉓置于 EXT 位置
㉗	触发源交替设定键 （TRIG. ALT）	当 VERT MODE 选择器⑭在 DUAL 或 ADD 位置，且 SOURCE 选择器㉓置于 CH1 或 CH2 位置时，按下此键，本示波器会自动设定 CH1 与 CH2 的输入信号 以交替方式轮流作为内部触发信号源

158

编号	名　称	功　　能
㉓	信号源选择器 （SOURCE）	内部触发源信号及外部 EXT TRIG. IN 输入信号选择器。 拨到 CH1：当 VERT MODE 选择器⑭在 DUAL 或 ADD 位置时，以 CH1 输入端的信号作为内部触发源；拨到 CH2：当 VERT MODE 选择器⑭在 DUAL 或 ADD 位置时，以 CH2 输入端的信号作为内部触发源；拨到 LINE：将 AC 电源线频率作为触发信号；拨到 EXT：将 TRIG. IN 端子输入的信号作为外部触发信号源
㉕	触发模式选择开关 （TRIGGER MODE）	拨到 AUTO：当没有触发信号或触发信号的频率小于 25Hz 时，扫描会自动产生。 拨到 NORM：当没有触发信号时，扫描将处于预备状态，屏幕上不会显示任何轨迹。本功能主要用于观察小于等于 25Hz 的信号。 拨到 TV – V：用于观测电视信号之垂直画面信号（场信号）。 拨到 TV – H：用于观测电视信号之水平画面信号（行信号）
㉘	同步波形（触发准位）调整旋钮（LEVEL）	旋转此钮以同步波形，并设定该波形的起始点。将旋钮向" +"方向旋转，触发准位会向上移；将旋钮向" –"方向旋转，则触发准位向下移

④ 水平偏向。水平偏向功能见表 6 – 9。

表 6 – 9　水平偏向组成部分功能

编号	名　称	功　　能
㉙	TIME/DIV	扫描时间选择钮，扫描范围从 0.2μs/格到 0.5μs/格共 20 个挡位。X – Y 设定为 X – Y 模式。此旋钮可用来控制所要显示波形的周期数，假如所显示的波形太过于密集时，则可将此旋钮转至较快速之扫描文件位；假如所显示的波形太过于扩张，或当输入信号时可能呈现一直线，则可将此旋钮转至低速挡，以显示完整的周期波形
㉚	可变控制旋钮 （SWP. VAR）	扫描时间的可变控制旋钮，指示数值将被校准
㉛	×10MAG	水平放大键，按下此键可将扫描放大 10 倍
㉜	水平位置调整钮 ◀POSITION▶	轨迹及光点的水平位置调整钮
	接地（GND）	本示波器接地端子

（2）示波器的使用方法

以型号为 GOS – 620 的双踪示波器为例说明其一般使用方法。

① 开启电源主开关（POWER）⑥，指示灯⑤显示，调节辉度旋钮（INTEN）②、聚焦旋钮（FOCUS）③以提高显示波形的清晰度。

② 调节标尺亮度控制钮，使坐标玻片上刻度线的亮度适当。

③ 调节水平位置调整钮◀POSITION▶㉜、Y 轴位置调整旋钮（◆POSITION）⑪、⑲使偏离荧光屏的光迹回到显示区域内。

④ 调模式选择旋钮（VERT MODE）⑭选择显示方式。

a. CH1 挡，即 CH1 通道单独工作、单踪波形显示；

b. CH2 挡，即 CH2 通道单独工作、单踪波形显示；

c. 交替挡，即双通道处于交替工作状态，其交替工作转换受扫描重复频率控制，从而实现双踪显示；

d. 断续挡，即两通道交替工作，一般低频率信号时使用此挡。

正常调试整机过程中，通常使用 CH1 + CH2 挡，此时双通道工作，作双踪显示。

⑤ 调交流—接地—直流(AC - GND - DC)⑩、⑱，选择输入的外接信号至仪器的耦合方式。一般选用"DC 挡"，此时能观察到输入信号的交直流分量。

⑥ 调节衰减器开关(VOLTS/DIV)⑦、㉒，根据被测信号的幅度选择适当的挡级，同时调节两个通道使其一致。

⑦ 连接输入信号探头，加接好负载，调节扫描时间选择钮(TIME/DIV) ㉙使扫描速率与输入信号频率同步，当开关上的微调旋钮按顺时针旋转到底时，面板上所指示的标称值，可直接读为扫描速度值。

⑧ 调节被测整机各功能键，观察显示的波形在 X 轴及 Y 轴上的变化量是否达标。

（3）示波器使用注意事项

① 示波器供电电源的接地线必须与公共地(或大地)相连。

② 示波器通过调节亮度和聚焦旋钮使光点直径最小以使波形清晰，减小测试误差。不要使光点停留在一点不动，否则电子束轰击一点易在荧光屏上形成暗斑，损坏荧光屏。

③ "Y 输入"的电压不可太高，以免损坏仪器，在最大衰减时也不能超过允许测量的最大电压。

④ 为保证波形稳定显示，应注意调节电平旋钮。

⑤ 示波器在显示波形时，一般应调到两到三个周期，波形读数为峰—峰值(Vp - p)。读取电压幅值时，应检查 V/div 开关上的微调旋钮是否顺时针选到底(校准位置)，否则读数是错误的。

⑥ 所读数据与测量的探头有关。应检查探头是否是 10∶1 衰减探头(一般放在 ×1 位置)，若放在 ×10 位置，读数应 ×10。

⑦ 示波器的 X - Y 显示方式：

a. 被测信号送至 Y2 通道(通道二)；

b. 标准信号送至 Y1 通道(通道一)；

c. 按下 X - Y 显示方式按键或将 t/div 旋钮逆时针旋转到底；

d. 调整标准信号的幅度出现被测电路的电压传输特性(若采用李沙育图形测频率，应调整标准信号的频率直至显示椭圆，则读取标准信号的频率即为被测信号的频率)。

【工作过程】(建议两位学生合作共同完成)

1. 钳形表测量单相和三相电路中的电流

① 用钳形表测量电冰箱在启动时的火线电流，分别将测量数据填入表 6 - 10 的"a 种"中；

② 用钳形表测量电冰箱在启动时的火线与零线电流(火线与零线均嵌在钳形表钳口中)，分别将测量数据填入表 6 - 10 的"b 种"中；

③ 用钳形表分别测量已经通电了的三相电动机的三根火线电流，分别将测量数据填入表 6 - 10 的"c 种"中；

④ 将三相电动机的三根火线同时钳入钳形表的钳口内，然后通电，分别将测量数据填入表 6 - 10 的"d 种"中。

表 6-10　钳形表测量单相和三相电路中的电流

测量条件	测量次数	测量挡位	测量数据	数据比较	结　论
a 种	1				
	2				
	3				
	4				
b 种	1				
	2				
	3				
	4				
c 种	1				
	2				
	3				
	4				
d 种	1				
	2				
	3				
	4				

2. 电能表的选择、安装和读数

通过对市场调查,观察家庭、学校及其他场合使用的电能表是如何选择和安装的? 它们现在的读数是多少? 将了解到的情况填在表 6-11 中。

表 6-11　电能表的选择、安装和读数

序　号	项　目	家　庭	学　校	其　他
1	选择条件			
2	类　别			
3	型　号			
4	性　能			
5	连接方式			
6	读　数			

3. 频率计测量频率

① 用频率计测量日常使用的 220V 交流电频率;

② 用频率计测量收音机中频频率;

③ 用频率计测量收音机扬声器发声的频率。

通过上述测量,将测量数据填入表 6-12 中,并作比较分析。

表 6 - 12　频率计的测量

测量条件	测量挡位	测量数据	结　论
a 种			
b 种			
c 种			

4. 示波器的使用

① 在显示屏上中央调节出一个亮点;

② 在显示屏中间调节出一条水平亮线;

③ 将探头接在图 6 - 13 的 $2V_{p-p}$ 校准信号端子①上,改变 AC - GND - DC⑩位置,观察波形。

对上述 3 种情况进行多次调节,熟练使用各种按键,掌握它们之间的关系,并填表 6 - 13。

表 6 - 13　示波器的使用

使用条件	测量结果	使用情况	自我评定	互　评
a 种				
b 种				
c 种				

知识链接一　单相正弦交流电的认识

知识点 1　正弦交流电的基本物理量

交流电(Alternating Current ,AC),由尼古拉·特斯拉(Nikola Tesla,1856—1943)发现。

交流电一般指大小和方向随时间作周期性变化的电压或电流。它的最基本形式是正弦电流、电压和电动势。把按照正弦规律变化的交流电称为正弦交流电。其数学表达式为

$$i = I_m \sin(\omega t + \varphi_0)$$

$$u = U_m \sin(\omega t + \varphi_0)$$

$$e = E_m \sin(\omega t + \varphi_0)$$

式中:用大写字母 I_m、U_m、E_m 表示的是对应正弦交流电电流、电压、电动势的最大值;小写字母 i、u、e 表示的是随时间($\omega t + \varphi_0$)的变化而有规律变化的电流、电压、电动势的瞬时值;式中($\omega t + \varphi_0$)为随时间 t 变化的角度。

从数学表达式中可知,除了用电流、电压和电动势来表示交流电的基本物理量外,其中还有其他的基本物理量。

1. 周期、频率和角频率 ω

(1) 周期 T

交流电与其他的周期性变化过程一样,每循环一次都要消耗一定的时间。把交流电完成一次周期性变化所需要的时间,称为交流电的周期。周期通常用 T 表示,单位是秒(s)。

交流电的周期越短,说明交流电变化一周所需的时间越短,则交流电改变周期的速度

越快。

（2）频率 f

交流电在1s内周期性变化的次数叫交流电的频率。频率通常用 f 表示,单位是赫(Hz)。交流电的频率越大,说明交流电在1s内变化的周期次数越多,则交流电变化越快。

根据定义,周期和频率的关系为

$$T = \frac{1}{f} \quad \text{或} \quad f = \frac{1}{T}$$

我国交流电供电的标准频率规定为50Hz,周期为0.02s;而日本等国家的交流电供电的标准频率规定为60Hz,周期为0.0167s。由于不同的国家采用的标准不同,所以在购买电器或使用电时,应注意电器与供电的匹配关系。

（3）角频率 ω

交流电变化的快慢,除了用周期、频率表示外,还可以用角频率表示。通常交流电变化一周,即表示在坐标系中旋转 2π 或 $360°$。所以,交流电每秒所变化的角度,称为交流电的角频率。角频率通常用 ω 表示,单位是弧度/秒(rad/s)。

由于交流电变化一周需要周期 T 的时间,所以角频率与周期、频率的关系可以表示为

$$\omega = 2\pi f = \frac{2\pi}{T}$$

周期、频率、角频率都是可以用来表示交流电变化快慢的物理量。

2. 最大值和有效值

（1）最大值

交流电的最大值是交流电在一个周期内所能够达到的最大数值。可以用它来反映交流电的强弱或高低。用大写字母和下标的小写字母标识,如 I_m、U_m、E_m。

在研究用电设备承受的电压时,用最大值有意义。即所用的电器设备所能够承受的电压应高于交流电的最大值,否则用电设备在高电压的作用下被击穿,致使设备带电,可能会危及人的生命安全。

（2）有效值

在研究交流电的功率时,主要考虑的是交流电在用电设备中产生了多大的热效应,所以用交流电的有效值来表示。例如让交流电和直流电通过完全相同的发热体,在相同的时间内,产生相同的热量,即交流电具有与之相应的直流电同等的热效应。那么,称此时直流电的电流数值或电压数值表示的就是交流电对应热效应的有效值,通常用大写字母标识,如 I、U、E。

最大值与有效值之间具有如下关系:

$$I = \frac{I_m}{\sqrt{2}} = 0.707 I_m$$

$$U = \frac{U_m}{\sqrt{2}} = 0.707 U_m$$

$$E = \frac{E_m}{\sqrt{2}} = 0.707 E_m$$

因此,正弦交流电的数学表达式也可以表示为

$$i = I\sqrt{2}\sin(\omega t + \varphi_0)$$

$$u = U\sqrt{2}\sin(\omega t + \varphi_0)$$

$$e = E\sqrt{2}\sin(\omega t + \varphi_0)$$

日常使用的正弦交流电由我国供电电网提供。通常所说的我国交流电供电电压为220V,指的是交流电的有效值。日本等国家的交流电供电有效值为110V。凡在没有明确说明是交流电的最大值时,通常都是指交流电的有效值。

3. 相位和相位差

在正弦交流电的数学表达式中的$(\omega t + \varphi_0)$叫做相位(相位角)。它表征函数在变化过程中某一时刻达到的状态。当$t = 0$时,$\omega t + \varphi_0$的值为φ_0,称φ_0为交流电的初相位,简称初相,它表示了正弦交流电在$t = 0$时,正弦交流电所处的起始状态。

研究正弦交流电相位的目的,是为了研究多个正弦交流电之间的关系。通过利用初相的不同,可以对多个同频率正弦交流电变化的快慢进行比较。而变化的快慢与$(\omega t + \varphi_0)$有关,与正弦交流电的最大值无关,所以,在研究相同频率的两个正弦交流电时,主要是对它们之间的相位进行比较,即求得它们之间的差值,这种差值称为相位差,用φ表示。根据φ值的不同,两个正弦交流电之间的关系也不同,见表6-14。

表6-14 同频率正弦交流电相位关系

相位差	图形	特点
$\varphi_1 - \varphi_2 = \varphi > 0$	如 $u = U_m\sin(\omega t + \varphi_1)$ 与 $i = I_m\sin(\omega t + \varphi_2)$	φ_1 对应的正弦交流电 u 超前 φ_2 对应的正弦交流电 i 的相位是 φ
$\varphi_1 - \varphi_2 = \varphi = 0$	如 $u = U_m\sin(\omega t + \varphi_1)$ 与 $i = I_m\sin(\omega t + \varphi_2)$	u 和 i 同相
$\varphi_1 - \varphi_2 = \varphi < 0$	如 $u = U_m\sin(\omega t + \varphi_1)$ 与 $i = I_m\sin(\omega t + \varphi_2)$	φ_1 对应的正弦交流电 u 滞后 φ_2 对应的正弦交流电 i 相位是 φ
$\varphi_1 - \varphi_2 = \varphi = \pm\dfrac{\pi}{2}$	如 $u = U_m\sin(\omega t + \varphi_1)$ 与 $i = I_m\sin(\omega t + \varphi_2)$	u 和 i 正交

相位差	图　形	特　点
$\varphi_1 - \varphi_2 = \varphi = 180°$	如 $u = U_m\sin(\omega t + \varphi_1)$ 与 $i = I_m\sin(\omega t + \varphi_2)$ 	u 与 i 反相

知识点 2　正弦交流电的三要素

在正弦交流电的瞬时值表达式中,有效值(或最大值)、频率(或周期、角频率)、初相是表征正弦交流电的 3 个重要物理量,只要知道了它们,正弦交流电就可以完整地描述出来,因此,把它们称为决定正弦交流大小的三要素。

【例题 6 - 1】　已知第一个正弦交流电三要素为有效值 18V、频率 100Hz、初相为 30°,第二个正弦交流电三要素为最大值 18V、周期 0.01s、初相 60°。请写出它们的数学表达式,并比较它们的关系。

解:由题意可知,它们都是正弦交流电压。

通过:

$$U = \frac{U_m}{\sqrt{2}} = 0.707U_m$$

$$\omega = 2\pi f = \frac{2\pi}{T}$$

可以计算出第一个正弦交流电压三要素:

电压最大值为

$$U_{m_1} = \sqrt{2}U = 18\sqrt{2} = 18 \times 1.414 = 25.452(V)$$

角频率为

$$\omega_1 = 2\pi f = 2 \times 3.14 \times 100 = 628(rad/s)$$

初相为 $\qquad \varphi_{01} = 30°$

因此,第一个正弦交流电压的瞬时值表达式为

$$u_1 = 25.452\sin(628t + 30°)(V)$$

以此类推,第二个正弦交流电压的瞬时值表达式是

$$u_2 = 18\sin(628t + 60°)(V)$$

由于 u_1、u_2 角频率相同,为同频率的正弦交流电,所以可以对它们的相位进行比较。即相位差为 $\varphi_{01} - \varphi_{02} = 30° - 60° = -30° < 0$,说明 u_1 滞后 u_2 30°。

知识点 3　正弦交流电的相量图表示法

在数学中除了实数还有复数。复数用 $A = a + jb$ 表示。复数 A 由实部 a 和虚部 b 构成。复数 $A = a + jb$ 是复数的代数表达式。复数的图形表示法就是在直角坐标系平面中,用横坐标表示复数的实部、纵坐标表示复数的虚部,平面上的每一个点对应一个复数,任何一个复数对应

平面上的唯一一个点,此坐标系平面称为复平面。

在复平面中,从原点 O 开始引一条直线与复数 A 相连,OA 的长度称为复数的模,实部与模的夹角称为复数的辐角,如图 6 – 14 所示。

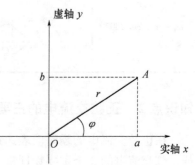

图 6 – 14 复数的表示方法

在已知复数的模 r 和辐角 φ 的条件下,可以得到

$$a = r\cos\varphi$$
$$b = r\sin\varphi$$

所以复数可以表示为

$$A = r\cos\varphi + jr\sin\varphi$$

从上式中可以看出,复数的虚部与正弦交流电的数学表达式很相似,正弦交流电的最大值或有效值与复数的模对应。当正弦交流电处于 $t = 0$ 时,其初相位与复数的辐角对应。当复数中 φ 演变为与随时间变化的相位角($\omega t + \varphi$)时,其辐角正好和正弦交流电的相位对应,即复数 A 在虚轴上的投影正好是正弦交流电波形。

因此,正弦交流电可以用复数表示。在复平面内用复数表示正弦交流电的方法称为正弦交流电的相量图表示法。为区别相量与最大值和有效值的表示,常在大写字母上加一点的方式表示相量,如 $\dot{I}$、$\dot{U}$、$\dot{E}_\mathrm{m}$、$\dot{I}_\mathrm{m}$ 等。

设正弦交流电流 $i = I_\mathrm{m}\sin(\omega t + \varphi_0)$,则对应的复数为

$$\dot{i} = I_\mathrm{m}\left[\cos(\omega t + \varphi_0) + j\sin(\omega t + \varphi_0)\right]$$

电工中常常将复数 A 写成相量形式,即

$$\dot{I}_\mathrm{m} = I_\mathrm{m}\angle\varphi_0 \quad 或 \quad \dot{I} = I\angle\varphi_0$$

式中:$\dot{I}$ 或 $\dot{I}_\mathrm{m}$ 表示复数相量;I_m 或 I 为复数的模;φ_0 是复数的辐角。图 6 – 15 所示为表示角频率为 ω 的正弦交流电在复平面内的相量图。

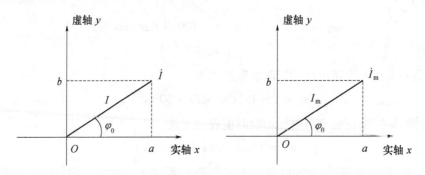

图 6 – 15 正弦交流电的表示方法

[知识拓展] 相位表简介

在实际日常生活中,经常要判断同频率的正弦交流电之间的相位关系,例如电动机应该是顺时针旋转还是反时针旋转,相位表提供了判断的依据。图 6 – 16 所示为相位表的外形。

市场上根据用户的要求制造了各种不同功能的相位表。具体有相位表、数字双钳相位伏安表、双钳相位表、双钳相位伏安表、钳形相位表、钳形相位伏安表、数字双钳相位表、数字式双

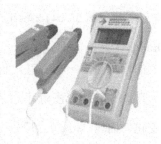

图 6 – 16　相位表外形

钳相位表、低压伏安相位检测表、手持式数字双钳相位伏安表等。

以 rx3000B 型相位表为例加以说明。

1. rx3000B 型相位表基本功能

① 可以同时测量多至三路交流电压；

② 可以在不断开被测电路的情况下（通过钳形电流互感器），同时测量多至三路交流电流；

③ 测量电压间、电流间、电压与电流间的相位差；

④ 测量频率；

⑤ 测量功率和功率因数；

⑥ 测量三相相序；

⑦ 测量零序电流。

2. rx3000B 型相位表其他功能

① 感性和容性电路的判别；

② 继电保护各组 CT 之间相位关系；

③ 检查变压器接线组别；

④ 检查有功电度表接线正确与否；

⑤ 判断电度表运行快慢，合理收缴电费；

⑥ 作为漏电流表使用等。

3. rx3000B 型相位表技术指标

rx3000B 型相位表技术参数见表 6 – 15。

表 6 – 15　rx3000B 型相位表测量范围

序号	物理量	测量范围	序号	物理量	测量范围
1	相位	0 ~ 360°	4	频率	45Hz ~ 65Hz
2	电压	5V ~ 500V	5	功率因数	− 1 ~ + 1
3	电流	10mA ~ 10A	6	功率	0 ~ 2.5kW

知识点 4　旋转矢量法

正弦交流电除了用数学正弦函数表示法和相量表示法外，还可以用旋转矢量表示。采用旋转矢量表示的方法称为旋转矢量法。它是研究正弦交流电的又一种方法。

以 $e_1 = 5\sin(10t + \pi/6)$ V 为例，在直角平面坐标系中，从坐标系的原点出发，作一个矢量

E_m，其长度等于正弦交流电最大值5V，与 x 轴正方向的夹角等于正弦交流电的初相 $\frac{\pi}{6}$，然后，将此矢量以角频率10rad/s逆时针方向绕坐标原点 O 旋转，得到旋转矢量，如图6-17（a）所示。旋转矢量每一时刻的移动均与 x 轴的正方向成一定的夹角，此夹角就是正弦交流电的相位 $10t + \frac{\pi}{6}$。让旋转矢量每一时刻的移动，投影在随时间变化的纵轴上，在纵轴上的投影就是该正弦交流电随相位变化的曲线，如图6-17（b）所示。当图6-17（a）中的旋转矢量不停地旋转时，在图6-17（b）中就得到了连续不断的正弦交流电 $e_1 = 5\sin(10t + \pi/6)$ V 的波形图。

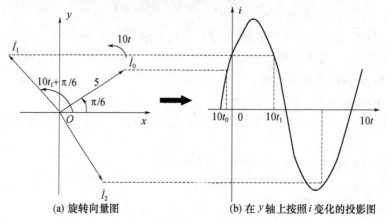

(a) 旋转向量图　　　　　　　(b) 在 y 轴上按照 i 变化的投影图

图6-17　正弦交流电的旋转相量图

以此类推，在旋转矢量中由于包含了正弦交流电的三要素，所以，所有的正弦交流电均可以用旋转矢量法来描述。

旋转矢量与一般的空间矢量如速度和力等是不同的，在表示方法上也有所不同。把表示正弦交流电的旋转矢量称为相量。通常用大写字母上加一点来表示。例如，$\dot{I}$、$\dot{U}$、$\dot{E}$ 或 $\dot{I}_m$、$\dot{U}_m$、$\dot{E}_m$ 分别表示正弦交流电的有效值或最大值对应的电流相量、电压相量和电动势相量。

从旋转矢量坐标系中可知，只要相同频率的正弦交流电均可以在一个旋转矢量坐标系中描述。通过对同一个旋转矢量坐标系中相量的比较，可以得到相同频率的正弦交流电之间的各种快慢关系；还可以对同频率的正弦交流电进行相量加减运算，产生新的正弦交流电。

【例题6-2】　已知正弦交流电电压 $u_1 = 220\sqrt{2}\sin(100\pi t + 30°)$ V、$u_2 = 220\sqrt{2}\sin(100\pi t + 120°)$ V，交流电流 $i_1 = 30\sin(100\pi t + 120°)$ A，试画出它们的相量图，阐述它们之间的关系，并求出 $u_1 + u_2$ 总的交流电压瞬时值。

分析：

由于 u_1、u_2 和 i_1 的角频率相同，所以可以将它们画在同一个旋转矢量坐标系中。考虑到 u_1 和 u_2 的最大值相同，便于计算，用有效值表示其相量；u_1 和 u_2 的相位差为 $-90°$，它们之和的交流电压，可以用平行四边形法则求得。

由于 u_1、u_2 与 i_1 为不同的物理量，所以在表示 i_1 时可以用最大值相量象征性来描述比较方便。

解：

1. 画相量图

① 画出旋转矢量坐标系；

168

② 画出与水平方向成 30°、有效值为 220V 的正弦交流电压相量 $\dot{U}_1$；

③ 画出与水平方向成 120°、有效值为 220V 的正弦交流电压相量 $\dot{U}_2$；

④ 画出与水平方向成 120°、最大值为 30A 的正弦交流电流相量 $\dot{I}_1$。

所作相量图如图 6 – 18 所示。

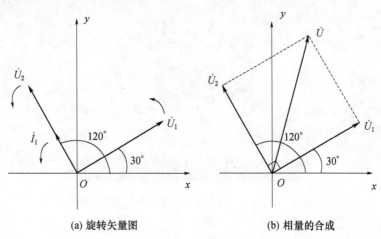

(a) 旋转矢量图　　　　　　　　(b) 相量的合成

图 6 – 18　【例题 6 – 2】图

从图 6 – 20(a)中可得：u_1 与 u_2 的相位差为

$$\varphi_1 = 30° - 120° = -90°$$

说明 u_1 电压滞后 u_2 电压 90°。

而 u_2 和 i_1 的初相均为 120°，相位差为 0°，说明 u_2 和 i_1 同相。

2. 求 $u_1 + u_2$

设 $u_1 + u_2$ 的正弦交流电压有效值为 U，与 x 轴的初相为 φ，由图 6 – 20(b)可知，u_1 和 u_2 的相量大小相同，相位差为 90°，按照平行四边形法则可得

$$U = \sqrt{U_1^2 + U_2^2} = \sqrt{220^2 + 220^2} = 220\sqrt{2}(\text{V})$$

$\dot{U}$ 与 $\dot{U}_1$ 相量之间的夹角为 45°，所以相量 $\dot{U}$ 与 x 轴的初相为

$$\varphi = 45° + 30° = 75°$$

$\dot{U}$、$\dot{U}_1$、$\dot{U}_2$ 相量在同一个坐标系内，因此均具有相同的角频率 $\omega = 100\pi\text{rad/s}$

所以，$u_1 + u_2$ 产生的新的正弦交流电的表达式为

$$u = U\sqrt{2}\sin(\omega t + \varphi) = 200\sqrt{2} \times \sqrt{2}\sin(100\pi t + 75°) = 400\sin(100\pi t + 75°)(\text{V})$$

任务二　示波器观察交流电的波形并测量其频率与峰值

前面介绍了用示波器来观察输入信号的波形，了解了示波器的使用方法。示波器除了用于观察波形外，还可以用来测量波形的频率、峰值和比较两个同频率的相位差。在实际生产中，使用示波器测量最多的参数是频率和峰值，为研究电路中波形的产生提供了重要的依据。

1. 函数信号发生器

函数信号发生器是最常用的电子仪器之一,其作用是产生各种不同频率、不同幅度(最大值)的电信号,为用示波器测量、调试电子设备提供所需要的信号源。下面以 YL-238A 函数信号发生器为例学习其使用方法,图 6-19 所示为其面板图。

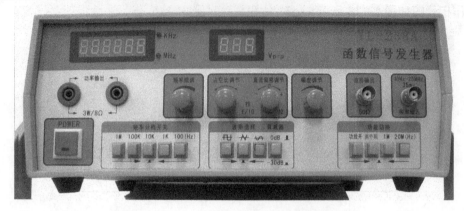

图 6-19 YL-238A 型函数信号发生器面板图

(1)函数信号发生器简介

以 YL-238A 型函数信号发生器为例,说明其面板组成特点及功能,如表 6-16 所示。

表 6-16 YL-238A 型函数信号发生器面板组成特点、功能

序号	名　称	特　点　及　功　能	
1	电源开关	(POWER)拉入为开,按出为关	
2	波形选择按键	正弦波、方波、三角波和锯齿波等 4 个按键,按下为选择;弹起为释放。对 3 种波形的选择,每次只能选择 1 种	
3	衰减器按键	开关按入时衰减 30dB,按出时为衰减 0dB	
4	频率选择按键	5个挡位	100 挡	10Hz ~ 100Hz
			1k 挡	100Hz ~ 100Hz
			10k 挡	1000 Hz ~ 10kHz
			100k 挡	10Hz ~ 100kHz
			1M 挡	100kHz ~ 1MHz
5	频率调节旋钮	可调频率覆盖范围 10 倍	
6	占空比调节旋钮	当开关拉出时,占空比在 10% ~ 90% 内,连续可调,频率为原来的 1/10	
7	直流偏移调节旋钮	当开关拉出时,直流电平为 -10V ~ +10V 连续可调;当开关按入时,直流电平为零	
8	幅度调节旋钮	$0 \sim 20V_{(峰—峰)}$ 可调	
9	波形输出端口	波形输出端口	
10	频率输入端口	测量外输入信号频率	
11	功放输出端口	$3W/8\Omega$(10Hz ~ 20kHz)	
12	显示区域	仪器正上方有一个频率显示区域和一个峰—峰电压显示区域	

170

（2）函数信号发生器的使用

将函数信号发生器接入交流 220V、50Hz 的电源,通电。按下电源开关,指示灯亮,函数信号发生器即进入工作状态。

① 函数波形的输出。

a. 在"波形选择"按键中,按下所需的波形按键。

b. 在"频率选择"按键中,选择所需的频率按键。

c. 适当调节"频率微调"和"幅度调节"旋钮,即可得到所需的频率和幅度(在两个窗口中都有显示)。

d. 需要输出脉冲波时,拉出"占空比调节"开关,调节占空比可以获得稳定清晰波形。此时频率为原来的 1/10。当选择正弦波和三角波的状态时,可得到锯齿波,需按入"占空比调节"按钮。

e. 需要小信号输出时,需按入"衰减器"按钮。

f. 需要直流电平时,拉出"直流偏移调节"旋钮,调节直流电平偏移至需要设置的电平值。其他状态时按入"直流偏移调节"旋钮,直流电平将为零。

② 测量外频。按下"测外频"按键,再按下 1MH 或 25MHz 键,即可测量外输入频率(注:此功能为高灵敏度 35MV 输入,幅值高于 1V 时,请加衰减,在探头上串接 50kΩ ~ 100kΩ 电阻)。

③ 功放输出。按下"功放开"按键,接上喇叭,再按频率选择中的"1k"或"10k"键,调节"频率微调",即可在喇叭中听到声频的声音,调节"幅度调节",即可达到所需的功率(响度)。

（3）函数信号发生器使用注意事项

① 仪器接入电源之前,应检查电源电压值和频率是否符合仪器要求。

② 仪器需预加热 10min 后方可使用。

③ 不得将大于 10V(DC 或 AC)的电压加至输出端。

④ 波形输出口严禁短路。

2. 双踪示波器的使用

以 GOS - 620 双踪示波器为例,来介绍波形的参数——电压、频率和时间的测量方法。

（1）示波器的检查

选择任意一台示波器,打开电源,稍等预热,屏幕中出现光迹,分别调节亮度和聚集旋钮,使显示屏出现一条水平亮线。调 CH1 POSITION 钮⑪及 TRACE ROTATION④,使水平线与中央刻度线平行。

（2）探头检查

将探头接入 Y 轴输入 CH1⑧接口,并将探头接在 $2V_{p-p}$ 校准信号端子①上,TIME/DIV 置于 0.5ms,VOLTS/DIV 开关置于 5mV,探头衰减调到如图 6 - 20 所示 ×1 挡位置,显示屏上应显示如图 6 - 21 所示补偿适中的波形。如果显示屏显示的波形有过冲(图 6 - 22)或有下榻(图 6 - 23)等现象,可调探头上的高频螺旋调整探极补偿元件,如图 6 - 24 所示位置,使得波形最佳。

图 6 – 20　衰减探头的挡位

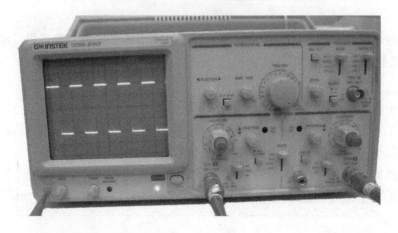

图 6 – 21　补偿适中

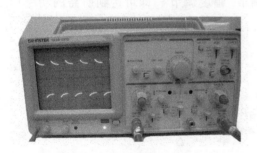

图 6 – 22　波形过冲

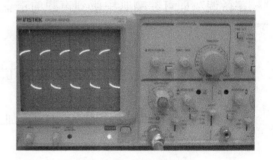

图 6 – 23　波形下榻

可调补偿元件

图 6 – 24　高频螺旋调整探极补偿元件

（3）电压波形的测量

在测量电压时一般把 VOLTS/DIV 开关的微调装置以逆时针方向旋至满度的标准位置,这样可以按 VOLTS/DIV 的指示值直接计算被测信号的电压幅值。

被测信号电压可分为交流电压成分和直流电压成分两种,下面具体介绍测量的方法。

① 交流电压的测量。当只需测量被测信号的交流成分时,应将 Y 轴输入耦合方式开关置

于 AC 位置,调节 VOLTS/DIV 开关,使波形在屏幕中的显示幅度适中,调节"电平"旋钮使波形稳定,分别调节 Y 轴和 X 轴的位移,使波形显示值方便读取,如图 6 – 25 所示。根据 VOLTS/DIV 的指示值和波形在垂直方向显示的坐标(DIV),按下式读取:

$$V_{p-p} = V/ 格 \times H(格)$$

$$V 有效值 = \frac{V_{p-p}}{2\sqrt{2}}$$

如果使用的探头位置在 ×10,应该将该值乘以 10 倍。

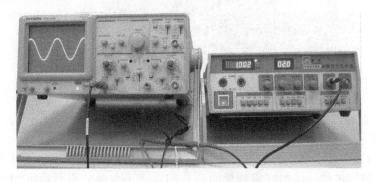

图 6 – 25   交流电压的测量

在图 6 – 27 中,VOLTS/DIV 挡为 0.5V 位置,波形的刻度 H(格)有 4 格,故波形的峰—峰电压是

$$V_{p-p} = 0.5 \text{ V} \times 4 = 2\text{V}$$

② 直流电压的测量。当需要测量被测信号的直流或含有直流成分的电压时,应先将 Y 轴耦合方式开关置于"GND"位置。调节 Y 轴位移使扫描基线在一个合适的位置上,如图 6 – 26 所示;再将耦合方式开关转换到"DC"位置,调节"电平"使波形同步。根据波形偏移原扫描基线的垂直距离,用上述方法读取该信号的各个电压值,如图 6 – 27 所示。

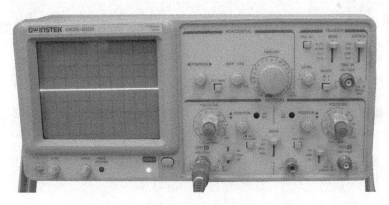

图 6 – 26 Y 轴位移使扫描基线在 $Y = 0$ 处

在图 6 – 27 中,VOLTS/DIV 挡为 5V 位置,波形的刻度 H(格)有 1.8 格,故波形的直流电压是

$$V_{p-p} = 5 \text{ V} \times 1.8 = 9\text{V}$$

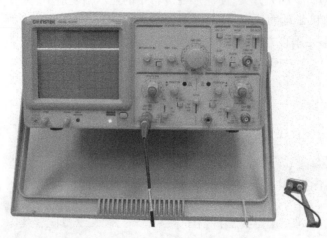

图 6 – 27　直流电压的测量

（4）波形时间测量

对某信号的周期或该信号任意两点间时间参数的测量,可首先按前面所述方法,使波形获得稳定同步后,根据该信号周期或需测量的两点间在水平方向的距离乘以"TIME/DIV"开关的指示值获得,当需要观测该信号的某一细节(如快跳变信号的上升或下降时间)时,可将"×10MAG 扩展"按键按入,使显示的距离在水平方向得到 10 倍的扩展,调节 X 轴位移,使波形处于方便观察的位置,此时测得的时间值应该除以 10。

时间间隔的计算公式如下:

时间间隔(s) =【两点间的水平距离(格) × 扫描时间系数(s/ 格)】÷ 水平扩展系数

例如在图 6 – 27 中,测得两个波谷间的水平距离为 5 格,扫描时间系数设置为 0.1ms/格,水平扩展为 ×1,则

$$时间间隔 = 5 × 0.1ms ÷ 1 = 0.5ms$$

（5）频率的测量

对于任何周期信号,可用前述的时间间隔的测量方法,先测定其每个周期的时间 T,再根据下式求出频率 f:

$$f = \frac{1}{T}$$

例如示波器上显示的被测波形一个周期为 8 格,TIME/DIV 开关置"1μs"位置,其"微调"置"校准"位置。则其周期和频率计算如下:

$$T = 1μs/ 格 × 8 格 = 8μs$$
$$f = 1/8μs = 125kHz$$

所以,被测波形的频率为 125kHz。

如果被测信号的频率较密,即使将 TIME/DIV 开关已调制最快挡,屏幕中显示的波形仍然较密,为了提高测量精度,可以根据 X 轴方向 10 格内显示的周期数,用下式计算:

$$f(Hz) = \frac{N(周期数)}{TIME/DIV 指示值 × 10}$$

【工作过程】（建议两位学生合作共同完成）

针对所给示波器、函数信号发生器、收音机、其他信号源等设备，完成以下测量：

① 用示波器测量函数信号发生器产生的各种波形频率和电压峰—峰值；

② 用示波器测量收音机本机振荡频率和电压峰—峰值。

将上述测量结果填入表 6 – 17 中。

表 6 – 17　示波器测量波形的参数

项目		次数	示波器测量频率	示波器测量峰—峰值	自评	互评
函数信号发生器	正弦波	1				
		2				
		3				
	锯齿波	1				
		2				
		3				
	方波	1				
		2				
		3				
收音机本机振荡		1				
		2				
其他信号源		1				

知识链接二　纯电阻、纯电感、纯电容正弦交流电路

知识点 1　纯电阻正弦交流电路

在交流电路中，由交流电源、导线、开关、电阻等构成的电路，称为纯电阻电路。当交流电源为正弦交流电时，纯电阻电路被称为纯电阻正弦交流电路。其中的电阻是完全消耗电能的，即把电能转化为其他形式的能量，如白炽灯、电炉、电烙铁等，如图 6 – 28 所示。

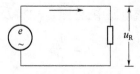

图 6 – 28　纯电阻正弦交流电路图

1. 电流与电压的关系

在图 6 – 30 中，设正弦交流电的电源电动势为 $e = E_m \sin(\omega t)$，经过实验证明，流过纯电阻中的电流与加在它两端的电压存在如下数量关系：

$$I_m = \frac{U_{Rm}}{R} \quad 或 \quad I = \frac{U_R}{R}$$

除此之外,流过纯电阻中的电流与加在它两端电压的相位完全相同,相位差为零,即同相位。所以,流过纯电阻中的电流与加在它两端电压的瞬时值关系为

$$i = \frac{u_R}{R}$$

因此,在纯电阻正弦交流电路中,任一时刻的电流和电压均符合欧姆定律。

例如,一个 10Ω、220V 的电炉,在接上有效值为 220V 的交流电时,由于所加电压为额定电压,所以,由欧姆定律可以计算出流过电炉的额定电流有效值为 $200/10 = 20(\mathrm{A})$。

2. 电阻获得的功率

在纯电阻正弦交流电路中,电流和电压均在随时间变化而变化。把电流与电压瞬时值的乘积称为瞬时功率,用小写字母 p 表示,即

$$p = ui$$

设其中 $i = \sqrt{2}I\sin(\omega t)$,$u_R = \sqrt{2}U_R\sin(\omega t)$,则在电阻上获得的瞬时功率为

$$p = u_R i = UI - UI\sin(2\omega t) \geqslant 0$$

由上式可以得出,瞬时功率的大小随时间作周期性变化,变化的频率是流过电阻中的电流或是加在它两端电压的频率的 2 倍。它表示出了任一时刻,电路中能量转化的快慢程度。

由于瞬时功率是随时间变化的,不便于测量,所以在实际使用中常采用平均功率来描述。平均功率是指瞬时功率在一个周期内的平均值,用大写字母 P 表示,单位是瓦(W)。

理论和实践证明,在纯电阻正弦交流电路中,平均功率为

$$P = U_R I = I^2 R$$

由于平均功率完全消耗在电阻上,亦即将电能完全转化为了其他形式的能量,因此消耗在电阻上的平均功率又称为有功功率。

【例题 6-3】 有一个电阻值为 484Ω 的白炽灯,接在 $u = 220\sqrt{2}\sin(100\pi t)$ V 的正弦交流电源上,求:①写出流过白炽灯的电流表达式;②白炽灯消耗的功率为多少?

分析:

白炽灯第一个纯电阻,接在正弦交流电源上。按照纯电阻正弦交流电路的特点可知,电流与电压应该具有相同的相位,即具有相同的角频率、初相,并且其关系符合欧姆定律。因此可以写出流过白炽灯的电流表达式。

根据白炽灯为纯电阻的特点,按照平均功率的公式可以求出白炽灯消耗的有功功率的值。

解:①在白炽灯纯电阻正弦交流电路中,已知 $u = 220\sqrt{2}\sin(100\pi t)$ V,按照欧姆定律

$$i = \frac{u_R}{R}$$

可得流过白炽灯中的电流表达式为

$$i = \frac{220\sqrt{2}\sin(100\pi t)}{484} = 0.45\sqrt{2}\sin(100\pi t)(\mathrm{A})$$

② 由有功功率 $P = U_R I = \frac{U_R^2}{R}$,可得白炽灯消耗的功率为

$$P = \frac{U_R^2}{R} = \frac{220^2}{484} = 100(\mathrm{W})$$

知识点 2　纯电感正弦交流电路

一个忽略了电阻的空心线圈被称为纯电感。它与正弦交流电构成的电路叫纯电感正弦交流电路,如图 6-29 所示。

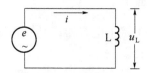

图 6-29　纯电感正弦交流电路

1. 感抗

在 6-31 所示的正弦交流电路中,由于电流时刻在变化,流过电感中的电流将产生变化的磁场,在电感中将产生自感电动势,并阻碍电流的变化。把电感线圈对正弦交流电具有的这种阻碍作用称为电感的感抗,用 X_L 表示,单位是 Ω。

实验证明,感抗 X_L 与正弦交流电的角频率成正比,与线圈的电感成正比,即

$$X_L = \omega L = 2\pi f L$$

当正弦交流电的频率越高,电感线圈呈现的感抗越大,说明电感线圈具有阻高频的特点;当正弦交流电的频率越低,电感线圈呈现的感抗越小,说明电感线圈具有通低频的特点。

2. 电流与电压关系

在图 6-31 所示的正弦交流电路中,设电源电动势 $e = E_m \sin(\omega t)$,实验证明,纯电感电路中的电流和电压之间具有

$$I_L = \frac{U_L}{X_L} \quad \text{或} \quad I_m = \frac{U_{Lm}}{X_L}$$

说明在纯电感电路中,电流和电压的有效值或最大值符合欧姆定律。

除此之外,实验也证明纯电感电路中,电流与电压之间的相位关系是电压超前电流 $\frac{\pi}{2}$,即电压与电流之间的相位差为 90°。由于电压和电流之间具有相位差,所以它们的瞬时值之间不符合欧姆定律。

3. 电感器获得的功率

在纯电感电路中,瞬时功率等于电压瞬时值与电流瞬时值的乘积,则有

$$p = ui$$

设 $i = I_m \sin(\omega t)$,则有 $u_L = U_m \sin(\omega t + \frac{\pi}{2})$,瞬时功率为

$$p = U_m \sin(\omega t + \frac{\pi}{2}) I_m \sin \omega t = UI \sin \omega t$$

从上式可以得出,瞬时功率的大小随时间按照正弦规律变化,其频率为电源频率的 2 倍。

实验证明,纯电感元器件在正弦交流电路中,不消耗能量,有功功率为零,但是它内部产生的能量时刻不停地在与电源进行能量交换。这种能量由于并不消耗,没有做功,所以被称为无功功率,用符号 Q_L 表示,单位是乏(var),表达式为

$$Q_{\mathrm{L}} = U_{\mathrm{L}}I = \frac{U_{\mathrm{L}}^2}{X_{\mathrm{L}}} = I^2X_{\mathrm{L}}$$

我们利用纯电感无功功率的特点,制造了变压器和电动机等设备。

知识点 3 纯电容正弦交流电路

在 6 – 30 所示的正弦交流电路中接上电容器,如果忽略掉电容器的漏电电阻和分布电感,这种电路被称为纯电容正弦交流电路。

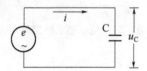

图 6 – 30 纯电容正弦交流电路

1. 容抗

在 6 – 32 所示电路中,当电源电动势发生变化时,电容器极板上存储的电荷将随之发生变化,回路中的电流也将改变。这种变化并不与正弦交流电源的变化成正比例。

实验证明,电容器在电路中,其容量对交流电具有一定的阻碍作用。其阻碍作用与正弦交流电的频率成正比,与电容量成正比。

把电容对交流电的这种阻碍作用称为容抗,用符号 X_{C} 表示,单位是 Ω。容抗的大小是

$$X_{\mathrm{C}} = \frac{1}{\omega C} = \frac{1}{2\pi f C}$$

从上式可知,正弦交流电的频率越高,电容器呈现的容抗越小,说明电容器具有通高频的特点;当正弦交流电的频率越低,电容器呈现的容抗越大,说明电容器具有阻低频的特点。

由于电容器的这一特点,电容器被广泛地应用在电子线路中。

2. 电流与电压关系

在图 6 – 32 所示的正弦交流电路中,设电源电动势 $e = E_{\mathrm{m}}\sin(\omega t)$,实验证明,纯电容电路中的电流和电压之间具有

$$I_{\mathrm{C}} = \frac{U_{\mathrm{C}}}{X_{\mathrm{C}}} \text{ 或 } I_{\mathrm{m}} = \frac{U_{\mathrm{Cm}}}{X_{\mathrm{C}}}$$

说明在纯电容电路中,电流和电压的有效值或最大值符合欧姆定律。

除此之外,实验也证明在纯电容电路中,电流与电压之间的相位关系是电流超前电压 $\frac{\pi}{2}$,即电流与电压之间的相位差为 90°。由于电流与电压之间具有相位差,所以它们的瞬时值之间不符合欧姆定律。

3. 电容器获得的功率

实验证明在纯电容正弦交流电路中,纯电容具有纯电感某些相同的特性。纯电容极板上的电荷时刻不停地与电源进行交换,除不消耗电源的能量,即有功功率为零外,亦存在一定的无功功率。用符号 Q_{C} 表示,单位是乏(var),表达式为

$$Q_{\mathrm{C}} = U_{\mathrm{C}}I = \frac{U_{\mathrm{C}}^2}{X_{\mathrm{C}}} = I^2X_{\mathrm{C}}$$

利用电容器无功功率的特点,在电子设备的供电中,用它作电路中的滤波器和保护器。

任务三　室内照明电路的安装与故障排除

敷设在室内建筑物上的配线,统称为室内配线。根据房屋建筑结构及用户要求不同,其配线形式可分为明配和暗配两种。

明配是指敷设于墙壁、顶棚的表面,不破坏墙体的电气安装。明装线路一般沿墙体、顶棚走线,要求横平竖直,比较规矩,其线路长度以建筑物平面图尺寸计算。

暗配是指敷设于墙体、顶棚、地面及楼板等内部的电气线路。在暗装的过程中,对墙体、地面有一定的破坏,当线路安装完成后,又对墙体和地面进行了修补还原。暗装线路的长度以最短距离到达灯具来计算。

室内配线方法有瓷瓶配线、槽板配线、塑料护套线配线、线管配线、钢索配线等。

现以某住宅楼两室一厅为例,进行室内照明线路的安装。

1. A 户型客户需求

A 户型客户现有一个两室一厅的房子,内含卧室 1、卧室 2、客厅、厨房、卫生间各一间。每间均准备使用具有一定功率的家用电器,具体见表 6 – 18。

表 6 – 18　A 户型家用电器分布要求

序号	类别	家 用 电 器
1	卧室 1	台灯、日光灯等灯具
2	卧室 2	台灯、日光灯等灯具
3	客厅	吊灯、彩色电视机、音响设备、电风扇、影碟机等用电器具
4	厨房	节能灯等灯具
5	卫生间	墙上壁灯等灯具
6	楼梯、走道	白炽灯、吸顶灯等灯具

2. A 户型室内照明电路的识读

从 A 户型客户的需求出发,绘制了图 6 – 31 所示两室一厅室内照明施工电气平面图。

(1)配电箱电气平面图识读

配电箱电气平面图如图 6 – 32 所示。

在图 6 – 32 中,配电盘用小圆圈表示,它上面安装有电能表、三相空气开关、单相空气开关等。

BBLX – 500 – 3 ×10 + 1 ×6 DG32・P・A10 表示含义是铝芯线、耐压为 500V、三相导线的截面积为 $10mm^2$、一根接地线的截面积为 $6mm^2$、$\phi32$ 的钢管配线、顶棚布线、安装深度为 10mm。此三相四线通过墙体穿管连接到配电盘上。考虑到此电源为三相四线制电源及 A 户型所在楼房用户所用电器功率的平衡,即三相负载尽量平衡原则,因此接入每家用户配电盘上的电源为单相电源。

BBLX – 500 – 2 ×10 + 1 ×6 表示含义是耐压为 500V、截面积为 $10mm^2$ 的 2 根铝芯线和 1 根 $6mm^2$ 的接零保护线。该导线通过墙体接入 A 户型的配电盘中,为其使用的用电设备供电。

除导线外,在图 6 – 32 中配电盘上应有一个电能表、若干个单相空气开关。

配电盘的底边离地面 1.5m 的高度。导线应按照动力布线方式布线。

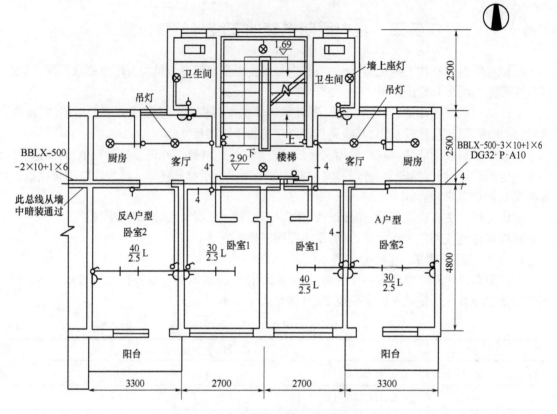

图 6-31　住宅楼单元电气平面图(1:100)

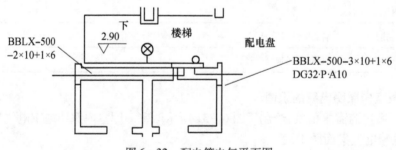

图 6-32　配电箱电气平面图

（2）楼梯走道电气平面图识读

楼梯走道电气平面图如图 6-33 所示。

在图 6-33 中,楼梯上下开关采用双联双控开关,用来控制楼梯灯。连接导线 1 来源于配电盘的单相空气开关,用来连接楼梯开关、楼梯灯,使它们构成控制回路。走道开关用来控制走道灯。连接导线 2 来源于配电盘的单相导线空气开关,用来连接走道开关和走道灯,使它们构成回路。

除导线外,在图 6-33 中共安装有两盏灯、两个双联双控开关、一个单联单控开关。

灯具应为吸顶灯,装设在顶棚上;双联双控开关装设在离地 1.3m 高度上,距离墙边 0.2m;单联单控开关与楼梯下开关并排放置。导线应按照明配线方式布线。

（3）客厅电气平面图识读

客厅电气平面图如图 6-34 所示。

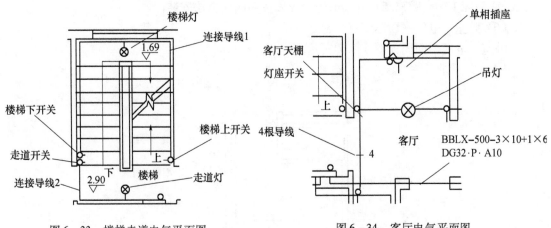

图6-33 楼梯走道电气平面图　　　　图6-34 客厅电气平面图

在图6-34中，从配电盘的单相空气开关引出4根线；1根到客厅，控制天棚灯座；1根到单相插座；另外2根到其他地方。

在客厅中，有一个天棚灯座单联单控开关，经过导线与天棚灯座相连接，用于控制天棚顶灯。在客厅正北边，有一个单相插座，将来用于连接一个多用插座，控制各种放于客厅内的家用电器，如彩色电视机、音响设备、影碟机等。

天棚顶灯应安装在客厅顶棚的中央，客厅天棚灯座开关安装在进客厅的左边，离地1.3m高，距离墙边0.2m；单相插座安装在客厅的北边正中央，距离地面0.3m高；连接导线按照明配方式安装。

（4）厨房电气平面图识读

厨房电气平面图如图6-35所示。

在图6-35中，厨房内装设有一个顶灯。在厨房的左边（外面）装设有一个厨房控制开关。它经过连接导线来控制厨房照明用灯。

厨房照明用灯安装在厨房顶棚的正中央，为环形节能灯；厨房控制开关为单联单控开关，安装在厨房左边墙上，离地1.3m，距离墙边0.2m；连接导线按照明配方法安装。

（5）卫生间电气平面图识读

卫生间电气平面图如图6-36所示。

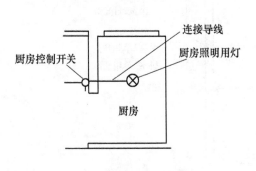

图6-35 厨房电气平面图

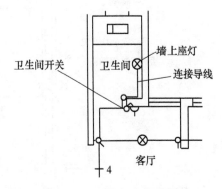

图6-36 卫生间电气平面图

在图6-36中，卫生间内安装有一个墙上灯，由安装在卫生间外墙上的卫生间开关控制。墙上灯为防水防爆灯，安装在卫生间适当位置，离地面1.8m高；卫生间开关为单联单控

181

开关,离地面 1.3m,距离墙边 0.2m;连接导线按照明配方法安装。

（6）卧室 1 电气平面图识读

卧室 1 电气平面图如图 6 - 37 所示。

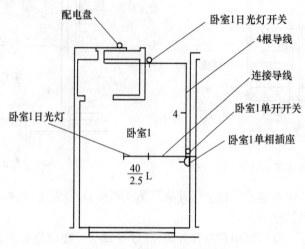

图 6 - 37　卧室 1 电气平面图

在图 6 - 37 中,卧室 1 中从配电盘分配 4 根导线,两根进卧室 1,两根进卧室 2。在卧室 1 中有一盏日光灯、一个日光灯单联单控开关;一个床头用卧室 1 单开开关、卧室 1 单相插座。卧室 1 日光灯开关控制卧室 1 日光灯的照明;卧室 1 单相插座可以进一步扩展,用来接其他的用电器具;卧室 1 单开开关用处不大,可以利用它和卧室 1 日光灯开关一齐构成双联双控开关,控制日光灯的照明。

卧室 1 日光灯参数表明日光灯为 40W,距离地面 2.5m 高,位于卧室 1 中央,采用吊链吊装;卧室 1 日光灯开关位于进入卧室 1 墙壁上,离地 1.3m,距离墙边 0.2m;卧室 1 单开开关和卧室 1 单相插座位于床头离地 0.3m 处;连接导线按照明配方法安装。

（7）卧室 2 电气平面图识读

卧室 2 电气平面图如图 6 - 38 所示。

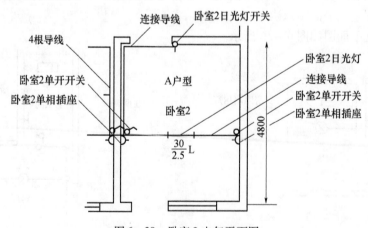

图 6 - 38　卧室 2 电气平面图

在图 6 - 38 中,卧室 2 为主卧室。其中有两根导线从卧室 1 来,用于本室的配线。卧室 2 中安装有一盏日光灯、一个日光灯控制开关。在卧室 2 相对两边墙面上各安装有一个单开开关、一个单相插座。

卧室 2 日光灯对应参数表明,日光灯为 30W,距离地面 2.5m 高,位于卧室 2 中央,采用吊链吊装;卧室 2 日光灯开关位于进入卧室 2 的墙壁上,离地 1.3m,距离墙边 0.2m;卧室 2 单开开关和卧室 2 单相插座离地 0.3m,安装在需要处;连接导线按照明配线方法安装。

3. 室内照明电气接线图识读

图 6-39 所示为 A 户型的室内照明电气接线图。在 A 户型室内中,总共有 7 个照明灯具(含楼梯、走道照明灯具)和控制照明灯具的 7 个开关、4 个插座、1 个配电盘。所有的开关、插座均应通过连接导线接在配电盘上输出的火线上。照明灯具的一端接开关,另一端接零线;插座的另一端接零线。

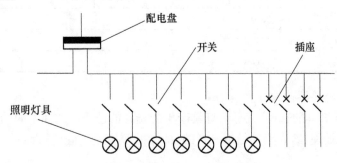

图 6-39　室内照明电气接线图

4. 室内照明电路器件选择

(1)室内照明电路器件统计

根据 A 户型各室采用的用电器具不同,A 户型内每间所用的照明电路器件数量也不同。针对表 6-18 的要求,例举数量见表 6-19。

表 6-19　室内照明电路器件统计

序号	类　别	卧室 1	卧室 2	客厅	厨房	卫生间	楼梯、走道
1	电能表						1
2	空气开关						6
3	双联双控开关						2
4	单联单控开关	2	3	3			1
5	单相插座	1	2	1			
6	灯具			1			
7	灯具					1	
8	灯具				1		
9	灯具	1	1				
10	灯具						2

(2)各室用电器功率估算

根据表 6-18 和表 6-19 对应关系,A 户型两室一厅室内照明电路功率估算见表 6-20。

表6-20　室内照明电路电器功率估算

序号	类别	卧室1	卧室2	客厅	厨房	卫生间	楼梯、走道
1	单相插座带负载后	1kW	200W+800W	1kW			
2				300W			
3						40W	
4	各种灯具类型				40W		
5		40W	30W				
6							40W×2
7	小计	1040W	1030W	1300W	40W	40W	80W
8	设备容量	3530W					
9	系数(K_e)	取0.4					
10	计算容量	1412W					

（3）室内照明电路器件选择

① 灯具。对于灯具的选择，就是对灯具产生的光源的选择。选择不同的光源或对同一个光源采用不同方法处理，给人感觉是不一样的，即光的照度是不同的。参考A户型特点，选择灯具见表6-21。

表6-21　灯具的选择

项　目	一般灯具形式	一般照度选择/lx		A户型灯具选择
		环境	工作	
卧室1	吸顶灯、日光灯、移动式灯具、壁灯、摇臂灯、筒灯、台灯	60	60/300	日光灯
卧室2				日光灯
客　厅	吊灯、壁灯、射灯、筒灯、落地灯、台灯	150	300	吊灯
厨　房	嵌入式荧光灯具、吸顶灯	250	500	吸顶式节能灯
卫生间	封闭防潮嵌入式筒灯、壁灯	200	500	壁灯
楼梯、走道	吸顶灯、壁灯	60	300	吸顶灯

② 配电盘、插座和连接导线。参考表6-18、表6-19和表6-20中的各种数据，对A户型中使用的配电盘、插座和连接导线的重要参数进行相应选择，为后期各种器件的布局和布线提供依据，具体见表6-22。

表6-22　配电盘、插座和导线选择

序号	类别	卧室1	卧室2	客厅	厨房	卫生间	楼梯、走道
1	电能表						单相5(20)
2	空气开关						C16
3	单相插座	250V AC 10A 2500W	250V AC 10A 2500W	250V AC 10A 2500W			
4	连接导线	1mm² 铜芯护套线接日光灯回路	1mm² 铜芯护套线接日光灯回路	1.5mm² 铜芯护套线接吊灯回路	1mm² 铜芯护套线接吸顶式节能灯回路	1mm² 铜芯护套线接壁灯回路	1mm² 铜芯护套线接吸顶灯回路
		1.5mm² 铜芯护套线接插座回路	1.5mm² 铜芯护套线接插座回路	1.5mm² 铜芯护套线接插座回路			

③ 其他材料的准备。根据连接导线的不同,准备一定量的塑料线槽和塑料线管等其他物品,如固定线槽用的螺钉、埋入墙体内的塑料胀管或线卡、黑胶布等。其中线槽安装在 A 户型住户之外,内布护套线用;线管用于穿墙用,使得室内与室外之间、室内与室内之间具备连通作用,以防穿过其中的导线受到损伤。

5. 室内照明电路配线

在 A 户型照明电路安装的备料准备完工后,下一步就是进行室内照明电路的配线工作。

按照 A 户型住户的要求,室内照明电路配采用明配的方式进行。根据图 6 – 33 和图 6 – 41 的要求,结合表 6 – 22,进行导线的配线。

(1) 线管配线

把绝缘导线穿入保护管内敷设,称为线管配线。这种配线方式比较安全可靠,可避免腐蚀性气体的侵蚀和避免遭受机械损伤,更换导线方便,在工业与民用建筑中使用最为广泛。

线管配线通常有明配和暗配两种。明配时,要求横平竖直、整齐美观、牢固可靠且固定点间距均匀。暗配时,要求管路短,弯曲少,不外露,以便穿线。

线管配线应该按照图 6 – 40 所示的顺序进行。

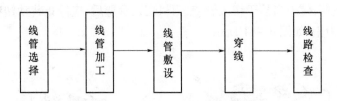

图 6 – 40　线管配线工艺过程

① 线管选择。线管的选择主要从以下 3 个方面考虑。

a. 线管类型的选择。根据使用场合、使用环境、建筑物类型和工程造价等因数选择合适的线管类型。

b. 线管管径的选择。可根据线管的类型和穿线的根数选择合适的管径。

c. 线管外观的选择。所选用的线管不应有裂缝和严重锈蚀。弯扁程度不应大于管外径的 10%。线管应无堵塞,管内应无铁屑及毛刺,切断口应锉平,管口应光滑。

参照线管的选择方法,对于单芯导线穿管应以表 6 – 23 为基础进行选择。

表 6 – 23　单芯导线穿管选择表

线芯截面 /mm²	焊接钢管(管内导线根数)									电线管(管内导线根数)									线芯截面 /mm²
	2	3	4	5	6	7	8	9	10	10	9	8	7	6	5	4	3	2	
1.5		15		20			25			32			25			20			1.5
2.5		15			20			25		32			25				20		2.5
4	15		20			25			32	32				25			20		4
6		20			25			32		40			32			25		20	6
10	20		25		32		40		50			40			32		25		10
16		25		32		40			50				40			32			16
25		32		40		50			70							40	32		25

185

线芯截面 /mm²	焊接钢管（管内导线根数）									电线管（管内导线根数）									线芯截面 /mm²
	2	3	4	5	6	7	8	9	10	10	9	8	7	6	5	4	3	2	
35	32	40	50			70		80									40		35
50	40	50		70			80												
70		50		70		80													
95		50	70		80														
120		70		80															
150		70	80																
185	70	80																	

对于 A 户型来说，由于客户选择的导线为 1mm²、1.5mm² 的铜芯线，所以参考上表，应选择电线管类直径为 20mm 的塑料线管。

② 线管加工。由于 A 户型选择的是塑料线管，因此对塑料线管的长度加工以钢锯条切断为主，也可以使用厂家配套供应的专用截管器截剪管子。在对塑料线管进行裁剪时，应一边转动管子一边进行裁剪，使刀口易于切入管壁，刀口切入管壁后，应停止转动塑料线管，并继续裁剪，直至管子切断为止，如图 6-41 所示。

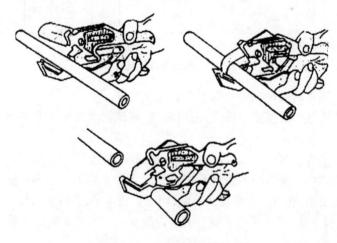

图 6-41　塑料线管切割方法

对于塑料线管的连接，一般采用钳工使用的板架和板牙对塑料线管的端头进行攻丝后再进行连接。具体攻丝方法如图 6-42 所示。

选择合适的板牙和板架，将板牙放入板架中，并固定板牙。再将塑料线管固定，转动板架，使得板牙在塑料线管端头上转出一段长度的螺纹。推出板架后，随即清理管口上的毛刺，使之管口保持光滑。再选择合适的带螺纹的接头，就可以对塑料线管进行连接。

考虑到 A 户型用户的需求，A 户型的塑料线管主要用于连接各室使用，因此不需要对塑料线管进行攻丝。

③ 线管敷设。选择合适的冲击钻在需要穿孔的位置进行钻孔，将与 A 户型墙壁的厚度相对应的塑料线管穿入其中，再用水泥等物料将塑料线管外的缝隙堵上，完成线管敷设。

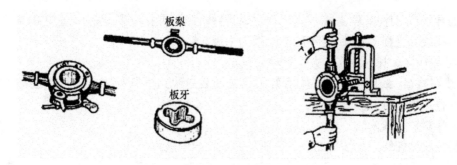

图 6-42　攻丝方法

④ 穿线。贯穿导线时应先穿一根引线,在引线的一端将所有导线捆绑在一起,再一起穿入。引线的一端由一人担任送线,另一端由另一人担任拉线,互相配合,穿线才得以完成。

穿线时应严格按照规范进行操作。同一交流回路的导线应穿于同一根管内。不同回路、不同电压等级和交流与直流的导线,不得穿在同一根管内。但有下列几种情况或设计有特殊规定的除外:a. 电压为50V及以下的回路;b. 同一台设备的电机回路和无抗干扰要求的控制回路;c. 照明花灯的所有回路;d. 对于A户型来说,由于所穿导线为同类照明的几个回路或插座,所以可穿入同一根管内,但管内导线总数不应多于8根。

⑤ 线路检查。线路检查主要使用万用表或摇表对线路进行检查。万用表或摇表的使用方法见项目二和项目四。

（2）塑料线槽配线

塑料线槽配线应该按照图6-43所示的工艺顺序进行。

图 6-43　塑料线槽配线工艺过程

① 弹线定位。按图6-31所示电气平面图,确定进户线、配电盘、室内电气器具的位置,安装横平竖直的原则,找好水平或垂直线,用粉线袋在线路中心弹线。将所弹之线分成若干相等的部分,并划上与之垂直的墨线,再选择合适的钻头钻孔,将合适的塑料胀管埋入孔中。在线上用弹线时不应弄脏建筑物表面。

② 线槽固定。在弹线定位、埋入塑料胀管完成后,将塑料线槽固定在弹线上,用螺钉固定线槽。在固定线槽时,应注意先固定两端,再固定中间,同时找正线槽底板,要横平竖直,并沿建筑物形状表面进行敷设。安装方法如图6-44所示。

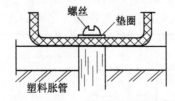

图 6-44　线槽安装用塑料胀管固定方法

③ 线槽连接。线槽在进行连接时应严密平整,尽量做到对接无缝隙。

④ 线槽放线。放线时,首先应用布清除槽内的污物,使线槽内外清洁;其次是放线。放入

线槽内的导线应有序放置,并在放线过程中,将导线理顺,绑扎成束,不得对放入的导线产生挤压、背扣、扭线和受损等现象,更不能在线槽内出现接头。

⑤ 导线连接。其导线连接方法见项目三。

⑥ 线路检查。线路检查主要使用万用表或摇表对线路进行检查。万用表或摇表的使用方法见项目二和项目四。

（3）塑料护套线配线

塑料护套线配线应该按照图6-45所示的工艺顺序进行。

图6-45　塑料护套线配线工艺过程

① 弹线定位。弹线定位方法与线槽配线中的弹线定位方法相同。所不同之处在于弹线定位的位置发生了改变、不用打孔。

② 护套线配线。在弹线定位后,将护套线敷设在弹线上,要求导线平直、整齐。每敷设一段护套线,在弹线与墨线交叉位置上,用合适的线卡套上护套线后,钉于墙体上。

③ 导线连接。其导线连接方法见项目三。

④ 线路检查。线路检查主要使用万用表或摇表对线路进行检查。万用表或摇表的使用方法见项目二和项目四。

6. 室内照明电路器件安装

室内照明电路器件的安装是在配线完工的基础上进行的。它包含两层含义,即照明电路器件安装和照明电路器件的接线。

（1）配电盘的安装

配电盘是连接外界电源和多个用电设备之间的一个电气装置,具有隔离电源和负载的功能。当用电设备发生故障时,由于配电盘的隔离,对其他的不同区域的用电设备具有一定的保护作用。因此每一住户都需要安装。针对A户型的特点,其配电盘的安装过程如下:

① 选取一块面积合适的绝缘板作为配电盘;

② 将选择的一块电能表和6个空气开关在配电盘上正确布局,并定位、划线、钻孔,如图6-46所示;

③ 在配电盘上安装、固定好电能表和空气开关;

④ 按照横平竖直的要求敷设好配电盘上各器件之间的连线;

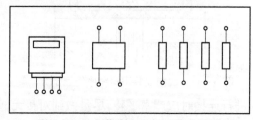

图6-46　电能表和空气开关布局图

⑤ 将配电盘固定在离地面 1.2m 以上的位置；

⑥ 断开 6 个空气开关，并将外界电源连接到电能表上，如图 6 - 47 所示。

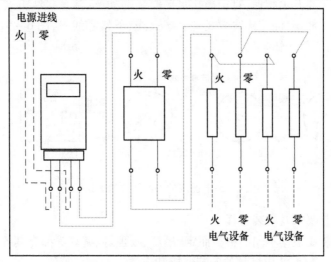

图 6 - 47　配电盘上各器件之间的导线连线图

（2）开关的安装

开关在电路中的作用是接通或断开电路的器件。安装方法有明装和暗装两种。

明装时，首先应在指定安装的位置上埋设好木屑或膨胀螺栓，以便固定木台；然后在木台上安装开关。

暗装是采用专用的接线盒，在需要安装的位置上，开一个与之大小相近的口，将接线盒放入其中，进行预埋，再将水泥、沙子等物料填入其中，使得接线盒与墙面正好保持平齐，穿线完毕后，再安装开关，最后将盖板盖上。

由于 A 户型住户要求采用明装，所以应根据图 6 - 31 开关布局的位置要求进行安装。

① 楼梯双联双控开关。图 6 - 48 所示为楼梯双联双控开关原理图。双联双控开关有两个静触头（2、3）和一个动触头（1）。当扳动动触头 1 时，动触头 1 与其中的一个静触头 2 相连；再扳动动触头 1 时，动触头将与另外一个静触头 3 相连，先前连接的一个静触头 2 则断开。

图 6 - 49 所示为楼梯双联双控开关接线原理图。在楼梯的两端，分别接上两个明装的双联双控开关，将预先埋设在楼梯之间的两根导线分别与两个双联双控开关静止触头 2、3 连接；其中一个双联双控开关的动触头 1 与火线相连接，另一个双联双控开关的动触头 1 则与零线相连接。

② 单联单控开关。图 6 - 50 所示为单联单控开关接线原理图。在进行开关接线时，应注意开关的上端接火线，下端接零线，切不可接错。

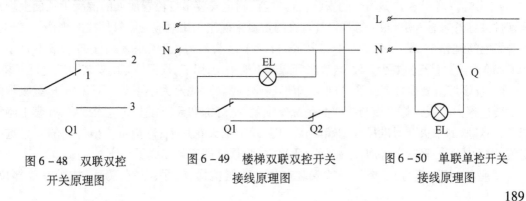

图 6 - 48　双联双控
开关原理图　　　　图 6 - 49　楼梯双联双控开关
接线原理图　　　　图 6 - 50　单联单控开关
接线原理图

189

（3）插座的安装

插座的安装方法与开关相似，对于插孔水平安装的插座，注意接线方式是左零线右火线；对于插孔上下安装的插座，注意接线方式是上接火线、下接零线等，图6-51所示是电源接入插座的一般方法，切不可接错。

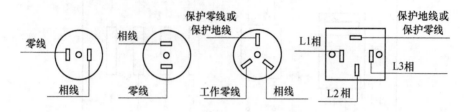

图6-51　插座的电源线连接方法

（4）灯具的安装要求及安装过程

家居灯具的安装要根据不同的种类而定，吊灯、吸顶灯、壁灯等都有其各自的安装方法，下面向大家介绍几种A户型使用灯具的安装要求和方法。

① 安装要求。

a. 灯具及配件应齐全，应无机械损伤、变形、油漆剥落和灯罩破裂等缺陷。

b. 安装灯具的墙面吊顶上的固定件的承载力应与灯具的质量相匹配。

c. 吊灯应装有挂线盒，每只挂线盒只可装一套吊灯。吊灯表面必须绝缘良好，不得有接头，导线截面不得小于$0.4mm^2$。在挂线盒内的接线应采取防止线头受力使灯具跌落的措施。质量超过1kg的灯具应设置吊链，当吊灯灯具质量超过3kg时，应采用预埋吊钩或螺栓方式固定。吊链灯的灯线不应受到拉力，灯线应与吊链编织在一起。

d. 以白炽灯作光源的吸顶灯具不得直接安装在可燃构件上；灯泡不得紧贴灯罩；当灯泡与绝缘台之间的距离小于5mm时，灯泡与绝缘台之间应采取隔热措施。白炽灯的功率不得超过灯具所允许使用的最大功率。

e. 荧光灯作光源时，镇流器应装在相线上，在灯具上应有防止灯脚脱落外壳，且在灯盒内应留有余量，巨型灯具的边框与顶棚的装饰直线平行，灯具的边框应紧贴在顶棚面上。

f. 螺口灯头相线应接在中心触点的端子上，零线应接在螺纹的端子上，灯头的绝缘外壳应完整、无破损和漏电现象。

g. 固定花灯的吊钩，其直径不应小于灯具挂钩，且灯的直径最小不得小于6mm。

② A户型灯具的安装过程。

a. 吊灯。对于A户型吊灯的安装，首先应在确定安装吊灯位置所处的混凝土顶面上埋设预埋件或穿透螺栓；其次根据选择可视灯具的重量来确定采用对应的胀管螺栓的规格。在选择胀管螺栓的规格时，最小不宜小于M6(mm)；对于多头吊灯，选择胀管螺栓的规格不宜小于M8(mm)螺栓数量至少要少2枚，自攻胀管螺丝不能采用；第三，根据吊灯的安装图纸进行安装。

b. 吸顶灯。吸顶灯有圆形、方形或矩形底座(底盘)，底座大小不等。对于A户型吸顶灯的安装过程为将吸顶灯吊板与接线盒用螺丝锁紧；把灯饰和天花板上的电线接好，并套上绝缘端子；将灯座的中央孔对准吊板的螺丝，将灯座固定在天花板上；灯泡可依据灯具的规格选择安装；以手扶正轻轻旋上灯泡，不需强力压迫它，吸顶灯即安装完成了。

c. 壁灯(墙上座灯)。壁灯一般安装在公共建筑楼梯、门厅、浴室、厨房、楼卧室等部位。

对于 A 户型来说,壁灯的安装位置应选择在卫生间对应位置上,离地 1.4m～1.8m,高出墙面 95mm～400mm。

壁灯的安装方法比较简单,待位置确定好后,主要是壁灯灯座的固定。安装方法为在 A 户型选择的位置上安装一个底台,底台一般用木板自制,木板厚度应大于 15mm,表面涂刷装饰油漆。再将壁灯的灯座放置在底台上,用灯位盒的安装螺孔旋入螺钉来固定,也可以在墙面上打孔、预埋木砖或用塑料胀管螺钉来固定。

d. 日光灯(节能灯)。日光灯的安装属于固定灯架的安装,其安装方式有吸顶式和悬吊式两种。安装前应先在需要固定点打孔预埋合适的紧固件,然后将灯架固定在紧固件上。

对于吸顶式日光灯而言,根据设计图确定出日光灯的位置,将日光灯贴紧建筑物表面,日光灯的灯箱应完全遮盖住灯头盒,对着灯头盒的位置打好进线孔,将伸缩接头电源线甩入灯箱,在进线孔处应套上塑料管以保护导线。找好灯头盒螺孔的位置,在灯箱的底板上用电钻打好孔,用机螺丝拧牢固,在灯箱的另一端应使用胀管螺栓加以固定。如果日光灯是安装在吊顶上的,应该用自攻螺丝将灯箱固定在龙骨上,再将镇流器和启辉器座按照日光灯图纸,进行接线,如图 6-52 所示。灯箱固定好后,将伸缩接头电源线压入灯箱内的端子板(瓷接头)上。把灯具的反光板固定在灯箱上,并将灯箱调整顺直,如图 6-53 所示;再将日光灯管装好,如图 6-54 所示;最后安装启辉器,旋转启辉器进行调试,如图 6-55 所示。

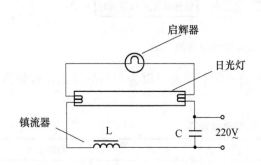

图 6-52　日光灯电路原理图

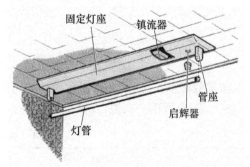

图 6-53　带整流器的日光灯安装结构图

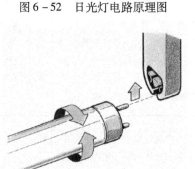

图 6-54　日光灯位置安装

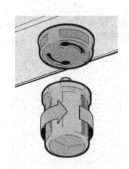

图 6-55　启辉器安装并旋转调试

悬吊式日光灯的安装应先选择好安装位置,并根据灯具的安装高度,在建筑物顶棚上预先安装好塑料(木)台,再用全部吊链固定好日光灯基座灯箱,调整吊链的高低,使得日光灯灯箱水平,再将导线依顺序编织在吊链内,并引入灯箱,在灯箱的伸缩接头进线孔处套上软塑料管,压入灯箱内的端子板(瓷接头)内。按照图 6-52 所示的电路原理图进行接线。接完导线后将灯具的反光板用机螺丝固定在灯箱上,最后将灯管装好。

7. 室内照明电路故障检修

室内照明电路在使用一段时间后,都会出现一些故障现象,如日光灯损坏、开关接触不良、导线的连接处氧化造成接触电阻增加后发光体发光暗淡、设备对地存在漏电、开关跳闸等。不管现象有多少种,都可以概括为电路开路、电路短路、电路接触不良几种,即按照一定的方法都可以追寻到具体的故障区域,图6-56所示为照明电路的故障部位寻迹图。

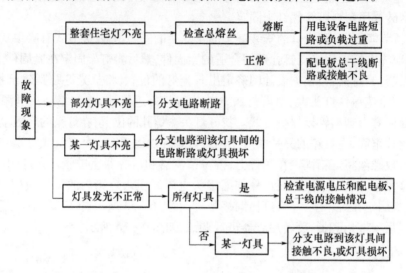

图6-56 照明电路的故障部位寻迹图

按照故障部位寻迹图,采用试电笔、万用表、摇表等仪器设备可以为判断故障提供检修依据。对于A户型用户来说,具体检修见表6-24。

表6-24 室内照明电路故障检修

序号	现 象	电路原因	检 查 方 法	故障原因
1	烧保险或跳闸	电路短路	常用万用表进行检查。 将外接电源断开和室内所有的开关、设备等均断开;用万用表 R×1 的电阻挡分别测量插座的阻值;测量开关控制的设备两端的电阻值。如果电阻值很小,说明故障就在测量的这一段上。 再观察故障段上的导线和其他器件,依次找出故障所在	在开关、电器负载、导线上存在着火线与零线相碰的可能
2	灯不亮	电路断路	先用试电笔进行检查;再用万用表进行检查。 将电源、开关等闭合。用试电笔依次从电源开始顺着线路测试火线。如果试电笔测试到某中途不亮,说明故障在此段部分;如果一直测试,试电笔是亮的,说明火线没有问题,再找零线的故障。 当故障为零线问题时,考虑使用万用表进行测量。将万用表置于500V 交流电压挡,从电源开始测量,依线路顺序测量负载、插座等部位,当发现电压为零伏时,说明故障在此段上。 根据上述检查,从而可以找到故障部位	在开关、灯具、线路上出现了火线或零线接触不好或损坏的可能

序号	现　象	电路原因	检查方法	故　障　原　因
3	电能表转速突然加快或用电量比以前多很多	电路漏电	常用摇表进行检查。 断开电源和负载。用摇表测量每一根导线对大地的绝缘电阻值。当测量到某根线的电阻值比较小时，说明这根导线对地漏电。应进一步进行分段检查。 如果导线绝缘电阻值正常，说明设备负载存在漏电。再逐次挂上负载，通电观察电能表读数情况，找到漏电的负载	火线对大地漏电或负载对大地存在一定的电阻值

【工作过程】（建议 4 位学生合作共同完成）

图 6 -57 和图 6 -58 所示为某用户需要装修的三室两厅两卫结构图和电气平面图。根据图纸中各种设计要求，编写出电气安装工艺过程。

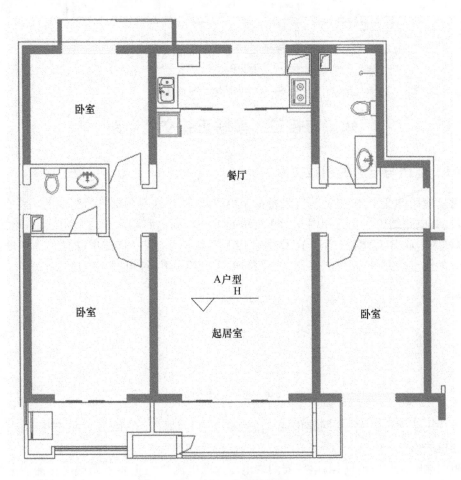

图 6 -57　房屋结构图

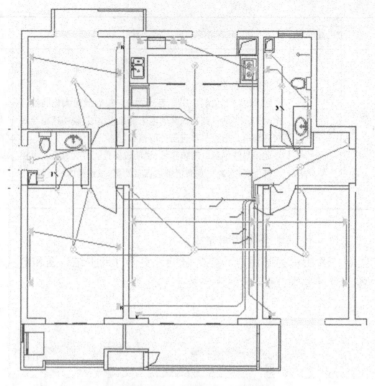

图 6 - 58　房屋电气平面图

知识链接三　串联正弦交流电路

知识点 1　电压与电流的相位关系

日常所使用的变压器、电动机等设备都是由线圈绕组、铁芯等部件所组成的。将它们拆分理想化后,其电路结构演变为如图 6 - 59 所示的电路。该电路中由于含有电容器、电感器、电阻,所以称为串联 RLC 电路,当在 RLC 两端加上正弦交流电源后,此电路被称为串联正弦交流电路。为便于研究,视其中电容器、电感器、电阻为纯电容、纯电感、纯电阻。

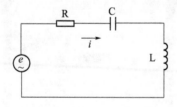

图 6 - 59　串联正弦交流电路

在串联正弦交流电路中,回路电流 i 流经 R、C、L 元器件,在 R、L、C 上产生不同的电压。它们的相位关系是:

电阻两端电压与电流同相;电感器两端电压超前电流 90°;电容器两端电压滞后电流 90°。因此,电感器和电容器上的电压方向正好反相。电路中电压和电流的相位关系主要取决于电感器和电容器上电压之差的大小。

如图6-59所示,设回路电流有效值为I,根据纯电阻、纯电容、纯电感的特点,按照欧姆定律,R、L、C上的电压可以表示为

$$U_R = IR$$
$$U_L = IX_L$$
$$U_C = IX_C$$

从上述关系中可知,在电流一定时,它们电压的大小分别与电阻、感抗、容抗成正比。

① 当 $X_L > X_C$ 时,有 $U_L > U_C$。其相量图如图6-60所示。电路呈感性,称为电感性电路。按照相量叠加及平行四边形法则可得,电路中总电压 U 与总电流相位关系是电压超前电流 φ 角,即

$$\varphi = \varphi_{u0} - \varphi_{i0} = \arctan \frac{U_L - U_C}{U_R} > 0$$

电压相量关系为 $\dot{U} = \dot{U}_R + \dot{U}_L + \dot{U}_C$。由于 $\dot{U}$、$\dot{U}_R$、$\dot{U}_L + \dot{U}_C$ 之间为直角三角形,所以它们之间的有效值满足 $U = \sqrt{U_R^2 + (U_L - U_C)^2}$。

② 当 $X_L = X_C$ 时,有 $U_L = U_C$。其相量图如图6-61所示。电路呈电阻性,此种电路称为串联谐振电路。其广泛应用于电子线路中,主要用于产生各种不同的振荡谐振波。

按照相量叠加及平行四边形法则可得,电路中总电压 U 与总电流相位关系是同相位,即

$$\varphi = \varphi_{u0} - \varphi_{i0} = \arctan \frac{U_L - U_C}{U_R} = 0$$

电压相量关系为 $\dot{U} = \dot{U}_R$,即有效值 $U = U_R$。

③ 当 $X_L < X_C$ 时,有 $U_L < U_C$。其相量图如图6-62所示。电路呈容性,称为电容性电路。按照相量叠加及平行四边形法则可得,电路中总电压 U 与总电流相位关系是电压滞后电流 φ 角,即

$$\varphi = \varphi_{u0} - \varphi_{i0} = \arctan \frac{U_L - U_C}{U_R} < 0$$

电压相量关系为 $\dot{U} = \dot{U}_R + \dot{U}_L + \dot{U}_C$。由于 $\dot{U}$、$\dot{U}_R$、$\dot{U}_L + \dot{U}_C$ 之间为直角三角形,所以它们之间的有效值满足 $U = \sqrt{U_R^2 + (U_L - U_C)^2}$。

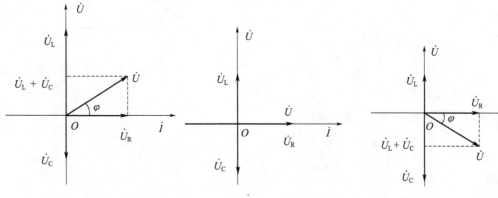

图6-60　$X_L > X_C$ 时的相量图　　图6-61　$X_L = X_C$ 时的相量图　　图6-62　$X_L < X_C$ 时的相量图

知识点 2　电路的阻抗

在串联正弦交流电路中,由于有 $U_R = IR$、$U_L = X_L I$、$U_C = X_C I$,并且 $U = \sqrt{U_R^2 + (U_L - U_C)^2}$ 存在,所以有

$$U = \sqrt{U_R^2 + (U_L - U_C)^2} = \sqrt{(IR)^2 + (X_L I - X_C I)^2} = I \cdot \sqrt{R^2 + (X_L - X_C)^2}$$

变形后得

$$\frac{U}{I} = \sqrt{R^2 + (X_L - X_C)^2}$$

式中:U 为总电压;I 为总电流;其比值称为电路的总阻抗,用符号 Z 表示(Ω)。

因此得到电路的阻抗关系为

$$Z = \sqrt{R^2 + (X_L - X_C)^2}$$

它满足直角三角形关系,如图 6 - 63 所示。

式中:Z 与 R 之间的夹角 φ 称为阻抗角。阻抗角就是总电压与总电流之间的相位差。

总电压与总电流之间相位差的另一种表示为

$$\varphi = \arctan \frac{X_L - X_C}{R}$$

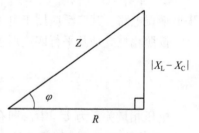

图 6 - 63　阻抗三角形

知识点 3　电路的功率

如图 6 - 64 所示,在串联正弦交流电路中,只有电阻消耗功率,电容器和电感器并不消耗功率。所以有

$$P = U_R I$$
$$Q_L = U_L I$$
$$Q_C = U_C I$$

上式变形后,分别得到

$$U_R = \frac{P}{I}$$

$$U_L = \frac{Q_L}{I}$$

$$U_C = \frac{Q_C}{I}$$

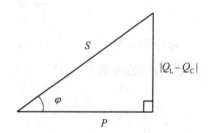

图 6 - 64　功率直角三角形

由于 $U = \sqrt{U_R^2 + (U_L - U_C)^2}$,所以有

$$U = \sqrt{\left(\frac{P}{I}\right)^2 + \left(\frac{Q_L}{I} - \frac{Q_C}{I}\right)^2} = \frac{1}{I}\sqrt{P^2 + (Q_L - Q_C)^2}$$

化简得

$$UI = \sqrt{P^2 + (Q_L - Q_C)^2}$$

式中:UI 为总电压有效值和总电流有效值之间的乘积,它含有消耗的功率和不消耗的功率,被

196

称为视在功率,用符号 S 表示,单位是伏·安(V·A),且有

$$S = \sqrt{P^2 + (Q_L - Q_C)^2}$$

上式满足直角三角形关系,如图 6-66 所示。

图 6-64 所示的功率直角三角形中,φ 为电路中总电压与总电流之间的相位差。

知识点 4 功率因数

如图 6-66 所示,在串联正弦交流电路中,定义电路的有功功率与视在功率的比值称为功率因数,用符号 λ 表示,即

$$\lambda = \cos(\varphi) = \frac{P}{S}$$

功率因数 λ 的大小表示了电源输出的功率被负载利用的程度。功率因数 λ 越大,说明电源被转化利用的消耗功率越高,电源的利用率也就越大。在电力工程上,力求功率因数 λ 接近于或达到 1 。

【例题 6-4】 一台发电机可以发出额定电压为 220V,功率为 10kV·A 的电量。问:

① 如果让它给额定电压为 220V、有功功率为 1kW、功率因数为 0.5 的电动机供电,使之带动传动设备运转起来,可以带动多少台电动机?

② 如果将电动机的功率因数提高到 0.8,又可以带动多少台电动机?

③ 比较上述两种情况,哪一种对发电机电源的利用率高?

分析:

发电机是电源,输出的最大功率为 10kV·A,输出的额定电压为 220V,所以接在电源两端的电动机应该也是工作在额定电压 220V 上。

对于有功功率为 1kW、额定电压为 220V 的电动机而言,其有功功率小于发动机的输出功率,所以可以接多个同样大小的电动机。

多个有功功率相同的电动机的接法为将它们一一并联起来后,再接于发动机输出电源的两端。

解:① 第一步,求发动机电源的额定电流。由发动机电源的已知条件,根据 $S = IU$,变形得

$$I_{总} = \frac{S}{U} = \frac{10 \times 10^3}{220} = 45.45(\text{A})$$

第二步,单台电动机使用时的额定电流。单台电动机工作在额定电压 220V 条件下,获得的额定电流按照公式 $P = UI\cos(\varphi)$ 可得

$$I = \frac{P}{U\cos(\varphi)} = \frac{1 \times 10^3}{220 \times 0.5} = 9.09(\text{A})$$

第三步,求可以并联相同电动机的台数。即

$$总台数 = \frac{I_{总}}{I} = \frac{45.45}{9.09} = 5(台)$$

即在电动机的功率因数为 0.5 时,可以同时并联 5 台相同的电动机使用。

② 第一步,在发动机条件相同下,当电动机的功率因数提升到 0.8 时,单台电动机使用时的额定电流,按照公式 $P = UI\cos(\varphi)$ 可得

$$I = \frac{P}{U\cos(\varphi)} = \frac{1 \times 10^3}{220 \times 0.8} = 5.68(\text{A})$$

第二步,求可以并联相同电动机的台数。即

$$总台数 = \frac{I_{总}}{I} = \frac{45.45}{5.68} = 8(台)$$

即在电动机的功率因数提高到 0.8 时，可以同时并联 8 台相同的电动机使用。

③ 比较上述计算结果，可以看出，随着负载电动机功率因数的提高，可以并联的负载电动机的数目就越多，对发电机电源的利用率也就越高。

提高功率因数的方法有两种：方法一是在设计负载时就充分考虑到如何提高其功率因数；方法二是根据 RLC 电路特点，充分利用电感与电容互补的特性，来提高负载的功率因数。对感性负载如电动机等而言，要提高功率因数，可以考虑适当增加一定容量的电容器在电路之中；对容性负载如某些高频电路中产生的分布电容器等而言，要提高功率因数，可以考虑适当增加一定电感量的电感器在电路之中。

[知识拓展] 常用电光源的结构和应用

自 19 世纪初电能开始用于照明后，电光源技术经历了几次有代表性的发展，人们相继制成了白炽灯、高压汞灯、低压汞灯、卤钨灯。近年来，又制成了高压钠灯、金属卤化物灯和 LED 灯等新型照明电光源，电光源的发光效率、寿命、显色性等性能指标不断得到提高。

电光源经历了四代发展过程。

第一代电光源：白炽灯（普通白炽灯和卤钨灯）。

第二代电光源：荧光灯（日光灯、节能灯）。

第三代电光源：高强度气体放电电光源（高压汞灯、高压钠灯、金属卤化物灯等）。

第四代电光源：半导体发光二极管（LED）。

在这四代电光源中，用于日常生活中常见照明光源及适应环境见表 6-25。

下面介绍部分常见电光源的结构和应用。

1. 白炽灯

白炽灯结构简单，它不需要电灯电路，只要接通光源即会发光。其价格低廉，显色性好，亮度高，易于聚光，便于安装和维修。自爱迪生发明具有实用价值的白炽灯以来已有一个多世纪了，但仍然被广泛地使用。它是一种热辐射式电光源。

白炽灯分为普通白炽灯和卤钨灯两种。

（1）普通白炽灯

普通白炽灯的灯泡分为卡口和螺口两种，其结构如图 6-65 所示。

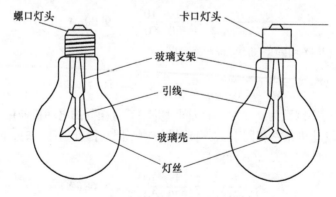

图 6-65　白炽灯的结构

表 6-25 常用照明光源及适应环境

名称 \ 特征	额定功率/W	光效/(lm/W)	平均寿命/h	显色指数/R_n	启动稳定时间/min	再启动时间/min	功率因数(cosφ)	频闪效应	表面亮度	电压影响	环境影响	耐震性能	所需附件	适用举例
白炽灯	10~1000	6.5~19	1000	95~99	瞬时	瞬时	1	不明显	大	大	小	较差	无	仓库、机关、食堂、办公室、家庭、次要道路
卤钨灯	10~1000	6.5~19	1000	95~99	瞬时	瞬时	1	不明显	大	大	小	较差	无	装配车间、礼堂、广场、会场、游泳池、广告栏、建筑物等
荧光灯	6~125	25~67	2000~3000	70~80	1~3	瞬时	0.33~0.70	明显	小	较大	大	较好	镇流器 启辉器	表面处理、理化计量、仪表装配、设计室、阅览室、办公室、教室等
高压水银灯	50~1000	30~50	2500~5000	30~40	4~8	5~10	0.44~0.67	明显	较大	较大	较小	好	镇流器	大中型机械加工车间、热加工车间、主要道路、广场、车站、港口等
管型氙灯	500~20000	20~37	500~1000	90~94	1~2	瞬时	0.50~0.9	明显	大	较大	小	好	镇流器 触发器	广场、港口、大中型建筑工地、体育馆、大型厂房等
高压钠灯	250~400	90~100	3000	20~25	4~8	10~20	0.44	明显	较大	大	较小	较好	镇流器	铸钢(铁)车间、广场、机场、车站、体育馆、露天工作场所等
金属卤化物灯	400~1000	60~80	2000	65~85	4~8	10~15	0.44~0.61	明显	大	较大	较小	好	镇流器 触发器	铸钢车间、总装车间、电焊车间等

白炽灯的灯丝主要成分是钨丝。为了防止震动和断裂,将钨丝盘成弹簧状固定在支架上置于灯泡中间,灯泡内部被抽成真空或充入少量惰性气体,灯丝通电后,钨丝呈炽热状态并辐射发光。灯丝温度越高,辐射的可见光比例就越高,即灯将电能转换为可见光的效率就越高。随着白炽灯发光效率的增加及灯丝温度的升高,钨灯丝的蒸发速度也增加,从而使灯的寿命缩短。较大功率的白炽灯泡内充有约80kPa气压的惰性气体,可以在一定程度上抑制金属钨的蒸发,从而延长了白炽灯的使用寿命。普通白炽灯的典型发光效率为101m/W,使用寿命为1000h左右。

普通白炽灯还有磨砂泡、乳白泡等,发光效率更低。

（2）卤钨灯

卤钨灯就是充有卤素的钨丝白炽灯,现在常用的卤钨灯有碘钨灯和溴钨灯。卤钨灯和普通白炽灯的结构不同,但是它们的发光原理相似。卤钨灯的结构如图6-66所示。

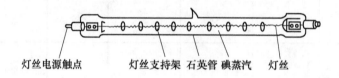

图6-66　卤钨灯的结构

普通白炽灯灯丝上的钨原子蒸发出去后,沉积在玻璃泡壳上,时间一长,灯丝越来越细,泡壳越变越黑。经过长期的努力,人们找到了卤族元素——氟、氯、溴、碘。例如碘,它在250℃以上的温度下和钨很亲近,会和钨结合在一起变为碘化钨分子;而在1500℃以上的高温下,碘化钨又分解成碘和钨原子。如果在白炽灯内充上碘,灯泡壁上温度超过250℃时,碘就会把泡壳上的钨化合成碘化钨蒸气,从泡壳上将钨拉走,向灯丝方向移动。在灯丝附近因为温度高了,碘化钨分解,把钨交还给灯丝,剩下的碘又移到温度较低的泡壳上去拉钨原子,这样,人们也就不必担心钨的蒸发了。消除了灯丝钨蒸发的问题后,就可以提高灯丝的工作温度了。灯丝工作温度提高,意味着通过灯丝的电流增加,也就增加了灯的功率,这样小小体积的碘钨灯就能比体积大很多的普通白炽灯更亮。卤钨灯与普通白炽灯相比,发光效率可提高到30%左右,高质量的卤钨灯寿命可以提高到普通白炽灯寿命的3倍左右。由于卤钨循环,减少了灯泡玻璃壳的黑化,卤钨灯的光输出在整个寿命过程中基本可以维持不变。

正是卤钨灯的以上优势,使其用途日趋广泛。例如,用于公共建筑、交通、拍摄电影和电视节目制作等场合。此外,有一类碘钨灯工作温度稍低,能发出大量红外线,可以作干燥器、烘箱的热源。还有一类碘钨灯可以用在灯光球场、体育场、游泳池等场合,既光亮又色彩逼真。

2. 荧光灯

到20世纪40年代初,荧光灯问世了,灯管的直径为38mm,长度为1.2m,灯的发光效率比白炽灯提高4倍,灯的显色指数在40以上,当时成为一种全新的灯,配上镇流器和灯具,很快被应用于工厂、商业、道路的照明,改变了白炽灯长期一统天下的局面。荧光灯的发光效率和使用寿命都比白炽灯高。荧光灯的发光效率约为23%,红外、热能分别占总耗能的36%、41%。荧光灯的发光均匀、亮度适中、光色柔和,是理想的室内照明电光源,在照明中得到了广泛的应用。

荧光灯分为日光灯和节能灯两种。

（1）日光灯

由灯管、启辉器、镇流器、灯座和灯架组成，其结构如图 6-67 所示。

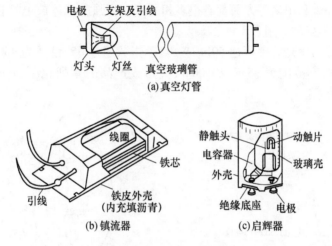

图 6-67　日光灯的结构

当电源接通时，电压全部加在启辉器上，氖气在玻璃泡内电离后辉光放电而发热（启辉器的玻璃泡内有氖气），使动触片与静触片接触将电路接通。此时灯丝通过电流加热而发射出电子，使灯丝附近的水银开始游离并逐渐气化，同时启辉器的触点接触后辉光放电随即结束，动触片冷却收缩使触点断开，电路中的电流突然中断，在此瞬间，镇流器产生的自感电动势与电源电压叠加，全部加在灯管两端灯丝间。此瞬时高压使灯管内的水银气体全部电离，产生弧光放电，辐射出不可见的紫外线，激发管壁荧光粉而发出可见光，光色近似"日光色"。

（2）节能灯

目前大量使用的节能灯，属于节能型光源，采用较细的玻璃管，内壁涂有三基色荧光粉，光色接近白炽灯，具有光效率高、寿命长的特点，这种光源有各种外形，如圆环灯、双曲灯、H 灯和双 D 灯，其中有些灯内附镇流器，可以直接代替白炽灯；也有一些需要电子镇流器才能够工作，如圆环灯、双曲灯等。其外形如图 6-68 所示。

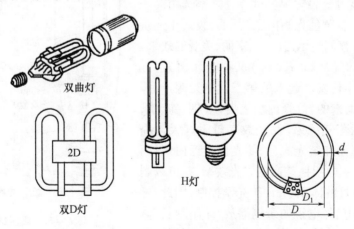

图 6-68　节能灯的外形结构

3. 高强度气体放电灯

高强度气体放电灯是高压汞灯、金属卤化物灯以及高压钠灯的总称。这些灯在高亮度、高效率、长寿命形状外观和用途等方面都有很多相同点。高强度气体放电灯在大面积照明和室外照明等场合有着很好的应用。

目前，高压汞灯的发光效率可达 50lm/W，显色指数超过 65，色温为 4000K ~ 6000K，寿命也达到了 10000h，功率范围为 35W ~ 3500W，并形成产品的系列化。高压汞灯的结构如图 6 - 69 和图 6 - 70 所示。

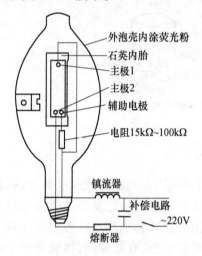

图 6 - 69　镇流式高压汞灯结构及接线

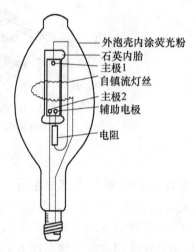

图 6 - 70　自镇流高压汞灯结构

由于高压汞灯的光色差，这种灯除了用于道路照明之外，还推广到工厂、码头、车站、广场等照明场合应用。

高压钠灯是 20 世纪 60 年代与金属卤化物灯同步发展起来的一种高强度气体放电灯，如图 6 - 71 所示。

高压钠灯是在低压钠灯的基础上发展起来的。它是高压放电灯中发光效率最高的一种，发出的金黄色光投向建筑物，显得金碧辉煌。世界各国都选用高压钠灯特有的色彩（金黄色光）作泛光照明，投射于建筑物上，使建筑物在夜间显示出庄严、富丽、美观的效果。

金属卤化物灯（Metal Halide）又称金属卤素灯。它是 20 世纪 60 年代发展起来的第三代电光源产品。它是由汞灯演变而来的，灯管内加入卤盐（铟、铊、钪、碘化钠等），使汞蒸气浓缩，发光效率较汞灯大为提高；同时增加了红光和黄光成分，使光色接近白炽灯。由于它具有优良的显色性、较高的发光效率，并可以制造出多种色温，且灯的体积小，便于光学控制，因此，可以广泛用于彩色电影、电视的录制播放、印制制版、体育场馆、广场、街道、铁路、码头、施工工地、大型厂房等的照明应用场合。

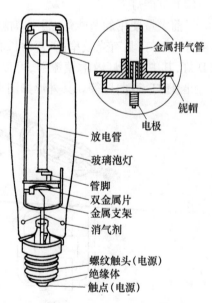

图 6 - 71　高压钠灯结构

202

4. LED(半导体发光二极管)灯

近年来,全球性的能源短缺和环境污染问题日益突出,人们迫切希望应用节能环保的新技术,半导体照明就是这种魅力的新技术。半导体照明是指用半导体发光二极管作为光源的固态照明。半导体发光二极管电光源的结构如图6-72所示。它是一种无灯丝的电光源,是一种将电能转换成光能的半导体器件,它是靠半导体化合物制成的特殊结构把电能转换成光能,称为发光二极管(Light Emitting Diode,LED)。半导体灯开始只有一种颜色,现在发展为红、黄、绿等多种发光颜色。加上其调制性能好,可制作成大面积的显示屏作为动态广告和体育新闻传播之用,还可用于显示器的指示灯,被公认为21世纪最有前途的电光源。

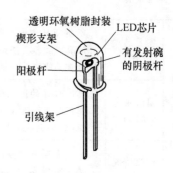

图 6-72   LED 结构图

目前汽车刹车灯、交通红绿灯等纷纷开始采用发光二极管。当今国内外现代化都市,不少标志性景观和夜景照明都开始使用LED这一类新型的固体节能新光源。据专家预测,随着发光二极管制作成本的逐步降低,它必将在更多领域发挥积极作用。从照明市场看,1999年全球白光LED销售额为0.88亿美元,2000年增长到1.18亿美元,2003年超过2.7亿美元,年增长超过预测的40%,未来需求量将继续增长。近年来,发光二极管的制造技术不断取得突破,应用越来越广泛,开发应用LED固体光源已成为21世纪的发展目标。美国、西欧、日本等国家与中国台湾地区,竞相投资开发白光LED绿色光源。我国有关部门共同组织实施的"国家半导体照明工程"的正式启动,标志着中国高亮度LED产业进入加速发展的新阶段,为LED产业的发展提供了良好契机。

项目学习评价小结

1. 学生自我评价

(1)想一想

① 照明线路的安装过程可以分为多少步?

② 在照明线路配线中,使用明装和暗装配线时,一般是在什么环境下使用得比较多?各举出几例。

③ 家居中使用塑料护套线布线时应采用什么工艺过程?

④ 晚上,某人进入自家大门,当他闭合上客厅的开关时,室内配电盘上的空气开关马上跳闸了。试写出检修思路。

(2)做一做

到市场上去调查了解现在安装一个两室一厅的房子,应该如何进行照明线路的安装和检修。

2. 项目评价报告表

项目完成时间：		年 月 日— 年 月 日				
评价项目		评分依据	优秀 (10～8)	良好 (7～5)	合格 (4～2)	继续努力 (<2)
自我评价 (30)	学习态度 (10)	1.所有项目都出全勤,没有迟到早退现象。 2.认真完成各项任务,积极参与活动与讨论。 3.尊重其他组员和教师,能够很好地交流合作				
	团队角色 (10)	1.具有较强的团队精神、合作意识。 2.积极参与各项活动、小组讨论、制作等过程。 3.组织、协调能力强,主动性强,表现突出				
	作业情况 (10)	认真完成项目任务: ①熟练掌握各种工具的使用方法; ②掌握照明电路安装工艺过程和检修方法				
自我评价总分			合计:			
小组内互评 (20)	其他组员	评分依据	优秀 (20～18)	良好 (17～15)	合格 (14～12)	继续努力 (<12)
		1.所有项目都出勤,没有迟到早退现象。 2.具有较强的团队精神、合作意识。 3.积极参与各项活动、小组讨论、成果制作等过程。 4.组织、协调能力强,主动性强,表现突出。 5.能客观有效地评价同伴的学习。 6.能认真完成项目任务: ①熟练掌握各种工具的使用方法; ②掌握照明电路安装工艺过程和检修方法				
小组内互评平均分			合计:			
评价项目		评分依据	优秀 (50～48)	良好 (47～45)	合格 (44～42)	继续努力 (<42)
教师评价 (50)		1.所有项目都出勤,没有迟到早退现象。 2.完成项目期间认真完成任务,积极参与活动与讨论。 3.团结、尊重其他组员和教师,能够很好地交流合作。 4.具有较强的团队精神、合作意识,积极参与团队活动。 5.主动思考、发言,对团队贡献大。 6.完成学习任务,各项作品齐全完整,并按要求命名和存放。 7.项目完成期间有创新、改进学习的方法。 8.能客观有效地评价同伴的学习,通过学习有所收获				
教师评价总分			合计:			
总 分						

项目七 三相异步电动机的拆装与维修

项目情景展示

三相交流电路广泛应用于现代工农业生产,同时人们日常生活中的单相交流电也是取自三相交流电中的一相。目前,世界各国电力系统普遍采用三相交流电路。这种供电方式具有节省线材、输送电能经济方便、运行平稳等特点。

三相异步电动机是一种将电能转换为机械能、输出机械转矩的动力设备。它具有结构简单、制造容易、坚固耐用、维修方便、成本较低和价格便宜等优点,作为电工技术操作者,必须掌握异步电动机的安装、调试和检修技能,这样才能保证电动机的正常工作。

项目学习目标

	学习目标	学习方式	学时
技能目标	1. 掌握三相异步电动机的拆装与维修的技能。 2. 掌握三相正弦交流电的电压测量方法。 3. 掌握三相对称负载的Y形连接中电压和电流的测量方法。 4. 掌握三相电路负载Y形连接的功率测量	讲授、学生练习	6
知识目标	1. 学会分析三相异步电动机常见故障的排除。 2. 熟悉三相交流电的定义及表达式。 3. 了解相序的概念。 4. 掌握三相四线制的电源Y形和电源△形的连接方法。 5. 运用三相不对称负载的Y形连接和三相对称负载的Y形连接的公式进行计算。 6. 计算有功功率、无功功率和视在功率	讲授、自学、查资料	6

任务一 三相异步电动机的拆装与维修

1. 三相异步电动机的外形、铭牌和接线方法

(1)三相异步电动机的结构图

图 7-1(a)、(b)和(c)为常见的三相异步电动机的外形图、接线端图和内部结构图。

(2)三相异步电动机的铭牌

铭牌是电动机的主要技术指标。它是选择、使用、维修的依据,下面以我国用量极大的 Y 系列电动机铭牌为例进行分析(表 7-1 和表 7-2)。

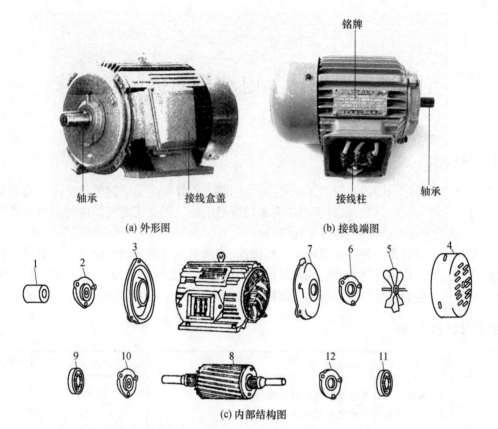

(a) 外形图   (b) 接线端图

(c) 内部结构图

1—带轮;2—前轴承外盖;3—前端盖;4—风罩;5—风扇;6—后轴承外盖;7—后端盖;
8—转子;9—前轴承;10—前轴承内盖;11—后轴承;12—后轴承内盖。

图 7-1 三相异步电动机外形图和内部结构图

表 7-1 Y 系列电动机的铭牌

型号	Y 180M2-4	功率	18.5kW	电压	380V
电流	35.9A	频率	50Hz	转速	1470r/min
接法	△	工作方式	连续	绝缘等级	E
防护形式	IP44(封闭式)	产品编号			
××电机厂			×年×月		

表 7-2 铭牌的含义

项目		说 明
型号	Y180M2-4	Y 三相异步电动机 180 机座号(数字为电动机的中心高) M 中机座(S 表示短机座,L 表示长机座) 2 铁芯长序号 4 磁极数(4 个)
功率		在正常工作(额定状态),允许从转轴上输出的功率(kW 或 W)
额定电压		电机绕组规定使用的线电压(V 或 kV)。若铭牌上标有两个电压值,则表示在两种不同的接法时的线电压

项 目	说　明
额定电流	额定状态下，输入电动机的线电流（A）。若标有两个电流，则表示在两种不同接法时的线电流
频率	输入电机的交流的频率（Hz）。国际上有 50Hz 和 60Hz 两种，我国使用 50Hz
电路接法	电机共有三相绕组、6 个引出线头，可接成Y形或△形
绝缘等级	绝缘等级表示所用绝缘材料的耐热等级。E 级绝缘允许的极限温度为 120℃，B 级为 130℃，F 级为 155℃
温升	电机发热时允许升高的温度，指电机温度与环境温度之差
额定工作方式	指运行持续的时间，有连续运行、短时运行、断续运行 3 种

（3）三相异步电动机的接线方法

三相异步电动机的接线方式有两种：Y形接法和△形接法，如表 7-3 所示。

表 7-3　电动机的接线方法

接法	接线原理图	实际接线图
Y形	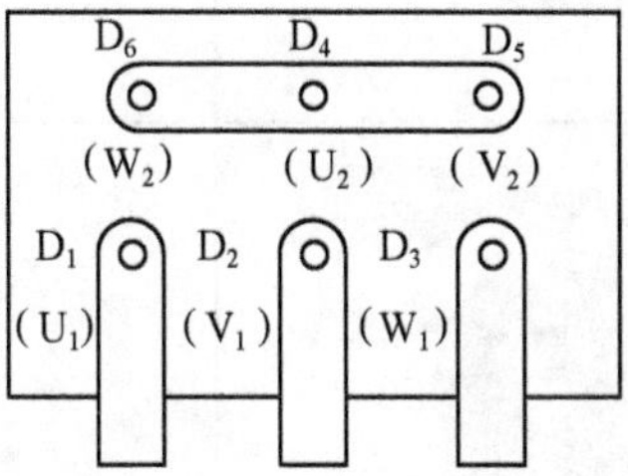	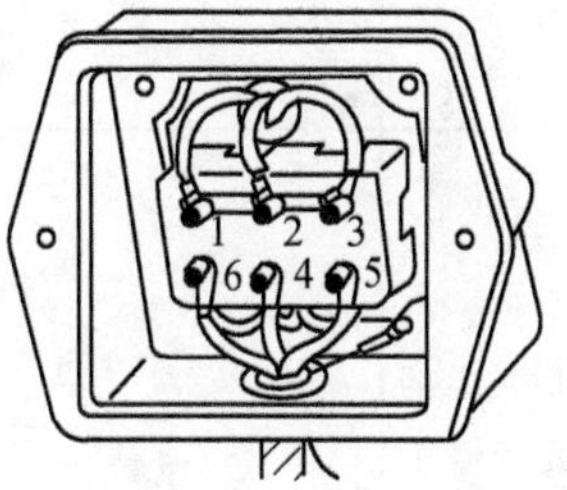
△形	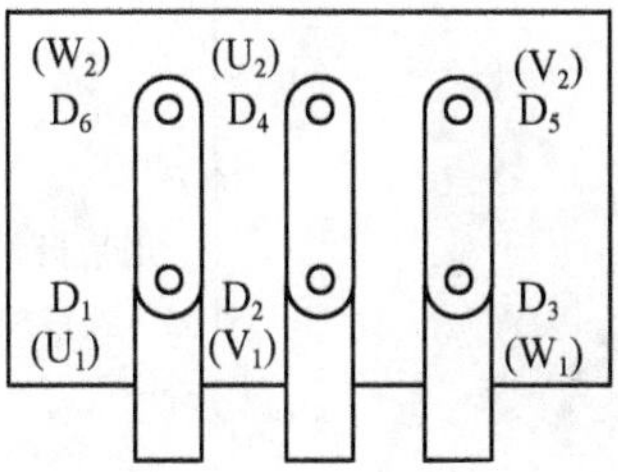	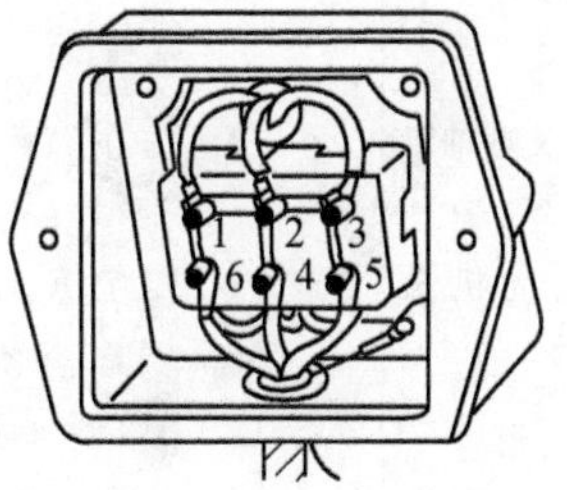

2. 电动机的拆卸方法

三相异步电动机使用时间长了，会出现故障，因此在检查、清洗、修理三相异步电动机内部或者换润滑油、拆换轴承时，经常要把电动机拆开，如果拆卸方法不得当，就会把零部件及装配位置装错，为今后的使用留下隐患，所以在电动机的检修中，应熟练地掌握拆卸的技术，其步骤和方法见表 7-4。

表 7-4　三相异步电动机的拆卸步骤和方法

步骤	拆卸图示	操作说明
拆卸风扇护壳	护壳紧固螺钉 	用螺丝刀(起子)拆下护壳上的 3 颗螺丝, 即可卸下电动机的护壳
拆下风扇	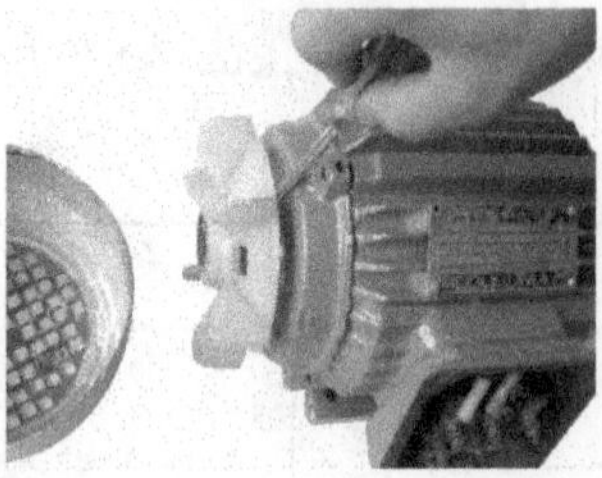	用条形铁片、平口螺丝刀、活动扳手手柄等工具,沿两点轻轻地交替撬击。两个撬击点要在同一直径上
拆下后端盖的 3 颗固定螺丝钉		
拆卸 3 颗轴承护盖螺丝(有些小型电动机没有)		用呆扳手(叉子扳手)或梅花扳手轻轻卸下螺钉,不可用钢丝钳
拆下前端盖的固定螺丝		

步 骤	拆 卸 图 示	操 作 说 明
拆下后端盖	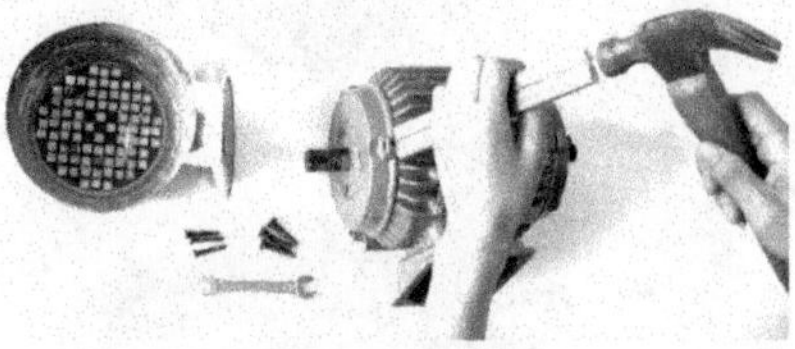	① 对中大型电动机,可用拉具拉下端盖,取出转子; ② 对中小型电动机,使用拉具不方便,如左图所示,用敲击法使前后两端盖松动,注意敲击力不要过大,以免损坏轴承或端盖
打出转子	 	用木块垫在转轴上,轻轻锤击木块,打出转子
双手取出转子		要小心仔细,以免碰伤线圈绕组

3. 电动机的装配方法

三相异步电动机的装配,原则上和拆卸时顺序相反。但装配前应对各配合处进行清理除锈,各部分装配时应按照拆卸时的标记复位。所以在电动机的检修中,应熟练地掌握装配的技术,其步骤方法如图 7 - 2 所示。

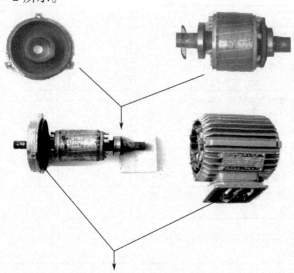

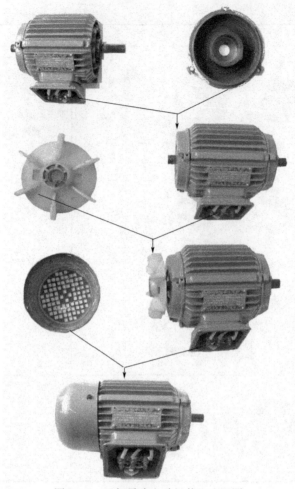

图 7 - 2　三相异步电动机装配流程图

4. 三相异步电动机拆卸和装配的考核标准

三相异步电动机拆卸和装配的考核标准见表 7 - 5。

表 7 - 5　三相异步电动机拆卸和装配的考核标准

考核内容	评 分 标 准	应得分	实 得 分
拆卸电动机	① 拆卸步骤和方法不正确,每步扣 5 分; ② 碰伤定子绕组和铁芯,扣 10 分; ③ 损坏零部件,每个扣 10 分; ④ 装配标记不清楚,每处扣 5 分	40	
装配电动机	① 装配步骤和方法错误,每步扣 10 分; ② 损坏定子绕组或者零部件,每个扣 10 分; ③ 轴承清洗不干净,每个扣 5 分; ④ 紧固螺钉未拧紧,每个扣 5 分; ⑤ 装配完成后电动机转动不灵活,扣 30 分; ⑥ 多余或者丢失螺钉等零部件,每个扣 5 分	50	
安全文明操作	发现文明、安全事故现象时,立即予以制止,并扣除 10 分	10	
总分		100	

注:每项扣分直至扣完为止

210

5. 三相交流异步电动机常见故障的检修

三相交流异步电动机通过长期运行后,会出现各种故障现象。它的常见故障可分为机械故障和电路故障两类。机械方面包括被电动机带动的机械设备和传动机构的故障、安装等方面的问题;电路方面除了电源、线路及启动控制设备的故障外,其余的均属电动机本身的故障。

及时判断故障原因,进行相应处理,是防止故障扩大、保证设备正常运行的一项重要的工作。表7-6所列为三相交流异步电动机的常见机械故障现象及处理方法,表7-7所列为其常见电路故障现象及处理方法。

表7-6 三相交流异步电动机的常见机械故障及处理方法

内容	可能出现的故障	处理方法
外部直观检查	螺栓松动	用叉子扳手紧固
	皮带轮松动	加上销紧固
	风扇破裂	更换
	有裂纹	若机壳是铸铁,可施以电焊(用铸铁焊条);若机壳是铸铝,可施以气焊;若裂纹较大,焊接困难,则只能报废
用手旋转,使转子转动	转动阻力大(一般是装配不良或轴承失油)	重新装配或给轴承重加润滑油
	无法转动(一般是由于轴承锈死)	更换轴承
	异响(一般是轴承损坏或机内、风扇周围有异物)	更换轴承,清除异物

表7-7 三相交流异步电动机的常见电路故障及处理方法

故障现象	可能原因	处理方法
通电后电动机不能转动,但无异响,也无异味和冒烟	① 电源未通(至少两相未通)。 ② 熔丝熔断(至少两相熔断)。 ③ 过流继电器调得过小。 ④ 控制设备接线错误	① 检查电源回路开关,熔丝、接线盒处是否有断点并修复。 ② 检查熔丝型号、熔断原因,换新熔丝。 ③ 调节继电器与电动机相吻合。 ④ 改正,重新接线
通电后,电动机不转,然后熔丝烧断	① 缺一相电源,或定子线圈一相反接。 ② 定子绕组相间短路。 ③ 定子绕组接地。 ④ 定子绕组接线错误。 ⑤ 熔丝截面过小。 ⑥ 电源线短路或接地	① 检查刀闸是否有一相未合好或电源回路有一相断线,消除反接。 ② 查出短路点,予以修复。 ③ 消除接地。 ④ 查出误接,予以更正。 ⑤ 更换熔丝。 ⑥ 消除接地点
通电后电动机不转,有嗡嗡声	① 定、转子绕组有断路(一相断线)或电源一相无电。 ② 绕组引出线始末端接错或绕组内部接反。 ③ 电源回路接点松动,接触电阻大。 ④ 电动机负载过大或转子卡住。 ⑤ 电源电压过低。 ⑥ 小型电动机装配太紧或轴承内油脂过硬。 ⑦ 轴承卡住	① 查明断点予以修复。 ② 检查绕组极性,判断绕组末端是否正确。 ③ 紧固松动的接线螺丝,用万用表判断各接头是否假接,予以修复。 ④ 减载或者消除机械故障。 ⑤ 检查电动机的接线是否把规定的△形误接为丫形;是否由于电源导线过细使压降过大,重接。 ⑥ 重新装配使之灵活,更换合格油脂。 ⑦ 修复或更换轴承

故障现象	可能原因	处理方法
电动机启动困难,额定负载时,电动机转速低于额定转速较多	① 电源电压过低。 ② △形电动机误接为丫形。 ③ 笼型转子脱焊或断裂。 ④ 定、转子局部线圈错接、反接。 ⑤ 修复电动机绕组时,增加匝数过多。 ⑥ 电机过载	① 测量并且调高电源电压。 ② 纠正接法。 ③ 检查脱焊点和断点并修复。 ④ 查出误接处,予以改正。 ⑤ 恢复正确匝数。 ⑥ 减载
电动机空载过载时,电流表指针不稳、摆动	① 笼型转子导条开焊或断条。 ② 绕线型转子故障(一相断路)或电刷短路装置接触不良	① 查出断条予以修复或更换转子。 ② 检查绕转子回路并加以修复
电动机空载电流平衡,但数值过大	① 修复时定子绕组匝数减少过多。 ② 电源电压过高。 ③ 丫形电动机误接为△形。 ④ 电动机装配中,转子装反,使定子铁芯未对齐,有效长度减短。 ⑤ 气隙过大或不均匀。 ⑥ 大修拆除旧绕组时,使用热拆法不当,使铁芯烧损	① 重绕定子绕组,恢复正确匝数。 ② 设法恢复额定电压。 ③ 改接为 Y。 ④ 重新装配。 ⑤ 更换新转子或调整气隙。 ⑥ 检修铁芯或重新计算绕组,适当增加匝数
电动机运行时响声不正常,有异响	① 转子与定子绝缘纸或槽楔相擦。 ② 轴承磨损或油内有砂粒等异物。 ③ 定转子铁芯松动。 ④ 轴承缺油。 ⑤ 风道填塞或风扇擦风罩。 ⑥ 定、转子铁芯相擦。 ⑦ 电源电压过高或不平衡。 ⑧ 定子绕组错接或短路	① 修剪绝缘,削低槽楔。 ② 更换轴承或清洗轴承。 ③ 检修定、转子铁芯。 ④ 加油。 ⑤ 清理风道;重新安装。 ⑥ 消除擦痕。 ⑦ 检查并调整电源电压。 ⑧ 消除定子绕组故障
运行中电动机振动较大	① 由于磨损轴承间隙过大。 ② 气隙不均匀。 ③ 转子不平衡。 ④ 转轴弯曲。 ⑤ 铁芯变形或松动。 ⑥ 联轴器(皮带轮)中心未校正。 ⑦ 风扇不平衡。 ⑧ 机壳或基础强度不够。 ⑨ 电动机地脚螺丝松动。 ⑩ 笼型转子脱焊断路,绕线转子断路,定子绕组故障	① 检修轴承,必要时更换。 ② 调整气隙,使之均匀。 ③ 校正转子动平衡。 ④ 校直转轴。 ⑤ 校正重叠铁芯。 ⑥ 重新校正,使之符合规定。 ⑦ 检修风扇,校正平衡,纠正其几何形状。 ⑧ 进行加固。 ⑨ 紧固地脚螺丝。 ⑩ 修复转子绕组,修复定子绕组
轴承过热	① 滑脂过多或过少。 ② 油质不好含有杂质。 ③ 轴承与轴颈及端盖配合不当(过松或过紧)。 ④ 轴承内孔偏心,与轴相擦。 ⑤ 电动机端盖或轴承盖未装平。 ⑥ 电动机与负载间联轴器未校正,或皮带过紧。 ⑦ 轴承间隙过大或过小。 ⑧ 电动机轴弯曲	① 按规定加润滑脂(容积的 1/3 ~ 2/3)。 ② 更换清洁的润滑滑脂。 ③ 过松可用黏结剂修复,过紧应车,磨轴颈或端盖内孔,使之适合。 ④ 修理轴承盖,消除擦点。 ⑤ 重新装配。 ⑥ 重新校正,调整皮带张力。 ⑦ 更换新轴承。 ⑧ 校正电机轴或更换转子

知识链接一 三相正弦交流电的认知

知识点1 三相正弦交流电的基本知识

1. 三相交流电的产生及工作原理

三相电动势是由三相交流发电机产生的,图7-3所示为三相交流发电机的示意图。它主要由转子和定子构成。转子是电磁铁,其磁极表面的磁场按正弦规律分布。定子中嵌有3个线圈绕组,彼此相隔120°,每个线圈的匝数、几何尺寸和绕法完全相同,三相绕组始端分别用U_1、V_1、W_1,末端用U_2、V_2、W_2表示,颜色一般用黄色、绿色、红色表示。

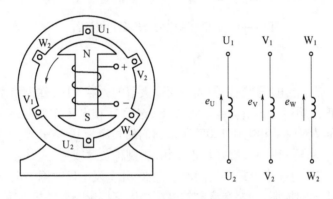

图7-3 三相交流发电机示意图

当原动机如汽轮机、水轮机等带动三相发电机的转子作逆时针转动时,磁极 N 转到 U_1 处时,U 相的电动势达到正的最大值。经过120°后,磁极 N 转到 U_1 处,U 相的电动势达到正的最大值。同理,再由此经过120°后,W 相电动势达到正的最大值,周而复始,这种最大值相等、频率相同、相位互差120°的3个正弦电动势称为对称三相电动势,而且规定每相电动势的正方向时从线圈的末端指向始端,即当电流从始端流出为正,反之为负。

2. 三相交流电的特点

项目六所学习的单相交流电中的电源只有两根输出端,即电源只有一个交变电动势。但是三相交流电采用的是三相制,因为三相制电力系统具有单相制电力系统无法比拟的优点:

① 在发电方面,三相发电机比尺寸相同的单相发电机输出的功率要大;

② 三相发电机的结构和制造不比单相发电机复杂,但使用和维护均较方便,逆转时比单相发电机的振动噪声要小;

③ 在同样条件下输送同样大的功率时,特别是远距离输电时,三相输电线比单相输电线要节约25%左右的材料;

④ 由三相电力系统中可以很方便地获得三个独立的单相交流电,可以满足只需使用单相交流电供电的场合。

3. 三相正弦交流电动势的表示方法

若以 U 相为参考正弦量,可得到它们的瞬时表达式为

$$e_U = E_m \sin \omega t$$
$$e_V = E_m \sin(\omega t - 120°)$$

$$e_W = E_m \sin(\omega t - 240°) = E_m \sin(\omega t + 120°)$$

波形图和矢量图分别如图 7 - 4(a)、(b)所示。

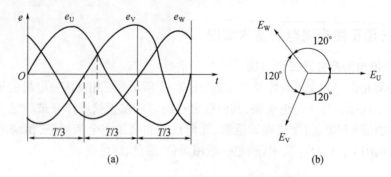

(a)   (b)

图 7 - 4　三相交流电的波形图和矢量图

知识点 2　相序

在三相电压源中,各相电压到达正的或负的最大值的先后次序,称为相序,在图 7 - 4 中三相电动势到达正幅值的顺序为 e_U、e_V、e_W。习惯上,选用 U 相电压作参考,V 相电压滞后 U 相电压 120°,W 相电压又滞后 V 相电压 120°,所以它们的相序为 U—V—W,则称为正序或顺序;若最大值出现的顺序为 V—U—W,恰好与正序相反,则称负序或逆序。

在实际工作中,相序是一个很重要的问题。例如:几个发电厂并网供电,相序必须相同,否则发电机都会遭到重大的损坏;三相交流电的电源相序直接影响电动机的旋转方向;而许多机械设备对相序的要求都很严,假如相序错了,必将会造成重大事故。因此,在实际生产中一般规定:第一相(U 相)用黄色,第二相(V 相)用绿色,第三相(W 相)用红色来表示。图 7 - 5(a)、(b)所示为常用的相序表,可以用来测量三相电压源的相序。

(a) MS-5900 相序表   (b) HIOKI3129 相序表

图 7 - 5　常用的相序表

图 7 - 5(a)所示的 MS - 5900 相序表是一种手持式操作仪器,专门用来测量马达三相位系统的旋转磁场并决定其转向的仪表。图 7 - 5(b)所示的 HIOKI3129 相序表为非接触型的检相器,使用时只需在被测电压的上面进行检相,它上面的 LED 转动显示,三相电源的相序一目了然。正相时发出短鸣音,逆相时发出长鸣音,以示区分。停止使用 15min 后,它会自动切断电源。

任务二　三相正弦交流电的电压测量

三相交流电源本来具有 U_1、V_1、W_1、U_2、V_2、W_2 六个接头,如图7-6所示。但是在低压供电系统中常采用三相四线制供电,把三相绕组的末端 U_2、V_2、W_2 连接成一个公共端点,叫做中点(零点),用 N 表示,如图7-7所示,从中点引出的导线叫做中线(零线),用黑色或者白色表示。中线一般是接地,又叫做地线。从线圈的首端 U_1、V_1、W_1 引出的三根导线叫做相线(火线),这种供电系统称为三相四线制供电,用符号 Y_0 表示。在低压配电中常采用这种系统。

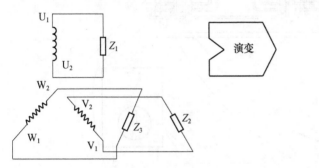

图7-6　三相绕组两端分别接上负载　　　　图7-7　三相绕组接成三相四线制

三相四线制供电系统可输送两种电压,即相电压和线电压。各相线与中线之间的电压称为相电压,用 U_U、U_V、U_W 表示其有效值,相电压的正方向规定为由绕组的始端指向末端,即由相线指向中线,如图7-8所示。相线与相线之间的电压称为线电压,它们的瞬时值用 U_{UV}、U_{VW}、U_{WU} 表示,规定线电压参考方向是自 U 相指向 V 相,V 相指向 W 相,W 相指向 V 相。

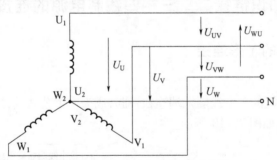

图7-8　三相四线各部位电压名称

【工作过程】(建议4位学生合作完成)

根据图7-9,在老师的指导下,测出配电板中的相电压和线电压的值,并将实际测量数据填入表7-8中。

表7-8　配电板中的相电压和线电压的实际测量数据

	U_{UV}	U_{VW}	U_{WU}	U_{UN}	U_{VN}	U_{WN}
第一位同学测量值						
第二位同学测量值						
第三位同学测量值						
第四位同学测量值						

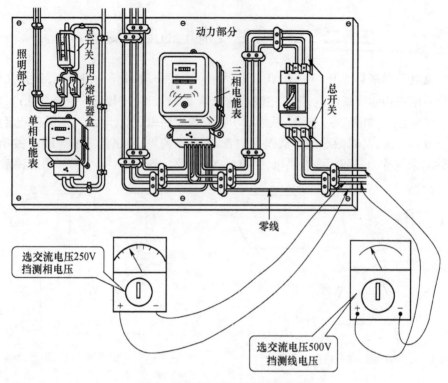

图 7-9　相电压和线电压的测量图

每一位同学将测出的实际数据给指导老师进行检查和评定。

知识链接二　三相四线制电源的连接

知识点 1　三相电源的 Y 形连接

1. 电路图

将三相四线制发电机的 3 个线圈末端连在一起,成为一个公共端,这种连接方式称为电源的 Y 形连接,各部分名称如图 7-10 所示。

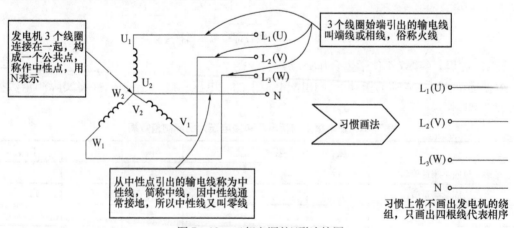

图 7-10　三相电源的 Y 形连接图

2. 矢量图

三相电源绕阻接成Y形连接时,可通过作矢量图的方法,找出线电压和相电压的关系进行分析,其作图步骤如下:

① 以 U 相的相电压作参考矢量;

② 在图中作出 $-U_V$;

③ 用平行四边形法则,作出 U_V 和 $-U_V$ 的矢量和 U_W,并用 U_V 的端点作 U_W 的垂线,得到直角△OPC,如图 7-11 所示,于是可得

$$\frac{1}{2}U_{UV} = U_V\cos 30° = \frac{\sqrt{3}}{2}U_V$$

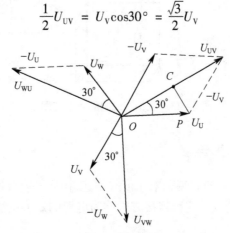

图 7-11 线电压和相电压的矢量图

同理,可求得

$$U_{VW} = \sqrt{3}U_V \quad U_{WV} = \sqrt{3}U_W$$

即线电压和相电压数量关系为

$$U_{线} = \sqrt{3}U_{相}$$

从图 7-11 可以看出,线电压和相电压的相位不同,线电压总是超前与之对应的相电压30°。

在三相电路中,流过每相负载的电流叫相电流,用 $I_{相}$ 表示,正方向与相电压方向相同;流过每根相线的电流叫线电流,用 $I_{线}$ 表示,正方向规定由电源流向负载,在实际工程线路上统称的三相电流,若无特别说明,都是指线电流的有效值;流过中线的电流统称为中线电流,用 I_N 表示,正方向规定为由负载中点流向电源中点,如图 7-12 所示。

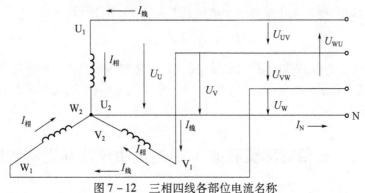

图 7-12 三相四线各部位电流名称

显然,在三相负载的Y形连接中,线电流就是相电流,即

$$I_{Y线} = I_{Y相}$$

在实际生产中,常用的是四孔插座,如图7-13所示,就是三相四线制的典型应用。

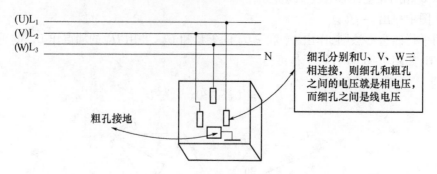

图7-13 三相四线制的典型应用图

知识点2 三相电源的△形连接

将三相发电机的三相绕组的起端和末端依次相连,构成一闭合回路,然后从3个连接点引出一根端线,如图7-14(a)所示,这种连接方式称为电源的△形接法。

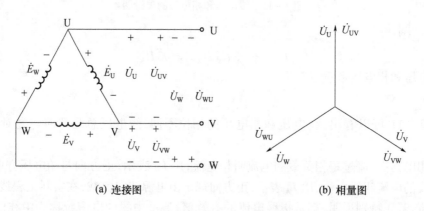

(a) 连接图　　　　　　　　　　　　　(b) 相量图

图7-14 三相电源的△形连接图

显然这种接法中,中线电压就等于相电压,如图7-14(b)所示,即:

$$U_{UV} = U_U , U_{VW} = U_V , U_{WU} = U_W$$

在生产实践中,三相电源△形接法的输电线路,只能向用户提供一种电压,其优点是,与三相四线制相比,又节省了一根导线。三相变压器中常采用△形接法,而三相发电机的绕组则很少采用这种接法。

任务三 三相对称负载的Y形连接中电压和电流的测量

三相对称负载电路在生产与生活中应用得最为广泛,如三相电动机、三相工业电炉等负载

必须接上三相电压才能正常工作。

将三相负载——白炽灯的进线端分别接到三相电源的 U、V、W 三相上,三相负载输出端短接于负载公共端 N',负载公共端接于电源中线 N 上。这种连接方式称为三相负载的Y形连接,如图 7 – 15 所示为三相负载电路图。

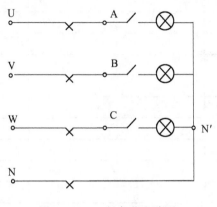

图 7 – 15　三相负载电路图

【工作过程】(建议 4 位学生合作完成)

将 3 组灯箱负载做成Y形连接电路,如图 7 – 16(a)所示,经检查无误后,合上开关 S_1 和 S_2 测量负载端各相电压、线电压和线电流的数值,将数据记入到表 7 – 9 中,同时观察灯泡亮度是否相同;再断开中线开关 S_2,重复上述测量,将数据记入到表 7 – 9 中,同时也观察灯泡亮度(与有中线时相比,有无变化),然后断开开关 S_1;再将 U 相负载的灯泡改为一盏,其他两相仍为两盏,先合上 S_2,然后闭合 S_1 开关,重复第二次测量,将数据记入到表 7 – 9 中,并观察各相灯泡的亮度;最后将中线开关 S_2 断开,再重复第二次内容的测量,将数据记入到表 7 – 9 中,并观察哪一相灯泡最亮(注意:作无中线不对称负载连接时,由于某相电压要高于灯泡的额定电压,故动作要迅速,测量时间不可过长,测量完后应立即断开 S_1 开关)。

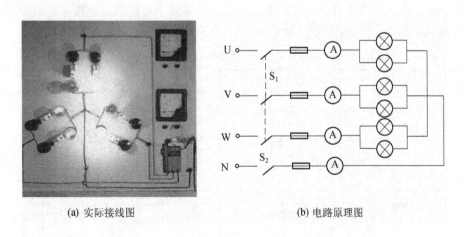

(a) 实际接线图　　　　　　　　(b) 电路原理图

图 7 – 16　三组灯箱负载做成的Y形连接电路图

表 7-9　三相对称负载丫形连接测量的电压电流数据

测量项目		负载对称		负载不对称	
		有中线	无中线	有中线	无中线
线电压/V	U_{UV}				
	U_{VW}				
	U_{WU}				
相电压/V	U_U				
	U_V				
	U_W				
电流/A	I_U				
	I_V				
	I_W				
	I_N				
灯泡亮度比较					

〔注意〕

① 电路接线完毕,同组同学应自查一遍,然后由指导教师检查后,方可接通电源,必须严格遵守先接线、后通电、先断电、后拆线的操作原则;

② 丫形负载作短路时,必须首先断开中线,以免发生短路事故;

③ 测量、记录各电压、电流时,注意分清它们是哪一相、哪一线,避免记错。

知识链接三　三相负载的丫形连接

知识点 1　三相负载的丫形连接

在三相负载中,如果每相负载的电阻、电抗分别相等,则称为三相对称负载;否则,称为三相不对称负载。由三组单相负载组合成的三相负载通常是不对称的。三相负载的连接方式有三相不对称负载的丫形连接和三相对称负载的丫形连接,它们的区别见表 7-10。

表 7-10　三相负载的两种丫形连接的比较

电路名称	三相不对称丫形连接	三相对称丫形连接
照明线路	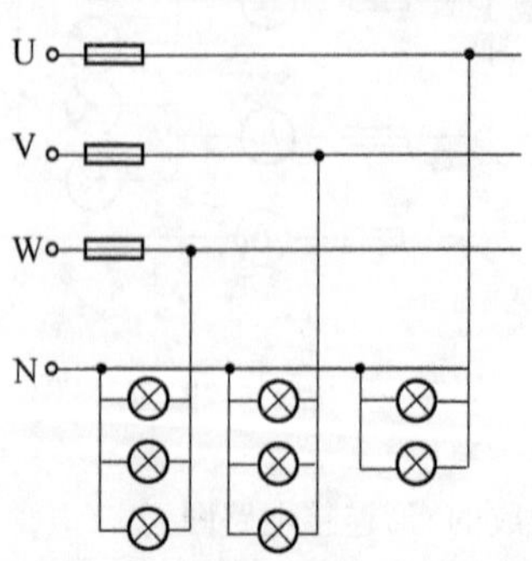	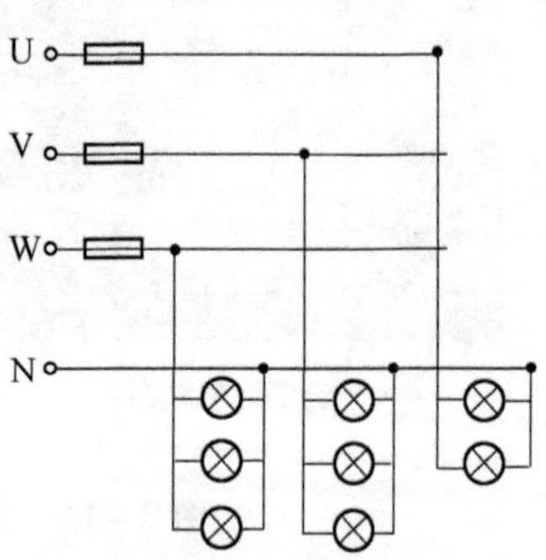

电路名称	三相不对称Y形连接	三相对称Y形连接
负载连接		
电流相量图	\n假定 U 相电流最小，$I_N = I'_W + (-I_U)$	\n$I_N = I_V + I_U + I_W = 0$
计算公式	$I_U = \dfrac{U_{相}}{Z_U}$ $I_V = \dfrac{V_{相}}{Z_V} = \dfrac{U_{相}}{Z_V}$ $I_W = \dfrac{W_{相}}{Z_W}$ $\Phi_1 = \arctan \dfrac{x_1}{R_U}$ $\Phi_2 = \arctan \dfrac{x_2}{R_V}$ $\Phi_3 = \arctan \dfrac{x_3}{R_W}$ $x = (x_L - x_C)$	因三相负载电阻相等，只需计算一相 $I_{相} = \dfrac{U_{相}}{Z_{相}}$ 等于各相电流 $\Phi = \arctan \dfrac{x}{R}$
特点	由于有中线，将电源的中性点 N 与负载中性点 N′相连，使负载的相电位与对应电源相电压保持相等。线电流等于相电流	由于各负载相同，因此流过各相电流大小应相等，而且每相电流的相位差仍为120°，中线电流为零，可取消中线
中线	中线中有一定电流，三相负载越接近，中线电流就越小。中线不能断开	由于三相对称负载Y形连接时中线电流为零，因而取消中线不会影响三相电路的工作，三相四线实际变为三相三线
供电方式	三相四线制供电方式，使各相负载成为互不影响的独立电器	三相四线制供电方式可变为三相三线制供电方式

由表 7 - 10 中负载对称和不对称的连接方式，可得出以下几点结论。

① 三相不对称负载的Y形连接应采用三相四线制，以保证三相相电压的对称，它的中性线在任何情况下都不能断开，因此规定中性线上不准装开关和熔断器，并必须有足够的机械强度，以免断开。

② 在工程实际中，一般应将负载均匀分配在三相上，使中线电流偏小。

③ 如果中性线一旦断开，可能导致某相负载电压低于其额定电压而不能正常工作，另外的某一相负载所承受的电压超过其额定电压而被烧毁。

④ 在三相对称负载中，由于各相阻抗相同，各相电流有效值是相等的，所以只需要计算一

相即可。

⑤ 三相不对称负载作Y形连接时,三个相电压虽然对称,但三个相电流却不对称。从而要求必须对中线有所讨论,不可无中线。

【例题7-1】 如图7-17所示,在380V/220V的三相四线制供电照明线路中,A相接一只220V、100W的白炽灯Ra,B相不接负载(B相断开),C相接一只220V、60W的白炽灯Rc。

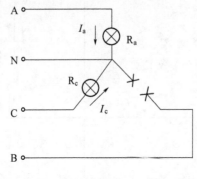

图7-17 【例题7-1】图

试求:(1)在中线不断开时各相电流是多少?

(2)当中线断开时,两只白炽灯会出现什么现象?

解:(1) 在中线不断开时各相电阻为

$$R_a = \frac{U^2}{P} = \frac{220^2}{100} = 484(\Omega) \qquad R_c = \frac{U^2}{P} = \frac{220^2}{60} = 806.7(\Omega)$$

根据欧姆定律,可算出每相电流为

$$I_a = \frac{U_a}{R_a} = \frac{220}{484} = 0.45(A)$$

$$I_b = 0$$

$$I_c = \frac{U_c}{R_c} = \frac{220}{806.7} = 0.27(A)$$

因为有中线存在,各相负载的端电压仍然是三相电源的相电压,尽管 b 相断开,a 相和 c 相中的两个灯泡仍可以正常工作,此时中线上有电流通过,根据矢量关系或用余弦定理可求得

$$I'_N = \sqrt{I_a^2 + I_c^2 + 2I_aI_c\cos120°} = 0.39A$$

(2) 若中线断开,电路变为不对称负载的Y形连接,而有无中线的情况从电路图可以看出,两个灯泡相当于串联在线电压 U_{AC} 之间,通过它们的电流是

$$I = \frac{U_{AC}}{R_a + R_c} = \frac{380}{806.7 + 484} = 0.29(A)$$

两个灯泡实际消耗的电功率是

$$P_a = I^2R_a = 0.29^2 \times 484 = 4.07(W)$$

$$P_c = I^2R_c = 0.29^2 \times 806.7 = 67.87(W)$$

计算结果可得出:60W 的白炽灯反比 100W 的白炽灯消耗的功率还要多,也即 60W 的白炽灯反比 100W 的白炽灯还要亮。而两个灯泡的实际电压是

$$U_a = IR = 0.29 \times 484 = 140.4(\text{V})$$

$$U_c = I \times R = 0.29 \times 806.7 = 233.9(\text{V})$$

100W 灯泡两端的电压只有 140V,还达不到灯泡的额定电压,因而不能正常发光,而 60W 的灯泡两端电压是 233.9V,超过灯泡电压的额定值,将会影响灯泡的寿命。由此可见,不对称三相负载Y形连接如果接入三相电源时,没有中线是非常危险的。

通过以上例题分析可知,三相不对称负载Y形连接电路中的中线具有很重要的作用。因为中线的存在可以保证每相负载均能承受对称的电源相电压,使三相负载构成 3 个互不影响的独立回路;其次中线的存在可以使三相四线制电路提供两种电压。

知识点 2 三相负载的△形连接

三相负载分别接在三相电源的每两根相线之间的连接方式,就称为三相负载的△形连接,如图 7 - 18 所示。

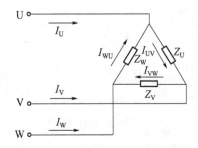

图 7 - 18 三相负载△形连接的电路图

从图中的分析可知:

① 负载的相电压就是电源的线电压,因为各相负载接在两根电源线之间,$U_\text{线} = U_\text{相}$。

② 各相负载的相电压总是对称的,因为电源电压是对称的。

③ △形连接的负载接通电源后,就会产生线电流和相电流。图中所示 I_U、I_W、I_V 为线电流,I_{UV}、I_{VW}、I_{WU} 为相电流,可证明它们之间关系是

$$I_U = \sqrt{3} I_{UV}$$

即线电流是相电流的 $\sqrt{3}$ 倍。

④ 三相负载的各种连接形式并非可以随意选用,在生产实践中,究竟采用哪种三相负载的接法,必须根据电器额定电压与电源电压的关系而确定。

【例题 7 - 2】 在某物业小区低压三相配电系统中,电源线电压为 380V,相电压 220V。如果三相负载的额定电压为 220V 和 380V,问负载如何接在电源上。

解:① 三相负载额定相电压为 220V 时应接Y形接法。

② 三相负载额定相电压 380V 时应接△形接法。

【例题 7 - 3】 有 3 个 100Ω 的电阻,将它们分别连接成Y形或△形方式,并且接到线电压为 380V 的对称三相电源上,如图 7 - 19 所示。试求:线电压、相电压、线电流和相电流各是多少?

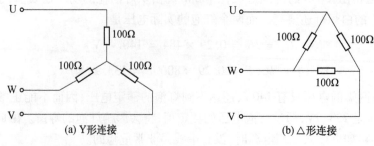

(a) Y形连接　　　　　　　　　(b) △形连接

图 7-19　【例题 7-3】图

解：① 负载作Y形连接，如图 7-19(a)所示。

负载的线电压为

$$U_L = 380V$$

负载的相电压与线电压的关系为 $U_L = \sqrt{3}\,U_P$，即

$$U_P = \frac{U_L}{\sqrt{3}} = \frac{380}{\sqrt{3}}V = 220V$$

负载的相电流等于线电流，即

$$I_P = I_L = \frac{U_P}{R} = \frac{220}{100}A = 2.2A$$

② 负载作△形连接，如图 7-19(b)所示。

负载的线电压为

$$U_L = 380V$$

负载的相电压等于线电压，即

$$U_P = U_L = 380V$$

负载的相电流为

$$I_P = \frac{U_P}{R} = \frac{380}{100}A = 3.8A$$

负载的线电流为相电流的 $\sqrt{3}$ 倍，即

$$I_L = \sqrt{3}\,I_P = \sqrt{3} \times 3.8A = 6.58A$$

任务四　三相电路负载 Y 形连接的功率测量

在三相四线制供电方式中，三相负载的Y形连接，可用一只功率表测量各相的有功功率 P_U、P_V、P_W，则三相负载总的有功功率为 $\sum P = P_U + P_V + P_W$。图 7-20 所示为三瓦计法测量功率电路。若三相负载是对称的，则只需测量任意一相的功率，再乘以 3 即得三相总的有功功率。

在三相三线制供电系统中，不论三相负载是否对称，也不论负载是Y形接法还是△形接法，都可用二瓦计法测量三相负载总的有功功率。测量线路如图 7-21 所示，此时三相总功率为 $\sum P = P_{W1} + P_{W2}$（P_{W1}、P_{W2} 本身不含任何意义）。

【工作过程】（建议4位学生合作完成）

① 三相负载作Y形连接并接于三相四线制电源上（图7-20），将三只功率表依次接在 U、V、W 三相电源的连线上，电压支路接 N 相，测量各相功率，并将测量数据填入表7-11中。

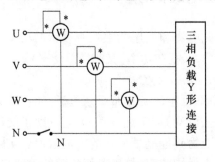

图7-20　三瓦计法测量功率电路

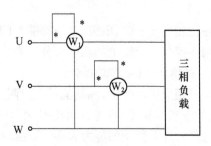

图7-21　二瓦计法测量功率电路

表7-11　三瓦计法测量三相四线制负载功率的数据

读 数 负载形式	U相负载（灯泡 功率×数量）	V相负载（灯泡 功率×数量）	W相负载（灯泡 功率×数量）	P_U	P_V	P_W	$\sum P = P_U + P_V + P_W$
三相四线制 不对称负载							
三相四线制 对称负载							

② 三相负载作Y形连接并接于三相三线制电源上，如图7-21所示，将两只功率表分别接于 U、V、W 三相中任意两相，功率表 W_1 和 W_2 的读数分别为 P_1 和 P_2。功率表 W_1 和 W_2 读数的代数和等于负载消耗的总功率。单只功率表的读数无意义。因为对称三相四线制电路的中线内没有电流流过，所以二瓦计法仍然可以采用，但二瓦计法不适用于不对称三相四线制电路。测量两相的功率，并将测量数据填入表7-12中。

表7-12　二瓦计法测量三相三线制负载有功功率的数据

读 数 负载形式	U相负载（灯泡 功率×数量）	V相负载（灯泡 功率×数量）	W相负载（灯泡 功率×数量）	P_1	P_2	$\sum P = P_1 + P_2$
三相三线制 对称负载						
三相三线制 不对称负载						

〔注意〕

① 接线时应使两个功率表的电流线圈串联接入电路任意两线，使其通过的电流为三相电路的线电流，两只功率表电压支路的发电机端必须接至电流线圈所在线，而另一端则必须接至没有接电流线圈的第三线。

② 读数时必须把符号考虑在内，当负载的功率因数大于 0.5 时，两功率表读数之和即是三相总功率；当负载的功率因数小于 0.5 时，将有一只功率表的指针反转，此时应将该表电流

225

线圈的两个端钮反接,使指针正向偏转,该表的读数应为负,三相总功率即是两表读数之差。

知识链接四　三相交流电路的功率

在三相交流电中,电流、电压都随时间而变化,因此电流和电压的乘积所表示的功率也将随时间而变化。交流电的功率可分为有功功率、无功功率、视在功率(又叫做总功率)。

1. 有功功率(平均功率)

在三相交流电路中,凡是消耗在电阻元件上、功率不可逆转换的那部分功率(如转变为热能、光能或机械能等)称为有功功率,用 P 表示,单位是瓦(W)或千瓦(kW)。它反映了交流电源在电阻元件上做功的能力大小,或在单位时间内转变为其他能量形式的电能数值。实际上它是交流电在一个周期内瞬时功率的平均值,故又称为平均功率,是指各相负载的功率之和,其表达式为

$$P = P_U + P_V + P_W$$

每相负载的有功功率等于对应的负载相电压乘以相电流及其夹角的余弦,即

$$\begin{cases} P_U = U_U I_U \cos\varphi_U \\ P_V = U_V I_V \cos\varphi_V \\ P_W = U_W I_W \cos\varphi_W \end{cases}$$

在对称的三相电路中,每相的有功功率相等,则三相有功功率为

$$P = 3P_P = 3U_P I_P \cos\varphi = \sqrt{3} U_L I_L \cos\varphi$$

〔注意〕:上式中 φ 是负载相电压和相电流的相位差,而不是线电压与线电流的相位差。

2. 无功功率

在交流电路中,凡是具有电感性或电容性的元件,在通过三相交流电后便会建立起电感线圈的磁场或电容器极板间的电场。因此,在交流电每个周期内的上半部分(瞬时功率为正值)时间内,它们将会从电源吸收能量用来建立磁场或电场;而下半部分(瞬时功率为负值)的时间内,其建立的磁场或电场能量又返回电源。因此,在整个周期内这种功率的平均值等于零。因此,将电感或电容元件与三相交流电源往复交换的功率称为无功功率,简称"无功",用 Q 表示,单位是乏(var)或千乏(kvar)。

$$Q = Q_U + Q_V + Q_W = U_U I_U \sin\varphi_U + U_V I_V \sin\varphi_V + U_W I_W \sin\varphi_W$$

在对称的三相电路中,无功功率为

$$Q = 3U_P I_P \sin\varphi_Z = \sqrt{3} U_L I_L \sin\varphi_Z$$

3. 视在功率

在三相交流电路中,交流电源所能提供的总功率,称为视在功率,在数值上是交流电路中电压与电流的乘积。视在功率用 S 表示,单位为伏安(V·A)或千伏安(kV·A)。它通常用来表示交流电源设备(如变压器)的容量大小。视在功率既不等于有功功率,也不等于无功功率,但它既包括了有功功率,又包括了无功功率。

在对称三相负载的电路中,视在功率为

$$S = \sqrt{P^2 + Q^2} = 3U_P I_P = \sqrt{3}\, U_L I_L$$

4. 功率三角形

视在功率(S)、有功功率(P)及无功功率(Q)之间的关系,可以用功率三角形来表示,如图 7-22 所示。它们构成一个直角三角形,两直角边分别为 Q 与 P,斜边为 S。S 与 P 之间的夹角 Φ 为功率因数角,它反映了该交流电路中电压与电流之间的相位差(角)。

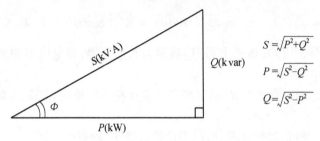

$$S = \sqrt{P^2 + Q^2}$$
$$P = \sqrt{S^2 - Q^2}$$
$$Q = \sqrt{S^2 - P^2}$$

图 7-22 3 个功率之间的关系

【例题 7-4】 对称三相三线制的线电压 $U_L = 100\sqrt{3}\,\mathrm{V}$,每相负载阻抗为 $Z = 10\angle 60°\,\Omega$,求负载为 Y 形及 △ 形两种情况下的电流和三相功率。

解:① 负载 Y 形连接时,相电压的有效值为

$$U_P = \frac{U_L}{\sqrt{3}} = 100\mathrm{V}$$

设 $\dot{U}_1 = 100\angle 0°\,\mathrm{V}$,负载线电流等于相电流,即

$$\dot{I}_{L1} = \dot{I}_1 = \frac{\dot{U}_1}{Z} = \frac{100\angle 0°}{10\angle 60°} = 10\angle -60°(\mathrm{A})$$

$$\dot{I}_{L2} = \dot{I}_2 = \frac{\dot{U}_2}{Z} = \frac{100\angle -120°}{10\angle 60°} = 10\angle -180°(\mathrm{A})$$

$$\dot{I}_{L3} = \dot{I}_3 = \frac{\dot{U}_3}{Z} = \frac{100\angle 120°}{10\angle 60°} = 10\angle 60°(\mathrm{A})$$

那么,三相总功率为

$$P = \sqrt{3}\, U_L I_L \cos\varphi = \sqrt{3} \times 100\sqrt{3} \times 10 \times \cos 60° = 1500(\mathrm{W})$$

② 当负载为 △ 形连接时,相电压等于线电压,即

设 $\dot{U}_{12} = 100\sqrt{3}\angle 0°\,\mathrm{V}$。相电流为

$$\dot{I}_1 = \frac{\dot{U}_{12}}{Z} = \frac{100\sqrt{3}\angle 0°}{10\angle 60°} = 10\sqrt{3}\angle -60°(\mathrm{A})$$

$$\dot{I}_2 = \frac{\dot{U}_{23}}{Z} = \frac{100\sqrt{3}\angle -120°}{10\angle 60°} = 10\sqrt{3}\angle -180°(\mathrm{A})$$

$$\dot{I}_3 = \frac{\dot{U}_{31}}{Z} = \frac{100\sqrt{3}\angle 120°}{10\angle 60°} = 10\sqrt{3}\angle 60°(\mathrm{A})$$

线电流为

$$\dot{I}_{L1} = \sqrt{3}\dot{I}_1 \angle -30° = 30 \angle -90° (\text{A})$$

$$\dot{I}_{L2} = \sqrt{3}\dot{I}_2 \angle -30° = 30 \angle -210° = 30 \angle 150° (\text{A})$$

$$\dot{I}_{L3} = \sqrt{3}\dot{I}_3 \angle -30° = 30 \angle 30° (\text{A})$$

三相总功率为

$$P = \sqrt{3}U_L I_L \cos\varphi = \sqrt{3} \times 100\sqrt{3} \times 30 \times \cos 60° = 4500(\text{W})$$

由【例题7-4】分析可知,负载由Y形连接改为△形连接,相电流增加到$\sqrt{3}$倍,线电流增加到3倍,功率增加到3倍。

【例题7-5】 已知一台5.5kW的三相电动机接在线电压为380V的对称电源上,功率因数为0.85,求线电流。

解:因为三相电动机是对称负载,所以不论什么接法,均有

$$I_L = \frac{P}{\sqrt{3}U_L\cos\varphi} = \frac{5500}{\sqrt{3} \times 380 \times 0.85} = 9.83(\text{A})$$

【例题7-6】 已知一△形连接的三相负载,复阻抗$Z = (6 + j8)\,\Omega$,接在线电压为380V的对称三相电源上,求三相负载的功率因数、有功功率、无功功率和视在功率。

解:功率因数为

$$\lambda = \cos\varphi = \frac{6}{\sqrt{6^2 + 8^2}} = 0.6$$

负载的相电压为

$$U_P = \frac{U_L}{\sqrt{3}} = \frac{380}{\sqrt{3}} = 220(\text{V})$$

线电流为

$$I_L = I_P = \frac{220}{|6 + j8|} = 22(\text{A})$$

有功功率为

$$P = \sqrt{3}U_L I_L \lambda = \sqrt{3} \times 380 \times 22 \times 0.6 = 6955.7(\text{W})$$

无功功率为

$$Q = \sqrt{3}U_L I_L \sin\varphi = \sqrt{3} \times 380 \times 22 \times \frac{8}{\sqrt{6^2 + 8^2}} = 11583.6(\text{var})$$

视在功率为

$$S = \sqrt{3}U_L I_L = \sqrt{3} \times 380 \times 22 = 14479.5(\text{V} \cdot \text{A})$$

项目学习评价小结

1. 学生自我评价

(1) 判断题

① 三相负载作Y形连接时,无论负载对称与否,线电流必定等于负载的相电流。(　　)

② 三相负载的相电流是指电源相线上的电流。（　　）

③ 在对称负载的三相交流电路中，中线上的电流为零。（　　）

④ 三相负载作△形连接时，无论负载对称与否，线电流必定是相电流的3倍。（　　）

⑤ 三相对称负载连成△形时，线电流是相电流的3倍，且相位比对应的相电流超前。（　　）

⑥ 一台三相电动机，每个绕组的额定电压是220V，现三相电源的线电压是380V，则这台电动机的绕组应连成△形。（　　）

⑦ 上题中，若三相电源的线电压为220V，则这台电动机的绕组应连成Y形。（　　）

⑧ 三相交流电源是由频率、有效值、相位都相同的三个单相交流电源按一定方式组合起来的。（　　）

（2）选择题

① 三相对称电路是指（　　）。

    A. 三相电源对称的电路

    B. 三相负载对称的电路

    C. 三相电源和三相负载均对称的电路

② 三相四线制供电线路，已知作Y形连接的三相负载中 U 相为纯电阻，V 相为纯电感，W 相为纯电容，通过三相负载的电流均为10A，则中线电流为（　　）。

    A. 30A   B. 10A   C. 7.23A

③ 有220V、100W 和220V、25W 白炽灯两盏，串联后接入220V 交流电源，其亮度情况是（　　）。

    A. 100W 灯泡最亮   B. 25W 灯泡最亮   C. 两只灯泡一样亮

（3）简答题

① 三相交流电动机有三根电源线接到电源的 U、V、W 三相上，称为三相负载，电灯有两根电源线，为什么不称为两相负载，而称单相负载？

② 有一个相电压为220V 的三相发电机和一组对称的三相负载。若负载的额定相电压为380V，问此三相电源与三相负载应如何连接（画图表示）？

（4）计算题

① 在三相对称电路中，电源的线电压为380V，每相负载电阻 $R=10\Omega$。试求负载分别接成Y形和△形时的线电流和相电压。

② 有一三相对称负载连接在线电压为380V 的电源上，每相负载的 $R=16\Omega$，$X_L=12\Omega$。试计算负载分别接成Y形和△形时的相电流、线电流。

③ 某三层大楼照明采用三相四线制供电，线电压为380V，每层楼均有220V、40W 的白炽灯110 只，分别接在 U、V、W 三相上，试求：

    a. 三层楼电灯全部开亮时总的线电流和中线电流；

    b. 当第一层楼电灯全部熄灭，另两层楼电灯全部开亮时的线电流和中线电流；

    c. 当第一层楼电灯全部熄灭，且中线断掉，二、三层楼灯全部开亮时灯泡两端电压为多少？若再关掉三层楼的一半电灯，情况又如何？

④ 某三相对称感性负载接成Y形，接到线电压为380V 的三相对称电源上，从电源取用的总有功功率为 $P=5.28\mathrm{kW}$，功率因数为0.8，试求负载的相电流和电源的线电流。

⑤ 若上题中的三相负载改接成△形，电源线电压仍为380V，试求此时的相电流、线电流和有功功率。

2. 项目评价报告表

项目完成时间：		年　月　日—	年　月　日			
评价项目		评分依据	优秀 (10~8)	良好 (7~5)	合格 (4~2)	继续努力 (<2)
自我评价(30)	学习态度 (10)	1. 所有项目都出全勤，没有迟到早退现象。 2. 认真完成各项任务，积极参与活动与讨论。 3. 尊重其他组员和教师，能够很好地交流合作				
	团队角色 (10)	1. 具有较强的团队精神、合作意识。 2. 积极参与各项活动、小组讨论、制作等过程。 3. 组织、协调能力强，主动性强，表现突出				
	作业情况 (10)	认真完成项目任务： ① 三相异步电动机的拆装与维修； ② 三相正弦交流电的电压测量； ③ 三相对称负载的Y形连接中电压和电流的测量； ④ 三相电路负载Y形连接的功率测量				
自我评价总分			合计：			
小组内互评(20)	其他组员	评分依据	优秀 (20~18)	良好 (17~15)	合格 (14~12)	继续努力 (<12)
		1. 所有项目都出勤，没有迟到早退现象。 2. 具有较强的团队精神、合作意识。 3. 积极参与各项活动、小组讨论、成果制作等过程。 4. 组织、协调能力强，主动性强，表现突出。 5. 能客观有效地评价同伴的学习。 6. 能认真完成项目任务： ① 三相异步电动机的拆装与维修； ② 三相正弦交流电的电压测量； ③ 三相对称负载的Y形连接中电压和电流的测量； ④ 三相电路负载Y形连接的功率测量				
小组内互评平均分			合计：			
评价项目		评分依据	优秀 (50~48)	良好 (47~45)	合格 (44~42)	继续努力 (<42)
教师评价(50)		1. 所有项目都出勤，没有迟到早退现象。 2. 完成项目期间认真完成任务，积极参与活动与讨论。 3. 团结、尊重其他组员和教师，能够很好地交流合作。 4. 具有较强的团队精神、合作意识，积极参与团队活动。 5. 主动思考、发言，对团队贡献大。 6. 完成学习任务，各项作品齐全完整，并按要求命名和存放。 7. 项目完成期间有创新、改进学习的方法。 8. 能客观有效地评价同伴的学习，通过学习有所收获				
教师评价总分			合计：			
总　　分						

项目八　谐振频率的测定

项目情景展示

　　将 R、L、C 与一个指示灯串联,接在一个频率可调的正弦交流电源上,保持电源的电压不变,将电源的频率逐渐由小调大,可以发现指示灯在由暗变亮,当达到某一频率时,指示灯最亮。当频率继续增加时,灯会由亮变暗。指示灯的亮度随频率的变化而变化,意味着通过指示灯的电流随频率在变化,电流之所以变化是因为电路的阻抗在变化。

　　在某些条件下,电路的端电压与电流同相,电路呈电阻性,这种现象称为谐振。谐振有串联谐振与并联谐振之分。

项目学习目标

	学 习 目 标	学 习 方 式	学时
技能目标	1. 观察 RLC 电路谐振波形。 2. 掌握谐振频率的测量方法	讲授、学生练习	4
知识目标	1. 了解串联谐振、并联谐振的特点,掌握谐振条件,谐振频率的计算。 2. 了解影响谐振曲线、通频带、品质因数的因素	讲授	4

任务　测量 RLC 串联电路谐振频率

　　RLC 谐振电路是 RLC 电路之中的一个典型实例,由于它具有谐振的特点和特性,因此在电子线路中得到广泛的应用。例如,用作收音机的选频回路、电源的滤波器、电路的分频器、振荡电路的振荡单元等之中。

　　为了判定 RLC 串联电路谐振的频率是否在设计点上,需要对 RLC 串联电路谐振的频率进行测量,从而为判断谐振电路性能参数是否发生变化提供一定的依据。现以 RLC 串联谐振电路为例加以说明。

1. RLC 串联谐振电路基本原理

　　图 8-1 所示为 RLC 串联电路图。

　　当输入信号频率 f 与 RLC 串联电路固有的频率 f_0 相同时,电路处于谐振状态,谐振频

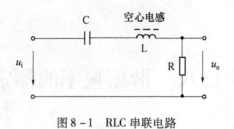

图 8 – 1 RLC 串联电路

率为

$$f_0 = \frac{1}{2\pi \sqrt{LC}}$$

此时,电路的特性表现为:电路中电感器和电容器上的电压相同,对外呈电阻性,回路电流达到最大值,电阻器 R 上获得最大电压。

2. 频率测量注意事项

(1) 计算谐振频率

根据 $f_0 = \dfrac{1}{2\pi \sqrt{LC}}$,计算出 RLC 电路谐振的频率。

(2) 测试频率点的选择

对被测试频率点的选择应尽量靠近谐振频率附近多取几点。

【工作过程】(建议两位学生合作完成)

(1) 材料及设备准备

RLC 串联谐振电路的频率测量材料及设备见表 8 – 1。

表 8 – 1 RLC 串联谐振电路的频率测量材料及设备

仪器设备名称	单位	数量	材料名称	单位	数量	参数
低频函数信号发生器	台	1	电阻器	只	1	10Ω
双踪示波器	台	1	电阻器	只	1	680Ω
交流毫伏表	台	1	电阻器	只	1	$47\text{k}\Omega$
			电容器	只	1	
			电感器	只	1	

(2) RLC 串联谐振电路频率测量

在各项器材准备好后,按照以下方法进行频率的测量。

① 按图 8 – 2 所示 RLC 串联电路接线原理图接线。

② 改变低频信号发生器输出电压,使得输出电压为 3V。

③ 在电阻值为 $R = 680\Omega$ 时,改变低频信号发生器的频率,使得输出信号的频率由小逐渐变大,同时观察示波器波形的频率和毫伏表读数的变化,并及时做好记录。要求改变信号发生器输出频率时,可以观察到毫伏表指针变化规律为从小到大、又从大到小的情况。

将观察到的数据填入表 8 – 2 中,并在图 8 – 3 中画出频率随电压变化的波形图。

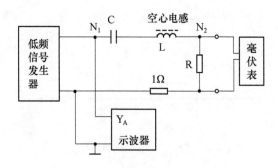

图 8 − 2   RLC 串联谐振频率测量

④ 当 RLC 电路发生谐振时,此时毫伏表上读数最大,观察示波器波形,测量并计算出 RLC 电路谐振的频率。

表 8 − 2   当 $R = 680\Omega$ 时示波器和毫伏表读数

低频函数信号发生器产生的频率										
双踪示波器显示波形频率										
交流毫伏表读数										

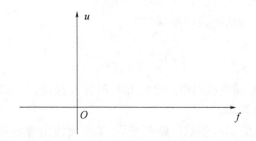

图 8 − 3   频率随电压变化的波形图(一)

⑤ 将电阻器改为 $R = 47\text{k}\Omega$,重做③、④两点。

将观察到的数据填入表 8 − 3 中,并在图 8 − 4 中绘制出频率随电压变化的波形图。

表 8 − 3   当 $R = 47\text{k}\Omega$ 时示波器和毫伏表的读数

低频函数信号发生器产生的频率										
双踪示波器显示波形频率										
交流毫伏表读数										

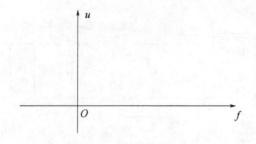

图 8-4　频率随电压变化的波形图(二)

知识链接一　RLC 串联电路的谐振

知识点 1　RLC 串联电路谐振的定义和条件

在电阻、电感、电容串联的电路中,当电路端电压与电流同相时,电路呈电阻性,电路的这种状态叫串联谐振。

在 RLC 串联电路中,根据串联谐振定义可知,电路的感抗与容抗相等,即 $X_L = X_C$。

设 RLC 串联电路处于谐振状态,谐振角频率为 ω_0,则有谐振条件可得 $\omega_0 L = \dfrac{1}{\omega_0 C}$,于是谐振角频率为

$$\omega_0 = \frac{1}{\sqrt{LC}}$$

由于 $\omega_0 = 2\pi f_0$,所以 RLC 串联电路谐振频率为

$$f_0 = \frac{1}{2\pi \sqrt{LC}}$$

由此可见,谐振频率 f_0 只由电路中的电感 L 与电容 C 决定,是电路中的固有参数,所以通常将谐振频率 f_0 叫做固有频率。

当外加正弦交流电源在 RLC 串联电路两端后,如果交流电源的频率 f 与电路谐振频率 f_0 相同时,就会使得电路中 $X_L = X_C$,电路呈电阻性,电路处于串联谐振状态;如果电源的频率不等于电路固有频率 f_0 时,可以通过调节电感 L 与电容 C 的大小以达到电路处于串联谐振状态。

因此,电路谐振的条件就是外加电源的频率 f 等于 RLC 串联电路的固有频率 f_0。

知识点 2　RLC 串联电路的特点

1. 电路呈电阻性

当外加电源 u_S 的频率 $f = f_0$ 时,电路发生谐振,由于 $X_L = X_C$,则此时电路的阻抗达到最小值,称为谐振阻抗 Z_0 或谐振电阻 R,即

$$Z_0 = |Z|_{\min} = \sqrt{R^2 + (X_L - X_C)^2} = R$$

2. 电流最大

谐振时电路中的阻抗最小,电流达到了最大值,叫做谐振电流 I_0,即

$$I_0 = \frac{U_s}{R}$$

由此可见,当电路处于串联谐振时,RLC 串联电路相当于工作在短路状态。

3. 电感 L 与电容 C 上的电压相等

串联谐振时,$X_L = X_C$,电感 L 与电容 C 上的电压大小相等,即

$$U_L = U_C = X_L I_0 = X_C I_0 = Q U_s$$

式中:Q 为串联谐振电路的品质因数,即

$$Q = \frac{\omega_0 L}{R} = \frac{1}{\omega_0 CR}$$

RLC 串联电路发生谐振时,电感 L 与电容 C 上的电压大小都是外加电源电压 U_s 的 Q 倍,所以串联谐振电路又叫做电压谐振。一般情况下串联谐振电路都符合 $Q \gg 1$ 的条件。

知识点 3　RLC 串联谐振电路的选择性

串联谐振电路常用来对交流信号进行选择,例如接收机中选择电台信号,即调谐。

在 RLC 串联电路中,阻抗大小 $|Z| = \sqrt{R^2 + (\omega L - \frac{1}{\omega C})^2}$,设外加交流电源(又称信号源)电压 u_s 的大小为 U_s,则电路中电流的大小为

$$I = \frac{U_s}{|Z|} = \frac{U_s}{\sqrt{R^2 + (\omega L - \frac{1}{\omega C})^2}}$$

由于 $I_0 = \frac{U_s}{R}, Q = \frac{\omega_0 L}{R} = \frac{1}{\omega_0 CR}$,则有

$$\frac{I}{I_0} = \frac{1}{\sqrt{1 + Q^2 (\frac{\omega}{\omega_0} - \frac{\omega_0}{\omega})^2}}$$

此式表达出电流大小与电路工作频率之间的关系,叫做串联电路的电流幅频特性。电流大小 I 随频率 f 变化的曲线叫做谐振特性曲线,如图 8-5 所示。

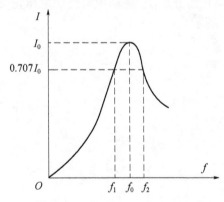

图 8-5　RLC 串联电路的谐振特性曲线

当外加电源 u_S 的频率 $f=f_0$ 时,电路处于谐振状态;当 $f \neq f_0$ 时,称为电路处于失谐状态。

在实际应用中,规定把电流 I 范围在 $(0.707I_0 < I < I_0)$ 所对应的频率范围 $(f_1 \sim f_2)$ 叫做串联谐振电路的通频带,用符号 Δf 表示,其单位也是频率的单位。

理论分析表明,串联谐振电路的通频带为

$$\Delta f = f_2 - f_1 = \frac{f_0}{Q}$$

频率 f 在通频带以内 $(f_1 < f < f_2)$ 的信号,可以在串联谐振电路中产生较大的电流,而频率 f 在通频带以外 $(f < f_1$ 或 $f > f_2)$ 的信号,仅在串联谐振电路中产生很小的电流,因此谐振电路具有选频特性。

Q 值越大说明电路的选择性越好,但频带较窄,较易失真;反之,若频带越宽,则要求 Q 值越小,而选择性越差。即选择性与频带宽度是相互矛盾的两个物理量。

知识链接二　LC 并联电路的谐振

知识点 1　LC 并联电路谐振的条件

实际电感与电容并联,可以构成 LC 并联谐振电路(通常称为 LC 并联谐振回路),由于实际电感可以看成一只电阻 R 与一个理想电感 L 相串联,所以 LC 并联谐振回路为 R、L 串联再与电容 C 并联,如图 8 - 6 所示。

电容 C 支路的电流为

$$I_C = \frac{U}{X_C} = \omega CU$$

电感线圈 R、L 支路的电流为

$$I_1 = \frac{U}{\sqrt{R^2 + X_L^2}} = \sqrt{I_{1R}^2 + I_{1L}^2}$$

式中:I_{1R} 是 I_1 中与路端电压同相的分量;I_{1L} 是 I_1 中与路端电压正交的分量。电感线圈和电容并联电路的相量图如图 8 - 7 所示。

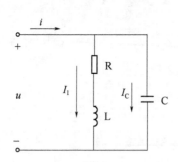

图 8 - 6　电感线圈和电容的并联电路

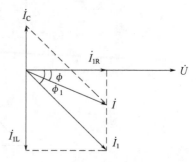

图 8 - 7　电感线圈和电容并联电路的相量图

电路中的总电流为

$$I = \sqrt{I_{1R}^2 + (I_{1L} - I_C)^2}$$

LC 并联电路端电压与总电流的相位差(阻抗角)为

$$\varphi = -\arctan \frac{I_{1L} - I_C}{I_{1R}}$$

由此可知:如果当电源频率为某一数值 f_0,使得 $I_{1L} = I_C$,则阻抗角 $\varphi = 0$,路端电压与总电流同相,即电路处于谐振状态。

由 $X_L = \omega_0 L, X_C = \dfrac{1}{\omega_0 C}$,则有

$$\omega_0 L = \frac{1}{\omega_0 C}$$

变形为

$$\omega_0 = \frac{1}{\sqrt{LC}}$$

根据 $\omega_0 = 2\pi f_0$,所以谐振频率 f_0 为

$$f_0 = \frac{1}{2\pi \sqrt{LC}}$$

因此,LC 并联电路谐振的条件就是外加电源的频率 f 等于 RLC 并联电路的固有频率 f_0。

知识点 2 LC 并联谐振电路的特点

1. 阻抗最大
谐振时电路电流最小,阻抗达到最大值,且呈电阻性,即

$$|Z_0| \approx Q_0^2 R = \frac{L}{CR}$$

2. 电流最小
电路处于谐振状态时,总电流最小为

$$I_0 = \frac{U}{|Z_0|}$$

由于 $X_L \approx X_C$,则电感 L 支路电流 I_{L0} 与电容 C 支路电流 I_{C0} 为

$$I_{L0} \approx I_{C0} = \frac{U}{X_{C0}} \approx \frac{U}{X_{L0}} = Q_0 I_0$$

即谐振时各支路电流为总电流的 Q_0 倍,所以 LC 并联谐振又叫做电流谐振。
由此可见,当电路处于并联谐振时,RLC 并联电路相当于工作在开路状态。

3. 通频带
实验和理论证明,并联谐振电路的通频带为

$$\Delta f = f_2 - f_1 = \frac{f_0}{Q_0}$$

频率 f 在通频带以内（$f_1 \leqslant f \leqslant f_2$）的信号，可以在并联谐振回路两端产生较大的电压，而频率 f 在通频带以外（$f < f_1$ 或 $f > f_2$）的信号，在并联谐振回路两端产生很小的电压，因此并联谐振回路也具有选频特性。

Q 值越大说明电路的频带较窄，较易失真，但选择性越好；反之，若频带越宽，则要求 Q 值越小，而选择性越差。

【例题 8 - 1】 在图 8 - 6 所示的电感线圈与电容器构成的 LC 并联谐振电路，已知 $R = 10\Omega, L = 80\mu H, C = 320pF$。试求：

① 该电路的固有谐振频率 f_0、通频带 Δf 与谐振阻抗 $|Z_0|$；

② 若已知谐振状态下总电流 $I = 100\mu A$，则电感 L 支路与电容 C 支路中的电流 I_{L0}、I_{C0} 各为多少？

解：① 由于 LC 为并联谐振电路，则有

$$\omega_0 = \frac{1}{\sqrt{LC}}, \quad f_0 = \frac{1}{2\pi\sqrt{LC}}, \quad Q = \frac{\omega_0 L}{R}$$

已知 $R = 10\Omega, L = 80\mu H, C = 320pF$，代入上式有

$$\omega_0 = \frac{1}{\sqrt{LC}} \approx 6.25 \times 10^6 \text{rad/s}$$

$$f_0 = \frac{1}{2\pi\sqrt{LC}} \approx 1(\text{MHz})$$

$$Q = \frac{\omega_0 L}{R} = 50$$

由通频带 $\Delta f = \dfrac{f_0}{Q_0}$，谐振阻抗 $|Z_0| = Q_0^2 R$，得

$$\Delta f = \frac{f_0}{Q_0} = 20(\text{kHz})$$

$$|Z_0| = Q_0^2 R = 25(\text{k}\Omega)$$

② 由于 $X_L \approx X_C$，则电感 L 支路电流 I_{L0} 与电容 C 支路电流为

$$I_{L0} \approx I_{C0} = \frac{U}{X_{C0}} \approx \frac{U}{X_{L0}} = Q_0 I_0$$

可得

$$I_{L0} \approx I_{C0} = Q_0 I = 50 \times 100 = 5000(\mu A) = 5(\text{mA})$$

项目学习评价小结

1. 学生自我评价

（1）想一想

① RLC 串联电路谐振条件是＿＿＿＿＿＿＿＿＿＿＿＿＿＿，谐振频率是＿＿＿＿＿＿＿＿，谐振时具有＿＿＿＿＿＿＿＿＿＿＿特点，电路端电压与频率的关系是＿＿＿＿＿＿＿＿＿。

② RLC 并联电路谐振条件是_____,谐振频率是_____,谐振时具有_____特点,电路端电压与频率的关系是_____。

③ 查阅相关资料,举出 RLC 串联和并联谐振应用实例。

(2) 做一做

① 准备示波器、信号发生器和毫伏表各一台,电阻器、电容器、电感器若干,导线若干。

a. 将电阻器、电容器、电感器进行组合 3 组 RLC 串联电路,测量谐振频率,并与固有频率比较。

b. 将上述每一种组合接成 RLC 并联电路,测量谐振频率,并与固有频率比较。

c. 比较 RLC 串联与并联谐振电路频率、电路特性。

② 准备示波器、函数信号发生器和毫伏表各一台,收音机一个。按下列要求测量收音机本机振荡的频率。

a. 打开收音机外壳,找到收音机的本机振荡电路。

b. 给收音机通电。用示波器观察收音机本机振荡电路产生的波形,并计算出本振谐振频率。

c. 对收音机断电。将示波器、函数信号发生器和毫伏表接入收音机本机振荡电路。

d. 慢慢调节函数信号发生器的频率旋钮,使得频率从小到大变化,观察毫伏表指针的改变,找到毫伏表指针变化的拐点,并观察示波器上波形对应的谐振频率。

e. 比较前后两次测量的谐振频率值,并分析产生误差的原因。

2. 项目评价报告表

项目完成时间：	年 月 日— 年 月 日					
评价项目		评分依据	优秀 (10~8)	良好 (7~5)	合格 (4~2)	继续努力 (<2)
自我评价（30）	学习态度 (10)	1. 所有项目都出全勤，没有迟到早退现象。 2. 认真完成各项任务，积极参与活动与讨论。 3. 尊重其他组员和教师，能够很好地交流合作				
	团队角色 (10)	1. 具有较强的团队精神、合作意识。 2. 积极参与各项活动、小组讨论、制作等过程。 3. 组织、协调能力强，主动性强，表现突出				
	作业情况 (10)	认真完成项目任务： ① 熟练掌握各种仪表的使用方法； ② 掌握对 RLC 谐振电路频率测量的方法				
自我评价总分			合计：			
小组内互评（20）	其他组员	评分依据	优秀 (20~18)	良好 (17~15)	合格 (14~12)	继续努力 (<12)
		1. 所有项目都出勤，没有迟到早退现象。 2. 具有较强的团队精神、合作意识。 3. 积极参与各项活动、小组讨论、成果制作等过程。 4. 组织、协调能力强，主动性强，表现突出。 5. 能客观有效地评价同伴的学习。 6. 能认真完成项目任务： ① 熟练掌握各种仪表的使用方法； ② 掌握对 RLC 谐振电路频率测量的方法				
小组内互评平均分			合计：			
评价项目		评分依据	优秀 (50~48)	良好 (47~45)	合格 (44~42)	继续努力 (<42)
教师评价（50）		1. 所有项目都出勤，没有迟到早退现象。 2. 完成项目期间认真完成任务，积极参与活动与讨论。 3. 团结、尊重其他组员和教师，能够很好地交流合作。 4. 具有较强的团队精神、合作意识，积极参与团队活动。 5. 主动思考、发言，对团队贡献大。 6. 完成学习任务，各项作品齐全完整，并按要求命名和存放。 7. 项目完成期间有创新、改进学习的方法。 8. 能客观有效地评价同伴的学习，通过学习有所收获				
教师评价总分			合计：			
总 分						

附录　维修电工及电工国家职业标准

（一）维修电工国家职业标准

1. 基本要求

职业道德基本知识：

（1）遵守法律、法规和有关规定。

（2）爱岗敬业，具有高度的责任心。

（3）严格执行工作程序、工作规范、工艺文件和安全操作规程。

（4）工作认真负责，团结合作。

（5）爱护设备及工具、夹具、刀具、量具。

（6）着装整洁，符合规定；保持工作环境清洁有序，文明生产。

2. 基础知识

电工基础知识：

（1）直流电与电磁的基本知识。

（2）交流电路的基本知识。

（3）常用变压器与异步电动机。

（4）常用低压电器。

（5）半导体二极管、晶体三极管和整流稳压电路。

（6）晶闸管基础知识。

（7）电工读图的基本知识。

（8）一般生产设备的基本电气控制线路。

（9）常用电工材料。

（10）常用工具（包括专用工具）、量具和仪表。

（11）供电和用电的一般知识。

（12）防护及登高用具等使用知识。

3. 中级维修电工国家职业标准

职业功能	工作内容	技能要求	相关知识
工作前的准备	工具、仪器及仪表	能够根据工作内容，正确选用工具、仪器、仪表	常用电工工具、仪器、仪表的种类、特点及使用范围
	读图与分析	能够读懂 X62W 铣床、MGB1420 磨床等较复杂机械设备的电气控制原理图	① 常用较复杂机械设备的电气控制线路图； ② 较复杂电气图的读图方法

职业功能	工作内容	技能要求	相关知识
装调与维修	电气故障检修	① 能够正确使用示波器、电桥、晶体管图示仪； ② 能够正确分析、检修、排除 55kW 以下的交流异步电动机、60kW 以下的直流电动机及各种特种电动机的故障； ③ 能够正确分析、检修、排除交磁电动机扩大机、X62W 铣床、MGB1420 磨床等机械设备控制系统的电路及电气故障	① 示波器、电桥、晶体管图示仪的使用方法及注意事项； ② 直流电动机及各种特种电动机的构造、工作原理、使用与拆装方法； ③ 交磁电动机扩大机的构造、原理、使用方法及控制电路方面的知识； ④ 单相晶闸管变流技术
	配线与安装	① 能够按图样要求进行较复杂机械设备的主、控线路配电板的配线（包括选择电器元件、导线等）以及整台设备的电气安装工作； ② 能够按图样要求焊接晶闸管调速器等电路，并能用仪器、仪表进行测试	① 不同位置的焊接工艺参数； ② 不同位置焊接的操作工艺要点 ① 埋弧焊工作原理、特点及应用范围； ② 埋弧焊自动调节原理
	测绘	能够测绘一般复杂程度机械设备的电气部分	埋弧焊工艺参数
	测试	能够独立进行 X26W 铣床、MGB1420 磨床等较复杂机械设备的通电工作，并能正确处理调试中出现的问题，经过测试、调整，最后达到控制要求	埋弧焊操作要点

（二）电工国家职业标准

1. 职业道德基本要求

同维修电工要求一致。

2. 安全用电操作规程

（1）国家供电规则。

（2）工厂企业电工安全规程。

（3）电业安全作业规程。

（4）施工现场临时用电安全技术规范。

（5）爆炸危险场所电气安全规程。

（6）手持式电动工具的管理使用检查和维修安全技术规程。

（7）安全电压。

3. 识图、机械、焊接等知识

（1）电气图绘制和识图知识。

（2）机械识图的基本知识。

（3）机械传动的基本知识。

（4）液压传动的基本知识。

（5）一般机械的零部件拆装。

（6）一般焊接（锡焊和电焊）知识。

4. 电工基础知识

（1）电路的基本分析与计算。

（2）磁路的基本概念。

（3）电工材料的使用知识。

（4）接地与接零的种类、作用及要求。

（5）防雷保护、防静电、防爆和防火的知识。

（6）变压器的安装、维护、保养。

（7）照明电路的安装知识。

5. 中级电工国家职业标准

职业功能	工作内容	技能要求	相关知识
电机控制	交流电动机控制	① 电动机顺控、Y—△启动、能耗制动及双速控制线路安装接线； ② 电动机顺控、Y—△启动、能耗制动及双速控制线路故障排除	① 中、小型交流电动机绕组的分类、绘制绕组展开图、接线图并判别2、4、6、8极单路、双路绕组接线图； ② 常用电器型号组成及表示方法； ③ 断路器、接触器等开关规格、型号与选择； ④ 中间继电器、热继电器及时间继电器型号规格与选择； ⑤ 常用按钮、行程开关、转换开关等型号、文字图形表示及选择； ⑥ 熔断器型号、规格及熔丝的选择计算
	直流电动机控制	① 直流电动机的正、反转、调速及能耗制动的控制； ② 直流电动机的正、反转、调速及能耗制动控制线路的故障排除	① 直流电动机的结构及工作原理； ② 直流电动机的绕组与换向； ③ 直流电动机的故障与排除
仪器、仪表与电气参数测量	仪器、仪表使用	① 信号发生器的使用； ② 毫伏表的使用； ③ 双踪示波器的使用； ④ 单臂电桥的使用	① 电子工作台、信号发生器、毫伏表、双踪示波器、面包实验板的结构、工作原理及使用注意事项； ② 电桥的结构、工作原理及使用注意事项
	电气参数测量	① 电能与功率的测量； ② 电感量的测量； ③ 功率因数的测量	① 单相、三相有功电度表的构造、工作原理与接线； ② 功率表的结构与原理； ③ 功率因数表的构造、工作原理与接线； ④ 无功三相电度表的构造、工作原理与接线

职业功能	工作内容	技能要求	相关知识
电子技术	电子元件的判别	① 电感的类别、数值及质量的判别； ② 桥堆、稳压管管脚质量判别； ③ 单结晶体管、晶闸管类别、型号、管脚及质量判别； ④ 常用与非门集成块型号与管脚的判别； ⑤ 常用运算放大器集成块型号与管脚的判别	电阻、电容、晶体管、与非门、集成运放的功能及使用注意事项
应用	电子线路焊接与组装	① 单管放大电路焊接与调试； ② 单相整流电路焊接与调试； ③ 单相可控硅调压电路组装与调试； ④ 与非门功能测试电路组装与调试； ⑤ 反相运放电路组装与调试； ⑥ 串联型稳压电源电路	① 晶体管基本放大电路类型、静态工作点作用及决定静态工作点的参数与调整方法； ② 整流电路类型及 RC 滤波电路的作用； ③ 可控硅导通条件及单结晶体管触发电路的原理； ④ 数字电路的基本知识； ⑤ 运算放大器的基本知识； ⑥ 电子元件安装基本知识与线路焊接技术要求及注意事项
供电	三相负载接线方式与测量	三相对称负载与不对称负载接线方式与电压、电流量的测量	① 零序电流、零序电压的概念； ② 相电流与线电流的概念与负载接线方式的关系
	变压器的测试	① 高低压绕组的判别； ② 判断同名端； ③ 画出Y／Y及Y／△连接的接线图和相量图； ④ 判别变压器接线组别	① 电力变压器的结构及工作原理； ② 变压器接线组别的概念； ③ 变压器的相量图； ④ 变压器接线组别的判别； ⑤ 同名端判断的方法； ⑥ 变压器油性能的测试
	供电系统、设备及备用电源	① 供电系统图的绘制； ② 低压供电设备的安装调试及二次接线； ③ 备用发电机组的操作与维护； ④ 绝缘预防性试验	① 熟悉供电规则； ② 熟悉柴(汽)油机及交流发电机的结构与工作原理； ③ 熟悉绝缘预防性试验的知识； ④ 熟悉继电保护的基本知识； ⑤ 熟悉消防供、配电基本知识
电气控制	可编程控制器	① 电机正反转控制； ② Y—△控制； ③ 三速电机控制	① 可编程控制器的结构与工作原理； ② 掌握 FX 型可编程控制器的逻辑指令； ③ 利用逻辑指令对电气控制系统进行编程

参 考 文 献

［1］刘志平.电工技术基础.2 版.北京:高等教育出版社,1999.

［2］程立群,王奎英.电工实训基本功.北京:人民邮电出版社,2006.

［3］张念军.电工电子技术基础.北京:国防工业出版社,2009.

［4］王振.电力内外线安装工艺.北京:电子工业出版社,2007.

彩 插

电工常用工具

电烙铁

手电钻

无铅恒温烙铁与内热式电烙铁

冲击钻

电锤

吸锡器

网线钳

排线剥线钳

机械指针式万用表

MF47 型万用表

机械兆欧表

数字兆欧表

钳形表

棉纱编织橡皮绝缘

聚氯乙烯绝缘铜芯线（7 股）

电话线

电力线

塑料绝缘双根绞合软线

铜芯双根护套线

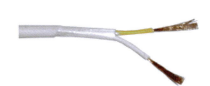

聚氯乙烯绝缘软线

同轴电缆（视频线）

音频线

聚氯乙烯护套铜丝编织线

麦克风线

闭路线

小型变压器

机械式单相电能表

电子式三相电能表

频率计

函数信号发生器

三相异步电动机

MS-5900 相序表

HIOKI3129 相序表

通用智能型电工、电子实验与技能实训考核台